Curt Meyer

Die Berechnung der Klassenzahl abelscher Körper über quadratischen Zahlkörpern

MATHEMATISCHE LEHRBÜCHER UND MONOGRAPHIEN

HERAUSGEGEBEN VON DER
DEUTSCHEN AKADEMIE DER WISSENSCHAFTEN ZU BERLIN
FORSCHUNGSINSTITUT FÜR MATHEMATIK

II. ABTEILUNG

MATHEMATISCHE MONOGRAPHIEN

BAND V

DIE BERECHNUNG DER KLASSENZAHL ABELSCHER KÖRPER ÜBER QUADRATISCHEN ZAHLKÖRPERN

VON

DR. CURT MEYER

1957

AKADEMIE-VERLAG · BERLIN

DIE BERECHNUNG DER KLASSENZAHL ABELSCHER KÖRPER ÜBER QUADRATISCHEN ZAHLKÖRPERN

VON

DR. CURT MEYER

PRIVATDOZENT DER MATHEMATIK AN DER UNIVERSITÄT HAMBURG

1957

AKADEMIE-VERLAG · BERLIN

Erschienen im Akademie-Verlag GmbH., Berlin W 8, Mohrenstraße 39
Lizenz-Nr. 202 · 100/409/56
Gesamtherstellung: VEB Druckerei „Thomas Müntzer" Bad Langensalza
Bestell- und Verlagsnummer: 5160
Printed in Germany

DEM ANDENKEN MEINES FREUNDES

BERND BANDELOW

VORWORT

Die vorliegende Monographie stellt eine überarbeitete Fassung meiner Dissertation dar, deren vollständiger Titel lautete: „Berechnung der Klassenzahl für Zahlkörper, deren galoisscher Körper über einem quadratischen Zahlkörper abelsch ist“ (Berlin 1950). Es ist die Zielsetzung dieser Arbeit, für eine wohlbestimmte, umfassende Gesamtheit höherer algebraischer Zahlkörper Klassenzahlformeln herzuleiten, die den von GAUSS und DIRICHLET für die quadratischen Zahlkörper und von KUMMER und seinen Nachfolgern für die allgemeinen absolut-abelschen Zahlkörper angegebenen Klassenzahlformeln entsprechen. Der tiefgreifende Unterschied gegenüber dem absolut-abelschen Fall besteht darin, daß hier an die Stelle des rationalen Körpers irgendein imaginärer oder reeller quadratischer Grundkörper tritt. Teilergebnisse zu der genannten Fragestellung verdankt man für den ersteren Fall DEDEKIND und FUETER, für den letzteren Fall HECKE, dessen Beiträge bei der Bearbeitung des Themas überhaupt von grundlegender Bedeutung gewesen sind. Ich habe mich bemüht, bei der Darstellung einheitliche Gesichtspunkte walten zu lassen und dabei das bereits Bekannte in einen größeren Rahmen einzuordnen, um so zu einem abgeschlossenen, zusammenhängenden Ganzen zu gelangen. Dieser Forderung auf Einheitlichkeit und Systematik entspricht es, daß hierbei der Standpunkt der Klassenkörpertheorie eingenommen ist, die mit ihren Methoden und Sätzen ein einigendes Band um die auftretenden Probleme schlingt.

Die mathematische Untersuchung ist in drei Abschnitten durchgeführt. Ihnen geht eine umfangreiche Einleitung voran, die eine historische und sachliche Überschau über die einzelnen Probleme vermitteln soll. Am Schluß der Arbeit stehen die verschiedenartigen expliziten Klassenzahlformeln. Auf eine arithmetische Ausdeutung dieser Formeln, wie sie im absolut-abelschen Fall bereits durchgeführt ist, ist hier nicht eingegangen worden. Eine solche weitergehende arithmetische Untersuchung scheint für den Fall eines imaginär-quadratischen Grundkörpers sehr wohl möglich zu sein, da man in der ausgebildeten Lehre von der komplexen Multiplikation alle Mittel für die Bewältigung der genannten Aufgabe in Händen hat. Für den Fall eines reell-quadratischen Grundkörpers gibt es jedoch infolge des Fehlens der funktionentheoretischen Hilfsmittel bislang keine entsprechende Theorie. Es ist zu wünschen, daß die vorliegende Arbeit gerade in dieser Richtung einen Beitrag liefert und zur Bearbeitung lohnender Aufgaben in einem leider wenig behandelten Gebiet anregt, in dem sich „die drei großen GAUSSschen A“, Arithmetik, Algebra und Analysis, zur gemeinsamen Lösung klassischer Probleme der Mathematik in organischer Weise zusammenfinden.

Herzlichen Dank schulde ich meinem hochverehrten Lehrer, Herrn Prof. Dr. Helmut Hasse, für die stete Förderung und das rege Interesse, das er dieser Arbeit entgegengebracht hat. Ebenso gilt mein Dank Herrn Prof. Dr. Josef Naas, der die Herausgabe meiner Dissertation in Buchform in der von seinem Akademie-Institut veranstalteten Sammlung mathematischer Monographien ermöglicht hat. Dem Akademie-Verlag danke ich für sein großes Entgegenkommen und die Erfüllung zahlreicher Wünsche während der Drucklegung.

Hamburg, im Februar 1956 C. Meyer

INHALT

[1]) Die in diesem Literaturverzeichnis angeführten Arbeiten werden im Text durch Angabe der entsprechenden Ziffern in eckigen Klammern hinter den Autorennamen zitiert.

Einleitung

1. Die Frage nach der Bestimmung der Anzahl der Divisorenklassen in algebraischen Zahlkörpern ist so alt wie die algebraische Zahlentheorie selbst. Schon GAUSS hat diesem Gegenstand im Zusammenhang mit seinen Disquisitiones Arithmeticae höchstes Interesse entgegengebracht. Wie sein wissenschaftlicher Nachlaß zeigt, muß er bereits sehr früh im Besitz der Klassenzahlformeln für quadratische Zahlkörper gewesen sein, und zwar anläßlich der Behandlung und in der Ausdrucksweise der Theorie der ganzzahligen binären quadratischen Formen.

Unabhängig von GAUSS griff DIRICHLET in einer berühmten Abhandlung aus dem Jahre 1839 das Problem für die quadratischen Zahlkörper auf und löste es in völlig neuartiger Weise, wodurch ein für die moderne Mathematik fruchtbares Wechselspiel zwischen Arithmetik, Algebra und Analysis eingeleitet wurde. Die von DIRICHLET aufgestellte Grenzformel für die Zetafunktion der quadratischen Zahlkörper einerseits, in die als wesentlicher Bestandteil die Klassenzahl eingeht, und die Arithmetik der quadratischen Zahlkörper andererseits, welche die multiplikative Aufspaltung der Zetafunktion in ihrer Gestalt als Eulersches Produkt in das Produkt zweier rationaler L-Funktionen lehrt, ergeben in ihrer Synthese die Lösung des Klassenzahlproblems, und zwar im wesentlichen durch die geschlossene Summation der mit dem Nicht-Hauptcharakter χ gebildeten L-Reihe $L(s|\chi)$ für $s=1$.

Die zeitlich unmittelbar anschließenden Untersuchungen von KUMMER über die allgemeine Arithmetik in Kreisteilungskörpern ermöglichten es diesem Forscher und seinen Nachfolgern, die Dirichletsche Methode von den quadratischen Zahlkörpern auf die absolut-abelschen Zahlkörper zu übertragen und damit die allgemeine Klassenzahlformel für diesen Körpertypus aufzustellen[1]).

Den letzten, entscheidenden Schritt tat schließlich DEDEKIND im Rahmen seiner idealtheoretischen Begründung der algebraischen Zahlentheorie, indem er jedem algebraischen Zahlkörper seine individuelle Zetafunktion zuordnete und durch Aufstellung der Grenzformel für diese Funktion wieder den Zusammenhang mit der Klassenzahl des Körpers aufzeigte, wie das in Spezialfällen bereits durch DIRICHLET und KUMMER geschehen war. Vermöge dieser analytischen Klassenzahlformel war damit ganz allgemein die Aufgabe der Bestimmung der Klassenzahl eines algebraischen Zahlkörpers auf die Ermittlung

---

[1]) Eine nach modernen klassenkörpertheoretischen Gesichtspunkten vorgenommene systematische Herleitung der Kummerschen Klassenzahlformel für die absolut-abelschen Zahlkörper findet sich in der Monographie von H. HASSE [1].

des Residuums seiner Zetafunktion in ihrem Pol $s=1$ zurückgeführt. Wie aber Dedekind selbst bemerkte, bedeutete diese Wendung der arithmetischen Fragestellung ins Analytische nicht zugleich auch die Lösung der Aufgabe. Erst die Aufklärung der Beschaffenheit der dem Körper angehörenden Ideale vermochte nach seiner Auffassung im Zusammenwirken mit der Analysis die Lösung des Klassenzahlproblems herbeizuführen. Einen nicht-absolut-abelschen Spezialfall, die Klassenzahlberechnung für die einfach-reellen reinen kubischen Zahlkörper, konnte Dedekind [1] selbst, unter Vorwegnahme tief eindringender zahlentheoretischer Einzeluntersuchungen, nach seinem Programm erledigen. Das verbleibende Problem, die anzuschließende arithmetische Ausdeutung der gewonnenen Klassenzahlformel, mündete ein in die Theorie der komplexen Multiplikation der elliptischen Modulfunktionen.

2. Erst der großartige Aufschwung, den die algebraische Zahlentheorie unter Hilberts Händen nahm, bahnte eine Lösung des Klassenzahlproblems für eine wohlbestimmte und umfassende Klasse von algebraischen Zahlkörpern an. Die Klassenkörpertheorie von Hilbert, Furtwängler, Takagi als Theorie der relativ-abelschen Zahlkörper erfüllt zu einem guten Teil jenes Dedekindsche Desideratum, indem sie die Zerlegungsgesetze relativ-abelscher Körper mit Einteilungen nach Kongruenzdivisorenklassen im Grundkörper in Zusammenhang bringt. Dieser grundlegende arithmetische Sachverhalt der Theorie findet seinen prägnanten Ausdruck in Form einer analytischen Identität: Die Zetafunktion eines relativ-abelschen Zahlkörpers läßt sich darstellen als das Produkt der eigentlichen L-Funktionen $L(s|\chi)$ des Grundkörpers zu dem vollständigen System der abelschen Charaktere χ derjenigen Kongruenzdivisorenklassengruppe, zu der der betrachtete Körper Klassenkörper ist. Nach der allgemeinen analytischen Klassenzahlformel ist damit sogleich die Berechnung der auf den jeweiligen Grundkörper bezogenen Relativklassenzahl für relativ-abelsche Zahlkörper im wesentlichen auf die geschlossene Summation der mit den Nicht-Hauptcharakteren χ gebildeten L-Reihen $L(s|\chi)$ für $s=1$ zurückgeführt.

3. Nach der angezeigten Methode wurden zuerst von Fueter [1, 2] die, in der dort angegebenen Form allerdings nicht vollständigen und allgemeingültigen, Klassenzahlformeln für die Ringklassenkörper, mit Einschluß der absoluten Klassenkörper, und die Strahlklassenkörper der komplexen Multiplikation, also für die Gesamtheit der über einem imaginär-quadratischen Grundkörper abelschen Zahlkörper hergeleitet. Die fraglichen L-Reihen ließen sich, in Erweiterung des von Dedekind [1] eingeschlagenen Weges, unter Heranziehung der Kroneckerschen Grenzformel für die Zetafunktionen der Ringklassen und der Strahlklassen in einem imaginär-quadratischen Zahlkörper in geschlossener Form summieren, womit die Klassenzahlberechnung im wesentlichen geleistet war. Indessen war dieser Erfolg vor allem durch die Tatsache bedingt, daß die imaginär-quadratischen Zahlkörper mit dem rationalen Zahlkörper die Eigenschaft gemein haben, nur endlich viele Einheiten zu enthalten. Für sämtliche anderen Zahlkörper ist dies jedoch nicht der Fall, so daß die Fuetersche Methode auf andere Grundkörper nicht übertragen werden konnte.

4. Erst die bahnbrechenden Untersuchungen von HECKE [1] über die analytische Natur der Dedekindschen Zetafunktion und der abelschen L-Funktionen ließen einen weiteren Fortschritt in der Klassenzahlberechnung algebraischer Zahlkörper zu.

Von HECKE selbst wurde der nächst schwierigere Fall eines reell-quadratischen Grundkörpers in Angriff genommen. Zunächst stellte HECKE [2] das Analogon der Kroneckerschen Grenzformel für die Zetafunktionen der absoluten Klassen in reell-quadratischen Zahlkörpern auf und wendete diese Formel auf die Klassenzahlberechnung für die total-reellen absoluten Klassenkörper an. In einer weiteren Arbeit zeigte HECKE [3] sodann für relativ-quadratische, total-imaginäre Zahlkörper auf, wie man durch Heranziehung ziemlich subtiler arithmetischer und analytischer Hilfsmittel zu einem expliziten, sogar elementar-arithmetischen Ausdruck für die Relativklassenzahl dieser biquadratischen Zahlkörper gelangen kann. Darüber hinaus stellte er verschiedentlich in Aussicht, daß sich auch der allgemeine relativ-abelsche Körpertypus über einem reell-quadratischen Zahlkörper seinen Methoden zugänglich erweisen würde. Jedoch ist es bei diesen teilweise mehr skizzenhaften oder auch nur Spezialfälle behandelnden Ansätzen, die Klassenzahl sämtlicher relativ-abelschen Zahlkörper über einem reell-quadratischen Grundkörper zu bestimmen, dann verblieben.

5. Hier setzen nun die nachstehenden Untersuchungen ein, deren Aufgabe es sein soll, dieses Heckesche Programm systematisch und in voller Allgemeinheit für den Fall eines reell-quadratischen Grundkörpers zu erfüllen. Dabei schien es im Rahmen der Systematik angezeigt, auch den einfacheren Fall eines imaginär-quadratischen Grundkörpers nochmals mitzubehandeln, um so einerseits den Ergebnissen von FUETER die endgültige Gestalt und Abrundung zu geben und andererseits bereits hier die Brauchbarkeit und Durchschlagskraft der verwendeten Methoden ins rechte Licht zu setzen. Die Zielsetzung dieser Arbeit geht jedoch über das von FUETER Erreichte und die von HECKE aufgeworfene Fragestellung hinaus, indem hier noch allgemeiner als dort die Klassenzahl derjenigen algebraischen Zahlkörper K bestimmt wird, deren absolut-galoisscher Zahlkörper Γ über einem quadratischen Zahlkörper Ω abelsch ist. Ersichtlich werden damit auch die über Ω abelschen Zahlkörper erfaßt.

6. Die Durchführung dieser Aufgabe gliedert sich in drei Teile. Im ersten Teil werden die algebraischen, arithmetischen und analytischen Grundlagen entwickelt, soweit sie hier für die Klassenzahlberechnung benötigt werden.

Zunächst gibt es rein-algebraisch zwei Typen von Körpern K der betrachteten Art, die sich dadurch voneinander unterscheiden, daß sie jeweils den quadratischen Grundkörper Ω enthalten oder nicht enthalten. Im ersteren Fall ist K selbst abelsch über Ω, im letzteren nur sein zugehöriger absolut-galoisscher Erweiterungskörper Γ. Bei den Γ zugeordneten Galoisgruppen handelt es sich um Gruppen vom verallgemeinerten Diedertypus. Der hier vorliegende Sachverhalt läßt sich übrigens gruppentheoretisch und klassenkörpertheoretisch invariant kennzeichnen [HASSE (2)].

Die Zielsetzung der arithmetischen Untersuchung legt nun zunächst nahe, in Hinblick auf die bekannte Klassenzahlformel für die absolut-abelschen Zahlkörper [Hasse (1)] die zu betrachtenden Körper K von vornherein als nicht-absolut-abelsch anzunehmen. Aus demselben Grund ist es weiter zweckmäßig, den maximalen absolut-abelschen Teilkörper K_0 von K bzw. auch Γ_0 von Γ, der obigen algebraischen Alternative entsprechend, im Körperschema hervorzuheben. Schließlich erscheint es sachgemäß, unter Bezugnahme auf den Aufbau der Theorie der komplexen Multiplikation aus der arithmetisch niederen Theorie der Ringklassenkörper und der arithmetisch höheren Theorie der Strahlklassenkörper, auch den maximalen Ringklassenteilkörper K^* von K nebst K_0^* bzw. Γ^* von Γ nebst Γ_0^* zum Zweck der Klassenzahlberechnung von K heranzuziehen.

Durch das gruppentheoretische Schema ist die Zerlegung der Dedekindschen Zetafunktion von K in ein Produkt von abelschen L-Funktionen über Ω gegeben. Während für den relativ-abelschen Körpertypus, wie in 2 bemerkt, diese Zerlegung sich sofort hinschreiben läßt, gelingt dies für den anderen, nicht-relativ-abelschen Körpertypus nicht ohne weiteres. Es erweist sich als dienlich, auf diese letztere Aufgabe die Theorie der Artinschen L-Funktionen anzuwenden [Artin (1), (2)], [Hasse (3)].

7. Nach der allgemeinen analytischen Klassenzahlformel reduziert sich dann das Klassenzahlproblem für K in bekannter Weise auf die Auswertung gewisser eigentlicher L-Reihen über Ω für $s = 1$. Diese sind dabei nach dem in 6 Bemerkten noch als Reihen $L(s|\psi)$ zu Ringklassencharakteren ψ vom rationalen Führer $\tilde{f}_\psi$ und als Reihen $L(s|\chi)$ zu echten Strahlklassencharakteren χ vom Führer $\tilde{\mathfrak{f}}_\chi$ zu unterscheiden [Hasse (4)].

Die feineren analytischen Eigenschaften dieser $L(s|\psi)$ und $L(s|\chi)$ hängen zunächst einmal vom Realitätscharakter des quadratischen Grundkörpers Ω, sodann im Fall eines reell-quadratischen Grundkörpers auch noch von dem in $\tilde{f}_\psi = f_\psi \mathfrak{u}_\psi$ und $\tilde{\mathfrak{f}}_\chi = \mathfrak{f}_\chi \mathfrak{u}_\chi$ eingehenden reellen unendlichen Bestandteil $\mathfrak{u}_\psi$ bzw. $\mathfrak{u}_\chi$ ab. Dies stellt sich heraus, wenn man, der Ringklasseneinteilung mod $\tilde{f}_\psi$ bzw. Strahlklasseneinteilung mod $\tilde{\mathfrak{f}}_\chi$ in Ω entsprechend, die $L(s|\psi)$ und $L(s|\chi)$ aus den L-Funktionen der Ringklassen mod $\tilde{f}_\psi$ zum Vorzeichencharakter v mod $\mathfrak{u}_\psi$ bzw. den L-Funktionen der Strahlklassen mod $\tilde{\mathfrak{f}}_\chi$ zum Vorzeichencharakter v mod $\mathfrak{u}_\chi$ mittels der Charaktere ψ bzw. χ linear kombiniert. Vermöge dieser Darstellung ist die auf die $L(s|\psi)$ und $L(s|\chi)$ bezügliche Frage dann auf die Untersuchung der sie zusammensetzenden Teilreihen zurückgeführt, und deren Eigenschaften sind wiederum durch den unendlichen Führer $\mathfrak{u}_\psi$ bzw. $\mathfrak{u}_\chi$ des durch ψ bzw. χ eindeutig bestimmten Vorzeichencharakters v bedingt.

Im Fall eines imaginär-quadratischen Grundkörpers Ω gibt es keine reellen unendlichen Primstellen von Ω. Demzufolge hat man hier für Ringklassencharaktere ψ und Strahlklassencharaktere χ jeweils nur den zugehörigen identischen Vorzeichencharakter $v = v(\alpha) = 1$ für Zahlen α aus Ω vom Führer $\mathfrak{u}_\psi = 1$ bzw. $\mathfrak{u}_\chi = 1$, und die mit diesem gebildeten Reihen stimmen mit den Zetafunktionen der Ringklassen und der Strahlklassen in Ω überein. Danach tritt in diesem Fall auch nur ein einziger Reihentypus $L(s|\psi)$ und $L(s|\chi)$ auf.

Im Fall eines reell-quadratischen Grundkörpers Ω dagegen gibt es zwei, durch den nicht-identischen Automorphismus τ von Ω konjugierte, unendliche reelle Primstellen $\mathfrak{p}_\infty, \mathfrak{p}_\infty^\tau$ von Ω mit $\mathfrak{p}_\infty \mathfrak{p}_\infty^\tau = p_\infty$. Demzufolge hat man hier für Ringklassencharaktere ψ die zwei Sorten zugehöriger Vorzeichencharaktere $v(\alpha) = 1$, $v(\alpha) = \operatorname{sgn} \alpha\alpha^\tau = \operatorname{sgn} N(\alpha)$ von den rationalen Führern $\mathfrak{u}_\psi = 1$, $\mathfrak{u}_\psi = p_\infty$ und für Strahlklassencharaktere χ die vier Sorten zugehöriger Vorzeichencharaktere $v(\alpha) = 1, v(\alpha) = \operatorname{sgn} \alpha$, $v(\alpha) = \operatorname{sgn} \alpha^\tau$, $v(\alpha) = \operatorname{sgn} \alpha\alpha^\tau = \operatorname{sgn} N(\alpha)$ von den Führern $\mathfrak{u}_\chi = 1$, $\mathfrak{u}_\chi = \mathfrak{p}_\infty$, $\mathfrak{u}_\chi = \mathfrak{p}_\infty^\tau$, $\mathfrak{u}_\chi = \mathfrak{p}_\infty \mathfrak{p}_\infty^\tau = p_\infty$. Dabei stimmen die mit dem identischen Vorzeichencharakter $v(\alpha) = 1$ gebildeten Reihen wieder mit den Zetafunktionen der Ringklassen und der Strahlklassen in Ω überein. Insgesamt treten danach in diesem Fall zwei Reihentypen $L(s|\psi)$ und vier Reihentypen $L(s|\chi)$ auf, von denen jedoch nur drei wesentlich voneinander verschieden sind [Hecke (4)].

Zur Lösung der Hauptaufgabe bei der Klassenzahlberechnung von K, der Summation der verschiedenartigen $L(1|\psi)$ und $L(1|\chi)$ für Nicht-Hauptcharaktere ψ und χ in geschlossener Form, hat man an die Darstellung der $L(s|\psi)$ und $L(s|\chi)$ als Linearkombinationen aus Klassenfunktionen zu Vorzeichencharakteren v mod $\mathfrak{u}_\psi$ bzw. v mod $\mathfrak{u}_\chi$ anzuknüpfen. Dadurch wird die Summation der $L(1|\psi)$ und $L(1|\chi)$ im Fall eines imaginär-quadratischen Grundkörpers Ω zurückgeführt auf die Kroneckerschen Grenzformeln für die dem identischen Vorzeichencharakter $v = 1$ zugeordneten Zetafunktionen der Ringklassen und der Strahlklassen in Ω und im Fall eines reell-quadratischen Grundkörpers Ω auf die Kroneckerschen Grenzformeln für die dem identischen Vorzeichencharakter $v = 1$ zugeordneten Zetafunktionen der Ringklassen und der Strahlklassen in Ω sowie auf die Analoga dieser Grenzformeln für die Klassenfunktionen zu Vorzeichencharakteren $v \neq 1$ in Ω. Diese Grenzformeln beschreiben über den wohlbekannten meromorphen Charakter dieser Funktionen hinaus [Landau (1)] das Verhalten der Reihen bei Annäherung an $s = 1$ durch explizite Angabe der hierfür wesentlichen Anfangsglieder in der Laurentschen Potenzreihenentwicklung um $s = 1$. Dabei kommt es genauer für $v = 1$ auf die Bestimmung des Residuums und des konstanten Gliedes, für $v \neq 1$, wo die betreffenden Dirichletschen Reihen jeweils eine ganze transzendente Funktion definieren, auf die Bestimmung des konstanten Gliedes allein an.

Bei der Herleitung dieser Grenzformeln leistet die Poissonsche Summenformel außerordentliche Dienste. Für gleiche und verwandte Zwecke haben Hecke [1, 3] und Mordell [1, 2, 3] diese Summenformel mit Nutzen herangezogen und auch sonst noch bei verschiedenartigen Fragen der Arithmetik und Analysis ihre vielseitige Brauchbarkeit erprobt. Während jedoch bei Hecke die Handhabung dieses Summationsverfahrens zumeist mehr nach formalen

Gesichtspunkten, und zwar in der Auffassung als Fouriersche Reihenentwicklung erfolgt, hat MORDELL stets die eigenständige Bedeutung der Poissonschen Summenformel betont und hierfür von der Theorie der Fourierschen Reihen unabhängige Beweise gegeben. Von MORDELL [1, 2] stammt auch ein einfaches hinreichendes Kriterium für die Gültigkeit der Poissonschen Summenformel.

8. Im zweiten Teil der Untersuchung werden die Grenzformeln für die Klassenfunktionen zu beliebigen Vorzeichencharakteren in quadratischen Zahlkörpern hergeleitet und auf die Summation der L-Reihen angewandt. Bei der rechnerischen Durchführung sind zunächst die Fälle eines imaginären und eines reellen quadratischen Körpers zu trennen.

Im Fall eines imaginär-quadratischen Zahlkörpers Ω handelt es sich um die Summation je eines Typus $L(1|\psi)$ und $L(1|\chi)$.

Die Summation von $L(1|\psi)$ in geschlossener Form läßt sich unter Heranziehung der Kroneckerschen Grenzformel für die Zetafunktionen der Ringklassen mod f_ψ ohne weiteres durchführen. Die in der Endformel für $L(1|\psi)$ auftretenden Ringklasseninvarianten mod f_ψ sind singuläre Werte der Modulnormfunktion $D(\mathfrak{w})$ [DEDEKIND (1)], [FUETER (1), (2)], [HASSE (5)], die unter Beifügung eines einfachen Normierungsfaktors durch komplexe Normbildung aus der 24-sten Wurzel aus der Diskriminante $\Delta(\mathfrak{w})$ entsteht.

Die Summation von $L(1|\chi)$ in geschlossener Form gründet sich zwar auch hier wieder wesentlich auf die Kroneckersche Grenzformel für die Zetafunktionen der Strahlklassen mod $\mathfrak{f}_\chi$, doch bedarf es dabei zusätzlich eines umfangreicheren formalen Aufwands, um den Wert von $L(1|\chi)$ in endgültiger, organischer Gestalt schreiben zu können. Im Verlauf der formalen Umgestaltungen stellen sich, wie selbstverständlich auch bei der Summation der verschiedenartigen $L(1|\chi)$ im reellen Fall, die verallgemeinerten Gaußschen Summen ein, die von HECKE [1] anläßlich der funktionentheoretischen Untersuchung der abelschen L-Funktionen in beliebigen algebraischen Zahlkörpern eingeführt wurden und neuerdings von HASSE [6, 7, 8] unter besonderer Berücksichtigung der formalen Grundlagen systematisch untersucht worden sind. Die in der Endformel für $L(1|\chi)$ auftretenden Strahlklasseninvarianten mod $\mathfrak{f}_\chi$ sind singuläre Teilwerte der elliptischen Normfunktion $S(u|\mathfrak{w})$ [HASSE (5)], die durch komplexe Normbildung aus der nach F. KLEIN [KLEIN-FRICKE (1)] passend modifizierten und normierten Weierstraßschen σ-Funktion entsteht. Hierbei, wie jeweils auch im reellen Fall, ist der Teilungsgrad als das kleinste natürliche Vielfache von $\mathfrak{f}_\chi$ gegeben.

9. Im Fall eines reell-quadratischen Zahlkörpers Ω handelt es sich um die Summation zweier Typen $L(1|\psi)$ und dreier Typen $L(1|\chi)$. Hier treten bei der Aufstellung der Kroneckerschen Grenzformeln und ihrer Analoga gegenüber dem imaginären Fall zusätzliche Schwierigkeiten auf, die durch die Existenz unendlich vieler Einheiten in Ω bedingt sind. Diese Schwierigkeiten lassen sich jedoch unter Anwendung eines berühmten von HECKE [1, 2, 3, 4] ersonnenen Ver-

fahrens beheben. Weiter steht zu erwarten, daß die Grenzformeln und damit auch die Werte der L-Reihen für verschiedene Vorzeichencharaktere unterschiedlich ausfallen werden.

Geht zunächst die rationale unendliche Primstelle p_∞ in $\tilde{f}_\psi$ nicht ein, ist also $\tilde{f}_\psi = f_\psi$, so erweist sich die Kroneckersche Grenzformel für die Zetafunktionen der Ringklassen mod f_ψ auf Grund des Heckeschen Verfahrens als unmittelbare Folge der entsprechenden Formel im imaginären Fall. Die in der Endformel für $L(1|\psi)$ auftretenden Ringklasseninvarianten mod f_ψ entstehen dann einfach durch den invarianten Prozeß der logarithmischen Integration aus der Modulnormfunktion $D(\mathfrak{w})$ [Hecke (1)], [Hasse (5)].

Ist ebenso $\tilde{\mathfrak{f}}_\chi$ von unendlichen Primstellen frei, gilt also $\tilde{\mathfrak{f}}_\chi = \mathfrak{f}_\chi$, so ist auch hier wieder der reelle Fall mit dem imaginären völlig gleichlaufend. Nach Vornahme der gleichen formalen Umgestaltungen wie dort treten in der Endformel für $L(1|\chi)$ singuläre Strahlklasseninvarianten mod $\mathfrak{f}_\chi$ auf, die durch logarithmische Integration aus den Teilwerten der elliptischen Normfunktion $S(u|\mathfrak{w})$ entstehen [Hasse (5)].

10. Geht genau eine reelle unendliche Primstelle, etwa $\mathfrak{p}_\infty$ in $\tilde{\mathfrak{f}}_\chi$ ein, ist also $\tilde{\mathfrak{f}}_\chi = \mathfrak{f}_\chi \mathfrak{p}_\infty$, so stellt sich in der Grenzformel für die hier mit dem Vorzeichencharakter $v(\alpha) = \operatorname{sgn} \alpha$ zu bildenden Reihen eine neue Funktion $\varphi(u|\mathfrak{w})$ ein, die durch eine nur bedingt konvergente Eisensteinsche Reihe mit gebrochenem Exponenten $-\frac{3}{2}$ im Großen erklärt ist. Die Anwendung der Poissonschen Summenformel liefert hier im Unendlichen anstelle der bei den elliptischen Modulfunktionen und elliptischen Funktionen auftretenden exponentiellen q-Entwicklung eine nach modifizierten Hankelschen Funktionen K_0, K_1 fortschreitende Reihenentwicklung. Die in der Endformel für $L(1|\chi)$ auftretenden singulären Strahlklasseninvarianten mod $\mathfrak{f}_\chi \mathfrak{p}_\infty$ entstehen auch hier wieder durch logarithmische Integration aus den Teilwerten der Funktion $\varphi(u|\mathfrak{w})$.

11. Gehen schließlich die beiden unendlichen Primstellen $\mathfrak{p}_\infty$, $\mathfrak{p}_\infty^\tau$, mit $\mathfrak{p}_\infty \mathfrak{p}_\infty^\tau = p_\infty$, in $\tilde{f}_\psi$ und $\tilde{\mathfrak{f}}_\chi$ ein, ist also $\tilde{f}_\psi = f_\psi p_\infty$ und $\tilde{\mathfrak{f}}_\chi = \mathfrak{f}_\chi \mathfrak{p}_\infty \mathfrak{p}_\infty^\tau = \mathfrak{f}_\chi p_\infty$, so liegt hier ein besonders interessantes, für Strahlklassencharaktere χ bereits von Hecke [3] behandeltes Summationsproblem vor. Kommt es doch bei der Aufstellung der Grenzformel für die hier jeweils mit dem Vorzeichencharakter $v(\alpha) = \operatorname{sgn} \alpha\alpha^\tau = \operatorname{sgn} N(\alpha)$ zu bildenden Reihen und damit für die Ermittlung von $L(1|\psi)$ und $L(1|\chi)$ darauf an, das Transformationsverhalten des Logarithmus der 24-sten Wurzel aus der Diskriminante, $\log \sqrt[24]{\Delta\binom{\omega_1}{\omega_2}}$, gegenüber Modulsubstitutionen und das Transformationsverhalten des Logarithmus der normierten σ-Teilwerte vom Teilungsgrad f, $\log \sigma_{gh}\binom{\omega_1}{\omega_2}$ und auch $\log \sqrt[12]{\Delta\binom{\omega_1}{\omega_2}}\, \sigma_{gh}\binom{\omega_1}{\omega_2}$ [Klein-Fricke (1)], gegenüber Modulsubstitutionen aus der Hauptkongruenzgruppe f-ter Stufe festzustellen. Bei der arithmetischen Anwendung ist $f = f_\chi$ das kleinste natürliche Multiplum von $\mathfrak{f}_\chi$. Sachlich handelt es sich bei diesen Pro-

blemen um die Bestimmung der Perioden von Integralen 3. Gattung [HECKE (4)], [RADEMACHER (1)]. Im Gegensatz zu HECKE [3], der sich einer im Prinzip auf RIEMANN zurückgehenden, im Detail von DEDEKIND [2] durchgeführten Methode bedient[1]), sind hier für die explizite Berechnung der Perioden im Anschluß an MELLIN [1] und RADEMACHER [1] als wesentlichste analytische Hilfsmittel die Mellinsche Transformationsformel für die Exponentialfunktion und die verallgemeinerten Zetafunktionen $\zeta(s, \alpha)$ von HURWITZ [1], [WHITTAKER-WATSON (1)] herangezogen. Die auf $\log \sigma_{gh}\binom{\omega_1}{\omega_2}$ bezüglichen Entwicklungen, welche übrigens die Transformationsformel für $\log \sqrt[24]{\Delta\binom{\omega_1}{\omega_2}}$ mitliefern, sind als Verallgemeinerung der von den genannten Autoren für die Funktion $\log \sqrt[24]{\Delta\binom{\omega_1}{\omega_2}}$, also den Logarithmus einer Modulfunktion erster Stufe gegebenen auf den Logarithmus von Modulfunktionen höherer Stufe anzusehen[2]). Die in der Endformel für $L(1|\psi)$ und $L(1|\chi)$ auftretenden Ringklasseninvarianten mod $f_\psi p_\infty$ und Strahlklasseninvarianten mod $\mathfrak{f}_\chi p_\infty$ sind dann, als Perioden von Integralen 3. Gattung, elementar-arithmetische Funktionen der Substitutionskoeffizienten, die im wesentlichen mit den von RADEMACHER [1] genauer untersuchten sogenannten Dedekindschen Summen und gewissen Verallgemeinerungen dieser Summen übereinstimmen. Es erscheint in diesem Zusammenhang erwünscht, für diese elementaren Ausdrücke neben der funktionentheoretischen auch noch eine algebraisch-arithmetische, begriffliche Deutung zu geben[3]).

12. Im dritten Teil der Untersuchung werden dann die arithmetischen Klassenzahlformeln für die fraglichen Zahlkörper K, deren zugehöriger absolut-galoisscher Körper Γ über einem quadratischen Zahlkörper Ω abelsch ist, unter Einschaltung der entsprechenden Klassenzahlformeln für die in 6 ausgezeichneten Teilkörper von K zusammengestellt. Wenn die wesentlichen Vorarbeiten hierfür auch schon durch die geschlossene Summation der verschiedenartigen L-Reihen geleistet sind, so bedarf es dennoch einiger weiterer Überlegungen, um den finiten Formeln ihre endgültige, arithmetisch organische Gestalt zu geben. Neben der Klärung der Frage, welche Beiträge der verschiedenen Typen von L-Reihen in die analytischen Klassenzahlformeln jeweils aufzunehmen sind, handelt es sich hierbei vornehmlich um die Beweise von Diskriminantenformeln und Produktformeln für allgemeine Gaußsche Summen. Wenn sich auch nach der von ARTIN [3] gegebenen Theorie der Diskriminanten galoisscher Zahlkörper die fraglichen Diskriminantenformeln rein-arithmetisch

[1]) Die Dedekindschen Untersuchungen sind auch in dem 2. Band des Lehrbuches über Elliptische Funktionen von J. TANNERY — J. MOLK [1] wiedergegeben.

[2]) Hierbei sind im Sinne von F. KLEIN die betreffenden Funktionen als der jeweiligen Stufe adjungiert aufgefaßt [KLEIN-FRICKE (1)].

[3]) Eine solche inhaltliche Bedeutung dieser Summen ist z. B. die, daß sich die Anzahl der Inversionen in gewissen Permutationen durch Dedekindsche Summen ausdrücken läßt [MEYER (1)].

begründen lassen, so ist eine analoge weitgehend arithmetische Begründung solcher Produktformeln für allgemeine Gaußsche Summen, trotz neuer tiefgreifender Ansätze dazu durch HASSE [6, 7, 8], bislang nicht durchgeführt. Wie schon bei der Klassenzahlberechnung für die absolut-abelschen Zahlkörper läßt sich auch hier diese letztere Aufgabe auf den Spezialfall zurückführen, daß der Wert einer mit einem reellen, quadratischen Charakter χ vom Führer $\mathfrak{f}_\chi$ gebildeten allgemeinen Gaußschen Summe genau bekannt sein muß. Die Bestimmung dieses expliziten Wertes gelingt bislang jedoch nur auf dem Umweg über die Analysis [HECKE (3)], [HASSE (3)]. Bei dieser Sachlage erscheint es daher im Rahmen der hier sowieso vorherrschenden analytischen Betrachtungsweise angemessen, die Beweise für die in Rede stehenden Formeln auf analytischem Wege zu erbringen. Dies leistet mit einem Schlage die Kombination der Funktionalgleichungen für die Dedekindsche Zetafunktion des jeweils zu betrachtenden Körpers und die zugehörigen abelschen L-Funktionen [HECKE (1), (3), (5)], [HASSE (3)]. So erweist sich auch bei den zuletzt genannten Problemen aus der Theorie der algebraischen Zahlkörper die eigenartige Kraft der analytischen Methoden aufs neue.

13. Bei allem Aufwand an begrifflichen und rechnerischen Hilfsmitteln aus verschiedenen mathematischen Disziplinen bleibt dennoch eine wesentliche Aufgabe noch unerledigt, nämlich die anzuschließende rein-arithmetische Ausdeutung der auf analytischem Wege gewonnenen Klassenzahlformeln, wie sie von HASSE [1] in einer umfangreichen Monographie für die absolut-abelschen Zahlkörper, unter Verwertung und Weiterführung insbesondere Kummerscher Ergebnisse, angebahnt worden ist[1]).

Auf der anderen Seite verdient jedoch der folgende Gesichtspunkt hervorgehoben zu werden, der gerade auch für die verbliebene arithmetische Aufgabe von Wichtigkeit scheint. Da sich in den Klassenzahlformeln für die Klassenkörper der komplexen Multiplikation gerade dasjenige Funktionenmaterial, bestehend aus elliptischen Modulfunktionen und elliptischen Funktionen, einstellt, welches die explizite Konstruktion solcher Klassenkörper durch singuläre Werte dieser Funktionen leistet, liegt die Vermutung nahe [HASSE (5), (9)], daß das im Fall eines reell-quadratischen Grundkörpers auftretende neuartige Funktionenmaterial und die hiermit gebildeten singulären arithmetischen Invarianten eine entsprechende Bedeutung für die explizite Konstruktion der Klassenkörper über einem reell-quadratischen Grundkörper haben, eine Problemstellung, die ja in Hinblick auf das Hilbertsche Klassenkörperkonstruktionsproblem [HASSE (3)] nach wie vor aktuell ist.

[1]) Die Hasseschen Untersuchungen sind neuerdings von H. W. LEOPOLDT [1] ergänzt und weitergeführt worden.

I. Algebraische, arithmetische und analytische Grundlagen

§ 1. Die Körpertypen und ihre Struktur

1. Es sei K ein endlich-algebraischer Zahlkörper über dem rationalen Zahlkörper P, dessen zugehöriger galoisscher Erweiterungskörper Γ über einem quadratischen Zahlkörper Ω abelsch ist. In Hinblick auf die bekannte Klassenzahlformel für absolut-abelsche Zahlkörper [Hasse (1)] sei K/P oder, was dasselbe besagt, Γ/P als nicht-abelsch vorausgesetzt.

Es bezeichne $\mathfrak{G}$ die Galoisgruppe von Γ/P, $\mathfrak{A}$ die Invariantengruppe zu Ω. Die Untergruppe $\mathfrak{A}$ von $\mathfrak{G}$, zugleich die Galoisgruppe von Γ/Ω, ist dann ein abelscher Normalteiler vom Index 2 in $\mathfrak{G}$; $\mathfrak{G}$ selbst ist jedoch nach Voraussetzung nicht abelsch. Die Galoisgruppe $\mathfrak{G}$ von Γ/P ist also eine verallgemeinerte Diedergruppe. Die Zerlegung von $\mathfrak{G}$ nach $\mathfrak{A}$ hat die einfache Form:

$$\mathfrak{G} = \mathfrak{A} + T\,\mathfrak{A}\,, \tag{1.1}$$

und das Rechnen in $\mathfrak{G}$ verläuft nach dem Schema:

$$\left.\begin{cases} T^{-1}\,\mathfrak{A}\,T = \mathfrak{A}^{\tau}\,, & \text{d. h.} \quad AT = TA^{\tau} \quad \text{für } A \text{ aus } \mathfrak{A} \\ T \text{ nicht aus } \mathfrak{A}\,, & \phantom{\text{d. h.}} \quad T^2 = C \text{ aus } \mathfrak{A} \quad \text{und} \quad C^{\tau} = C \end{cases}\right\}. \tag{1.2}$$

Hierbei bezeichnet τ einen Automorphismus der Ordnung 2 von $\mathfrak{A}$ (da andernfalls $\mathfrak{G}$ abelsch wäre); A durchläuft die Elemente von $\mathfrak{A}$, und C ist ein festes bez. τ invariantes Element aus $\mathfrak{A}$. Das Element T liegt nur bis auf Substitutionen $T \to TA$ mit beliebigem A aus $\mathfrak{A}$ und dementsprechend C nur bis auf die zugehörigen Substitutionen $C \to C\,A^{1+\tau}$ fest. Sind umgekehrt eine abelsche Gruppe $\mathfrak{A}$, ein Automorphismus τ der genauen Ordnung 2 von $\mathfrak{A}$ und eine Klasse $C\,\mathfrak{A}^{1+\tau}$ bei τ invarianter Elemente aus $\mathfrak{A}$ gegeben, so erhält man in der oben angegebenen Form eine nicht-abelsche Gruppe $\mathfrak{G}$ mit dem abelschen Normalteiler $\mathfrak{A}$ vom Index 2. Die fraglichen Gruppen $\mathfrak{G}$ sind mithin im Sinne der Theorie der Gruppenerweiterungen invariant durch $\mathfrak{A}$, τ, $C\,\mathfrak{A}^{1+\tau}$ gekennzeichnet [Hasse (2)].

Hieraus ergibt sich eine invariante klassenkörpertheoretische Kennzeichnung der über einem quadratischen Körper Ω abelschen Körper Γ, für die Γ/P galoissch, aber nicht abelsch, mit einer Galoisgruppe des betrachteten Typus ist [Hasse (2)]. Zunächst gilt:

1. Γ/Ω ist Klassenkörper zu einer Kongruenzdivisorengruppe $H_{\Gamma/\Omega}$ in Ω. Der erzeugende Automorphismus von Ω läßt $H_{\Gamma/\Omega}$, aber nicht die Klassen nach $H_{\Gamma/\Omega}$ invariant. Die Klassengruppe nach $H_{\Gamma/\Omega}$ ist isomorph zur galoisschen Relativgruppe $\mathfrak{A}$ von Γ/Ω.

Sei ferner G die Kongruenzdivisorengruppe in P, zu der Ω Klassenkörper ist, und $c\,G$ ihre Nebenklasse. Deutet man, dem durch das Artin-Symbol explizit ververmittelten Isomorphismus entsprechend, die Klassen nach $H_{\Gamma/\Omega}$ als die Elemente von $\mathfrak{A}$, so gilt weiter:

2. *Der erzeugende Automorphismus von Ω liefert in der Klassengruppe nach $H_{\Gamma/\Omega}$ den Automorphismus τ von $\mathfrak{A}$.* —
Der erzeugende Automorphismus von Ω, der den Übergang zum Konjugierten bewirkt, sei daher ebenfalls mit τ bezeichnet.
3. *Bei Einbettung in Ω entspricht der Gruppe G die Gruppe $\mathfrak{A}^{1+\tau}$ und der Nebenklasse $c\,G$ die Nebenklasse $C\,\mathfrak{A}^{1+\tau}$.*

2. Genauere Aufschlüsse über die Beziehungen der Körper Γ, K, Ω zueinander gewinnt man aus der näheren Untersuchung der Galoisgruppe $\mathfrak{G}$ von Γ/P.

Sei dazu zunächst $\mathfrak{J}$ die Untergruppe derjenigen Elemente von $\mathfrak{A}$, welche bei Ausübung des Automorphismus τ elementweise festbleiben. Da τ die Ordnung 2 hat, wird $\mathfrak{A}$ durch $\mathfrak{J}$ nicht erschöpft. Die Abbildung

$$(1.3)\qquad \left\{\begin{matrix}\mathfrak{A}\to\mathfrak{A}^{1-\tau}\\ \mathfrak{J}\to 1\end{matrix}\right\}$$

liefert einen Endomorphismus von $\mathfrak{A}$. Somit gilt:

$$(1.4)\qquad \mathfrak{A}/\mathfrak{J}\cong\mathfrak{A}^{1-\tau}.$$

Dieser Isomorphie entnimmt man die Indexrelation:

$$(1.5)\qquad [\mathfrak{A}:\mathfrak{J}]=[\mathfrak{A}^{1-\tau}:1]=\frac{n}{n_0},$$

wo n und n_0 die Ordnungen der Gruppen $\mathfrak{A}$ und $\mathfrak{J}$ bezeichnen.

Es bezeichne weiter $\mathfrak{U}$ die Invariantengruppe zu K. Dann bietet sich die folgende, rein-algebraische Alternative dar:

I. K enthält Ω, d. h. $\mathfrak{U}$ ist in $\mathfrak{A}$ enthalten, oder
II. K enthält nicht Ω, d. h. $\mathfrak{U}$ ist in $\mathfrak{A}$ nicht enthalten.

TYPUS I

K enthält $\Omega \leftrightarrow \mathfrak{U}$ ist in $\mathfrak{A}$ enthalten

Hier handelt es sich um einen relativ-abelschen Körper K/Ω, der also, wie Γ, selbst Klassenkörper zu einer bestimmten Kongruenzdivisorengruppe in Ω ist. Die Anzahl der verschiedenen absolut-konjugierten Körper zu K oder auch die ihr gleiche Anzahl der verschiedenen konjugierten Untergruppen zu $\mathfrak{U}$ in $\mathfrak{G}$ läßt sich sofort bestimmen. Als wesentlicher Transformator für $\mathfrak{U}$ kommt nur das Element T in Betracht. Es kann daher höchstens zwei verschiedene konjugierte Körper K und K^τ geben, die beim Automorphismus τ von Ω ineinander übergehen. Dann und nur dann fallen diese beiden Körper zusammen, wenn bereits K absolut-galoissch ist. In diesem Fall hat man $K=K^\tau=\Gamma$, $\mathfrak{U}=\mathfrak{U}^\tau=1$.

Für die Zwecke der Klassenzahlberechnung werde noch der maximale absolut-abelsche Teilkörper K_0 von K eingeführt. Ihm entspricht gruppentheoretisch die kleinste Untergruppe $\mathfrak{U}_0$ von $\mathfrak{G}$, welche $\mathfrak{U}$ und die Kommutatorgruppe von $\mathfrak{G}$

umfaßt, also deren Kompositum. Als Kommutatorgruppe von $\mathfrak{G}$ erhält man nach (1.2) die Untergruppe $\mathfrak{A}^{1-\tau}$ aus (1.3). Somit folgt:

(1.6) $$\mathfrak{U}_0 = \mathfrak{U}\mathfrak{A}^{1-\tau}.$$

Danach ergibt sich die durch den nachstehenden Körper-Gruppengraphen verdeutlichte grobe Struktur:

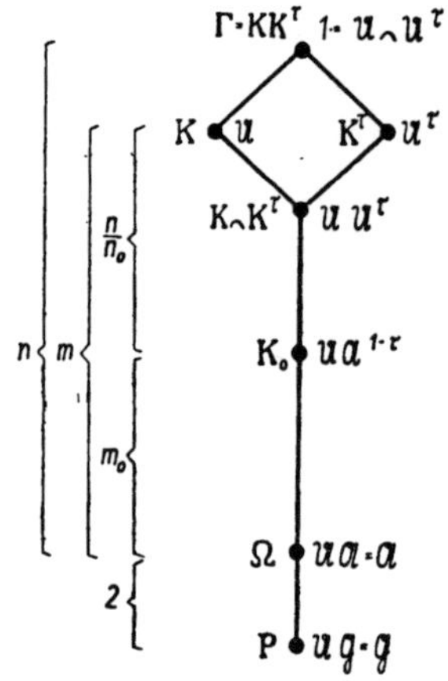

Abb. 1

Hierin bezeichnet m den Relativgrad von K/Ω. Die Bestimmung des Relativgrades m_0 von K_0/Ω läßt sich auf folgende Weise durchführen. Nach dem Isomorphiesatz gilt zunächst:

$$\mathfrak{U}\mathfrak{A}^{1-\tau}/\mathfrak{U} \cong \mathfrak{A}^{1-\tau}/\mathfrak{U} \cap \mathfrak{A}^{1-\tau}.$$

Hier ist nun

$$\mathfrak{U} \cap \mathfrak{A}^{1-\tau} = 1.$$

Andernfalls gäbe es nämlich Elemente $U \neq 1$ aus $\mathfrak{U}$ und $A \neq 1$ aus $\mathfrak{A}$ mit

$$U = A^{1-\tau} = 1 : A^{\tau-1} = 1 : U^{\tau},$$

was wegen der Gruppeneigenschaft von $\mathfrak{U}$ gegen $\mathfrak{U} \cap \mathfrak{U}^{\tau} = 1$ verstoßen würde. Unter Beachtung von (1.5) ergibt sich jetzt aus der Indexrelation

$$[\mathfrak{A} : \mathfrak{U}\mathfrak{A}^{1-\tau}] = [\mathfrak{A} : \mathfrak{U}] : [\mathfrak{U}\mathfrak{A}^{1-\tau} : \mathfrak{U}] = [\mathfrak{A} : \mathfrak{U}] : [\mathfrak{A}^{1-\tau} : 1] = m : \frac{n}{n_0}$$

der Relativgrad:

$$[K_0 : \Omega] = m_0 = m : \frac{n}{n_0}.$$

Für die Zwecke der Klassenzahlberechnung werde schließlich noch der maximale Teilkörper K^* von K ausgezeichnet, der Ringklassenkörper über Ω ist, bei dem also die zugeordnete Kongruenzdivisorengruppe in Ω alle (zum rationalen Führer von K^* primen) Zahlen aus P enthält. Der Durchschnitt $K_0^* = K_0 \cap K^*$ ist dann der größte über P abelsche Teilkörper von K^*. Nach dem in **1** unter *3* Bemerkten ist dabei K^* die Untergruppe $\mathfrak{U}^* = \mathfrak{U}\mathfrak{A}^{1+\tau} + C\mathfrak{U}\mathfrak{A}^{1+\tau}$ zugeordnet.

Da die K^* zugeordnete Kongruenzdivisorengruppe aus vollen Ringklassen nach einem rationalen Modul als Führer besteht (vgl. § 4, **1**; § 5, **1**; § 9, **1**), bleibt sie beim erzeugenden Automorphismus τ von Ω invariant. Somit ist K^*/P galoissch und demzufolge $\mathfrak{U}^*$ Normalteiler in $\mathfrak{G}$ [Hasse (3)].

Damit erhält man an der entsprechenden Stelle die durch den nebenstehenden Körper-Gruppengraphen verdeutlichte feinere Struktur:

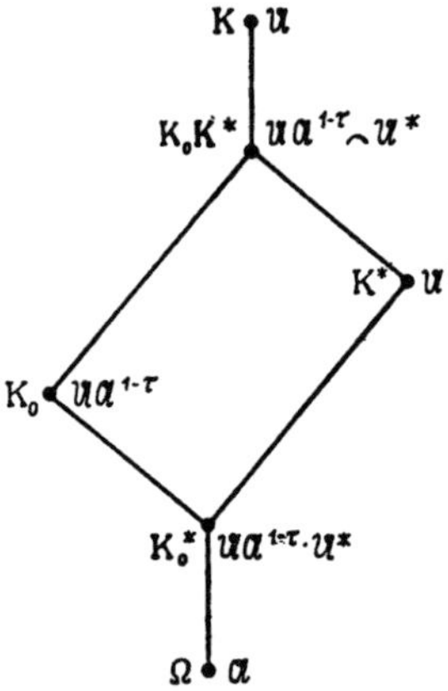

Abb. 2

TYPUS II

K enthält nicht $\Omega \longleftrightarrow \mathfrak{U}$ ist in $\mathfrak{A}$ nicht enthalten

Hier handelt es sich um einen nicht-galoisschen Zahlkörper K/P. Die Galoisgruppe $\mathfrak{G}$ der zugehörigen galoisschen Erweiterung Γ/P ergibt sich wegen $K \cap \Omega = P$ als Kompositum:

(1.7) $$\mathfrak{G} = \mathfrak{U}\,\mathfrak{A}\,.$$

Es sei nun für den Augenblick zur Abkürzung das Körperkompositum $K\Omega = \Gamma'$ gesetzt. Deutet man dann die Gradrelation $[\Gamma' : K] = 2$ gruppentheoretisch, so folgt, daß der Durchschnitt

$$\mathfrak{U} \cap \mathfrak{A} = \mathfrak{A}'$$

als Normalteiler vom Index 2 in $\mathfrak{U}$ enthalten ist:

$$\mathfrak{U} = \mathfrak{A}' + T'\mathfrak{A}', \quad T' \text{ nicht aus } \mathfrak{A}, \quad T'^2 \text{ aus } \mathfrak{A}'.$$

Durch Kombination der beiden Beziehungen

$$\mathfrak{U} \cap \mathfrak{U}' \cap \mathfrak{U}'' \cap \cdots = 1 \quad (\mathfrak{U}^{(\nu)} \text{ konjugierte Untergruppen zu } \mathfrak{U})$$

und

$$T'^{-1}\mathfrak{A}'\,T' = \mathfrak{A}'$$

folgt nun sofort:

$$\mathfrak{A}' = 1, \quad T'^2 = 1.$$

Ersichtlich ist ja unter Beachtung von (1.7) nach der zweiten Beziehung zumindest die Untergruppe $\mathfrak{A}'$ allen $\mathfrak{U}^{(\nu)}$ gemeinsam, und das ist auf Grund der angegebenen Durchschnittsbedingung nur für $\mathfrak{A}' = 1$ der Fall. Damit ist $\mathfrak{U}$ als zyklische Gruppe der Ordnung 2 erkannt:

(1.8) $$\mathfrak{U} = (1, T')\,.$$

Nach dem Hauptsatz der Galoisschen Theorie ist die demnach bestehende Beziehung $\mathfrak{U} \cap \mathfrak{A} = \mathfrak{A}' = 1$ gleichbedeutend mit der folgenden:

(1.9) $$K\Omega = \Gamma,$$

so daß das obige Kompositum Γ' als der zu K gehörige, volle galoissche Körper Γ/P erkannt ist.

Da das Element T' aus (1.8) in $\mathfrak{G}$ der Nebenklasse $T\mathfrak{A}$ angehört, kann hier jener Repräsentant T aus (1.1) mit T' aus (1.8) identifiziert werden, so daß also $T^2 = C = 1$ ausfällt. Bei dieser Normierung sind dann nur noch die Substitutionen $T \to TA$ mit $A^{1+\tau} = 1$ zulässig.

Um schließlich die genaue Anzahl der verschiedenen absolut-konjugierten Körper zu K zu bestimmen, hat man nach (1.7) lediglich das Verhalten von $\mathfrak{U}$ bei Transformation mit Elementen aus $\mathfrak{A}$ zu prüfen. Offenbar gilt $A^{-1}\mathfrak{U}A = \mathfrak{U}$ genau dann, wenn A ein Element aus der Untergruppe $\mathfrak{J}$ von $\mathfrak{A}$ ist. Daher ist jene Anzahl gleich dem Index von $\mathfrak{J}$ in $\mathfrak{A}$, also unter Beachtung von (1.5) gleich $\frac{n}{n_0}$. Somit ergibt sich die durch den nachstehenden Körper-Gruppengraphen verdeutlichte grobe Struktur:

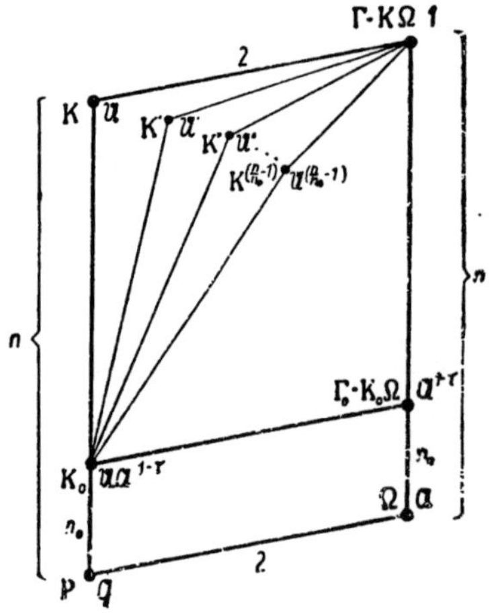

Abb. 3

Die bereits in (1.5) eingeführten Zahlen n und n_0 sind hier zugleich die Grade von K/P und K_0/P. Das Kompositum $\Gamma_0 = K_0 \Omega$ ist, da zur Kommutatorgruppe von $\mathfrak{G}$ gehörig, der größte absolut-abelsche Teilkörper von Γ.

Hebt man schließlich wieder den größten Teilkörper Γ^* von Γ hervor, der Ringklassenkörper über Ω ist, so ist

Γ^* die Untergruppe (Normalteiler) $\mathfrak{A}^{1+\tau}$ zugeordnet,

und der Durchschnitt $\Gamma_0^* = \Gamma_0 \cap \Gamma^*$ ist der größte über P abelsche Teilkörper von Γ^*.

Damit erhält man an der entsprechenden Stelle die durch den nachstehenden Körper-Gruppengraphen verdeutlichte feinere Struktur für die über Ω abelschen Teilkörper von Γ/Ω und die ihnen als Projektionen in K eindeutig zugeordneten Teilkörper von K/P[1]:

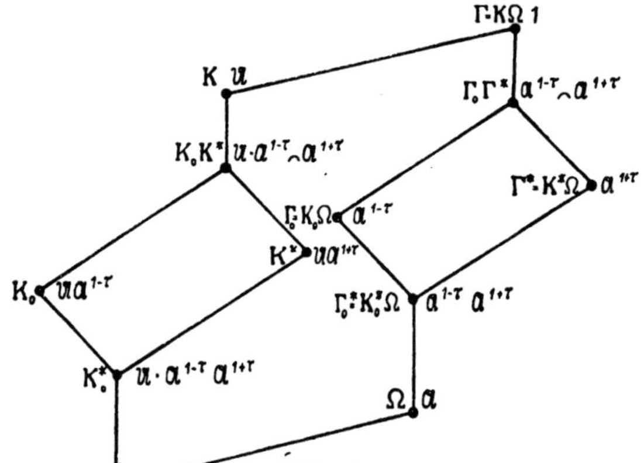

Abb. 4

§ 2. Die analytischen Klassenzahlformeln

1. Der Körpertypus I ist selbst abelsch über dem quadratischen Grundkörper Ω, also ist K selbst Strahlklassenkörper zu einer Kongruenzdivisorengruppe $H_{K/\Omega}$ vom genauen, d. h. unter Einschluß auch unendlicher Primstellen gebildeten Führer $\tilde{\mathfrak{f}}$ in Ω, welche den Strahl mod $\tilde{\mathfrak{f}}$ in Ω enthält[2]). Die Klassen-

[1]) Zu diesem Typus II gehört der von Dedekind [1] behandelte Fall der einfach-reellen (reinen) kubischen Zahlkörper K. Hier ist $K = K^*$ mit $K_0 = K_0^* = P$; $\Gamma = \Gamma^* = K\Omega$ mit $\Gamma_0 = \Gamma_0^* = \Omega$.

[2]) In Erweiterung des ursprünglichen Begriffs sind hier schlechthin alle im vollen, d. h. genau zum Strahl mod $\tilde{\mathfrak{f}}$ in Ω gehörigen Strahlklassenkörper enthaltenen Teilkörper über Ω als Strahlklassenkörper bezeichnet.

gruppe nach $H_{K/\Omega}$ ist isomorph zur galoisschen Relativgruppe von K/Ω, ihre Ordnung somit $[K:\Omega] = m$. Nach der Klassenkörpertheorie besitzt dann die Zetafunktion von K die Darstellung:

$$\zeta_K(s) = \prod_{\chi} L(s|\chi) = \zeta_\Omega(s) \cdot \prod_{\chi \neq 1} L(s|\chi), \tag{2.1}$$

wo das erstere Produkt über alle m eigentlichen L-Funktionen über Ω zu erstrecken ist. Diese sind mit den eigentlichen, d.h. auf ihre Führer bezogenen abelschen Charakteren χ der Klassengruppe nach $H_{K/\Omega}$, die man auch kurz die Charaktere von K/Ω nennt, gebildet [Hasse (3)].

Formel (2.1) gestattet eine erste Reduktion, wenn man den größten absolut-abelschen Teilkörper K_0 von K aus § 1, 2 heranzieht. Beachtet man, daß sich die Charaktere χ_0 von K_0/Ω als Charaktere von K/Ω und somit die L-Funktionen von K_0/Ω als L-Funktionen von K/Ω auffassen lassen, so gilt:

$$\zeta_K(s) = \zeta_{K_0}(s) \cdot \prod_{\chi \neq \chi_0} L(s|\chi), \tag{2.2}$$

wo dann χ nur noch diejenigen $(m - m_0)$ Charaktere von K/Ω durchläuft, welche nicht bereits Charaktere von K_0/Ω sind.

Formel (2.1) gestattet unter Verwendung von (2.2) eine zweite Reduktion, wenn man die Teilkörper K^* und K_0^* von K aus § 1, 2 heranzieht. K^* ist Ringklassenkörper zu einer Kongruenzdivisorengruppe $H_{K^*/\Omega}$ vom rationalen Führer $\bar{f}$ in Ω, welche den Ring mod $\bar{f}$ in Ω enthält[1]). Analog zu (2.2) ist dann:

$$\zeta_{K^*}(s) = \zeta_{K_0^*}(s) \cdot \prod_{\psi \neq \psi_0} L(s|\psi), \tag{2.3}$$

wo ψ diejenigen Charaktere von K^*/Ω durchläuft, welche nicht bereits Charaktere von K_0^*/Ω sind. Beachtet man nun, daß sich die Ringklassencharaktere ψ von K^*/Ω wieder als Charaktere von K/Ω und somit die L-Funktionen von K^*/Ω als L-Funktionen von K/Ω auffassen lassen, so liefern (2.2) und (2.3) zusammengenommen die endgültige, zum Ausgangspunkt für die Klassenzahlberechnung von K zu nehmende Darstellung:

$$\frac{\zeta_K(s)}{\zeta_{K_0}(s)} = \frac{\zeta_{K^*}(s)}{\zeta_{K_0^*}(s)} \cdot \prod_{\substack{\chi \neq \chi_0 \\ \chi \neq \psi}} L(s|\chi) \quad \text{mit} \quad \frac{\zeta_{K^*}(s)}{\zeta_{K_0^*}(s)} = \prod_{\psi \neq \psi_0} L(s|\psi). \tag{2.4}$$

Hierin ist das verbleibende Produkt der $L(s|\chi)$ nur über solche Charaktere $\chi \neq \chi_0$ zu erstrecken, die sich nicht schon als Charaktere ψ des Ringklassenkörpers K^*/Ω erklären lassen, sondern erst zum Strahlklassenkörper K/Ω gehören. Diese Charaktere χ mögen *echte* Strahlklassencharaktere genannt werden [Hasse (4)].

2. Für den nicht-abelschen Körpertypus II gelingt die Zurückführung der Zetafunktion von K auf abelsche L-Funktionen über dem Grundkörper Ω nicht unmittelbar in der gleichen Weise. Doch entnimmt man der Theorie der

---

[1]) In Erweiterung des ursprünglichen Begriffs sind hier schlechthin alle im vollen, d.h. genau zum Ring mod $\bar{f}$ in Ω gehörigen Ringklassenkörper enthaltenen Teilkörper über Ω als Ringklassenkörper bezeichnet.

Artinschen L-Funktionen, wie gleich gezeigt werden soll, die folgende Relation zwischen Zetafunktionen:

$$\left(\frac{\zeta_K(s)}{\zeta_{K_0}(s)}\right)^2 = \frac{\zeta_\Gamma(s)}{\zeta_{\Gamma_0}(s)}. \tag{2.5}$$

Aus dieser Identität ergibt sich dann die gesuchte Darstellung für $\zeta_K(s)$ selbst bzw. den Quotienten $\frac{\zeta_K(s)}{\zeta_{K_0}(s)}$, indem man $\zeta_\Gamma(s)$ und $\zeta_{\Gamma_0}(s)$ als Zetafunktionen relativ-abelscher Zahlkörper durch abelsche L-Funktionen über Ω ausdrückt.

Nach der Artinschen Theorie [Artin (1), (2)], [Hasse (3)] ist die Relation (2.5) gleichbedeutend mit der Charakterrelation:

$$2\,X_{\mathfrak{U}} - 2\,X_{\mathfrak{U}\,\mathfrak{A}^{1-\tau}} = X_1 - X_{\mathfrak{A}^{1-\tau}}. \tag{2.6}$$

Hierin bezeichnet allgemein $X_{\mathfrak{B}} = X_{\mathfrak{B}}(S)$ (S aus $\mathfrak{G}$) den Charakter derjenigen Darstellung von $\mathfrak{G}$, welche durch die identische Darstellung der Untergruppe $\mathfrak{B}$ von $\mathfrak{G}$ induziert wird. $X_{\mathfrak{B}}(S)$ ist dann einfach die Anzahl der bei Multiplikation mit S ungeänderten Nebenklassen, wenn $\mathfrak{G}$ als Permutationsgruppe der Nebenklassen nach $\mathfrak{B}$ dargestellt wird. An Hand der nachfolgenden, nach dieser Bildungsvorschrift berechneten Tabelle bestätigt man sofort die Richtigkeit der Charakterrelation (2.6) und damit der Relation (2.5) zwischen den Zetafunktionen der Körper K, K_0; Γ, Γ_0:

	1	$\mathfrak{A}^{1-\tau} - 1$	$\mathfrak{A} - \mathfrak{A}^{1-\tau}$	$T\,\mathfrak{A}^{1-\tau}$	$T(\mathfrak{A} - \mathfrak{A}^{1-\tau})$
$X_{\mathfrak{U}}$	n	0	0	n_0	0
$X_{\mathfrak{U}\,\mathfrak{A}^{1-\tau}}$	n_0	n_0	0	n_0	0
X_1	$2n$	0	0	0	0
$X_{\mathfrak{A}^{1-\tau}}$	$2n_0$	$2n_0$	0	0	0

Für den Quotienten auf der rechten Seite von (2.5) findet man zunächst, wie bereits in **1** näher ausgeführt, die Darstellung:

$$\frac{\zeta_\Gamma(s)}{\zeta_{\Gamma_0}(s)} = \prod_{\chi \neq \chi_0} L(s|\chi), \tag{2.7}$$

wo χ diejenigen $(n - n_0)$ abelschen Charaktere von Γ/Ω durchläuft, die nicht bereits Charaktere von Γ_0/Ω sind. Diese letzteren Charaktere lassen sich nun sehr einfach gruppentheoretisch kennzeichnen. Bildet man nämlich die galoissche Relativgruppe von Γ/Ω auf diejenige von Γ_0/Ω homomorph ab:

$$\mathfrak{A} \to \mathfrak{A}/\mathfrak{A}^{1-\tau},$$

so folgt, da $\mathfrak{A}^{1-\tau}$ das Einselement der Faktorgruppe ist, für die Charaktere χ_0 von Γ_0/Ω:

$$\chi_0(\mathfrak{A}^{1-\tau}) = 1.$$

Hierbei sind, dem klassenkörpertheoretischen Isomorphismus zwischen der Klassengruppe nach $H_{\Gamma/\Omega}$ und der Relativgruppe $\mathfrak{A}$ entsprechend, wieder, wie in § 1, **1**, die Klassen nach $H_{\Gamma/\Omega}$ als die Elemente von $\mathfrak{A}$ gedeutet. Da nach dem dort unter *2* Bemerkten der erzeugende Automorphismus von Ω in der

Klassengruppe nach $H_{\Gamma/\Omega}$ den Automorphismus τ von $\mathfrak{A}$ liefert, sind danach die Charaktere χ_0 in Ω gekennzeichnet durch die Invarianz:

$$\chi_0(\mathfrak{g}) = \chi_0(\mathfrak{g}^\tau) \text{ für Divisoren } \mathfrak{g} \text{ von } \Omega.$$

Definiert man jetzt allgemein $\chi^\tau(\mathfrak{g}) = \chi(\mathfrak{g}^\tau)$, so ist auch χ^τ ein (eigentlicher) Charakter, und die χ_0 sind dann einfach durch $\chi_0 = \chi_0^\tau$ gekennzeichnet. Die in (2.7) auftretenden Charaktere $\chi \neq \chi_0$ lassen sich daher zu $\frac{n-n_0}{2}$ Paaren χ, χ^τ mit $\chi \neq \chi^\tau$ zusammenfassen. Wegen der Gleichheit der Normen der Divisoren $\mathfrak{g}$ und $\mathfrak{g}^\tau$ folgt weiter:

$$L(s|\chi) = \sum_{\mathfrak{g} \text{ ganz}} \frac{\chi(\mathfrak{g})}{\mathfrak{N}(\mathfrak{g})^s} = \sum_{\mathfrak{g} \text{ ganz}} \frac{\chi(\mathfrak{g}^\tau)}{\mathfrak{N}(\mathfrak{g}^\tau)^s} = \sum_{\mathfrak{g} \text{ ganz}} \frac{\chi^\tau(\mathfrak{g})}{\mathfrak{N}(\mathfrak{g})^s} = L(s|\chi^\tau),$$

und diese zunächst nur für die L-Reihen bewiesene Identität gilt nach dem Prinzip der analytischen Fortsetzung auch für die zugehörigen L-Funktionen in der ganzen s-Ebene. Zieht man jetzt auf beiden Seiten der Relation (2.5) die Quadratwurzel und bedenkt dabei, daß sämtliche ζ- und L-Funktionen für $s \to \infty$ den Grenzwert 1 haben, so erhält man für die Zetafunktion des Körpers K die zu (2.2) entsprechende Darstellung:

$$\zeta_K(s) = \zeta_{K_0}(s) \cdot \prod_{\chi \neq \chi_0}' L(s|\chi), \tag{2.8}$$

wo das Produkt nur über ein (beliebiges) Vertretersystem der $\frac{n-n_0}{2}$ Paare χ, χ^τ mit $\chi \neq \chi^\tau$ zu erstrecken ist; dieses sei durch den Strich am Produktzeichen angedeutet.

Um schließlich zur endgültigen Darstellung von $\zeta_K(s)$ zu gelangen, hat man die in (2.8) auftretenden Charaktere $\chi \neq \chi_0$ noch nach Ringklassencharakteren $\psi \neq \psi_0$ von Γ^*/Ω und echten Strahlklassencharakteren $\chi \neq \chi_0$ von Γ/Ω aufzuteilen. Damit ergibt sich zunächst die Formel:

$$\zeta_K(s) = \zeta_{K_0}(s) \cdot \prod_{\psi \neq \psi_0}' L(s|\psi) \cdot \prod_{\substack{\chi \neq \chi_0 \\ \chi \neq \psi}}' L(s|\chi), \tag{2.9}$$

wo die beiden Produkte jeweils nur über ein (beliebiges) Vertretersystem der Paare ψ, ψ^τ mit $\psi \neq \psi^\tau$ bzw. χ, χ^τ mit $\chi \neq \chi^\tau$ und $\chi \neq \psi$ zu erstrecken sind. Für Ringklassencharaktere ψ besteht nun noch allgemein die Beziehung $\psi^\tau = \frac{1}{\psi} = \overline{\psi}$, so daß die in (2.9) zu beachtende eine Bedingung $\psi \neq \psi^\tau$ auch in der Form $\psi \neq \overline{\psi}$ geschrieben werden kann. Weiter hat man jetzt, entsprechend zu (2.3), einerseits die Formel:

$$\zeta_{\Gamma^*}(s) = \zeta_{\Gamma_0^*}(s) \cdot \prod_{\psi \neq \psi_0} L(s|\psi) = \zeta_{\Gamma_0^*}(s) \cdot \prod_{\psi \neq \psi_0}' L^2(s|\psi); \tag{2.10}$$

andererseits hat man, da Γ^*/P galoissch ist, in völliger Analogie zu (2.5) die Relation:

$$\left(\frac{\zeta_{K^*}(s)}{\zeta_{K_0^*}(s)}\right)^2 = \frac{\zeta_{\Gamma^*}(s)}{\zeta_{\Gamma_0^*}(s)}, \tag{2.11}$$

wo die Teilkörper K^*, K_0^* von K die in Abb. 4 hervorgehobenen Projektionen von Γ^*, Γ_0^* in K sind. Zusammengenommen folgt nunmehr aus (2.9), (2.10), (2.11) die zu (2.4) entsprechende, zum Ausgangspunkt für die Klassenzahlberechnung von K zu nehmende endgültige Darstellung:

$$\frac{\zeta_K(s)}{\zeta_{K_0}(s)} = \frac{\zeta_{K^*}(s)}{\zeta_{K_0^*}(s)} \cdot \prod_{\substack{\chi \neq \chi_0 \\ \chi \neq \psi}}' L(s|\chi) \quad \text{mit} \quad \frac{\zeta_{K^*}(s)}{\zeta_{K_0^*}(s)} = \prod_{\psi \neq \psi_0}' L(s|\psi). \tag{2.12}$$

Hierin ist das verbleibende Produkt der $L(s|\chi)$ nur noch über ein (beliebiges) Vertretersystem der Paare echter Strahlklassencharaktere χ, χ^τ mit $\chi \neq \chi^\tau$ von Γ/Ω zu erstrecken.

3. Für einen beliebigen algebraischen Zahlkörper K vom Grade n_K und Realitätscharakter ϱ_K gilt die analytische Klassenzahlformel:

$$\lim_{s \to 1} (s-1)\, \zeta_K(s) = \frac{v_K h_K R_K}{w_K \sqrt{d_K}} = g_K. \tag{2.13}$$

Dabei bezeichnen h_K, R_K, w_K, d_K Klassenzahl, Regulator, Einheitswurzelanzahl, Diskriminantenbetrag von K.

Ferner ist abkürzend $v_K = \left(2^{1+\varrho_K} \pi^{1-\varrho_K}\right)^{\frac{n_K}{2}}$ gesetzt, wobei der Realitätscharakter ϱ_K von K durch den echten Bruch

$$\varrho_K = \frac{\text{Anzahl der reellen Konjugierten}}{\text{Körpergrad}} = \frac{r_K}{n_K}$$

erklärt ist, so daß speziell die total-reellen Körper durch $\varrho_K = 1$ und die total-imaginären Körper durch $\varrho_K = 0$ gekennzeichnet sind.

Es mag hierbei noch vermerkt werden, daß durch die Dedekindsche Residuenformel (2.13) lediglich das Produkt aus Klassenzahl und Regulator bestimmt wird; die übrigen in dieser Formel auftretenden charakteristischen Körperkonstanten v_K, w_K, d_K können zwar als bekannt angesehen werden, doch kann man dies von R_K keineswegs behaupten.

Führt man nun den in (2.13) vorgeschriebenen Grenzübergang aus und bedenkt, daß die Konvergenzabszissen der nicht zum Hauptcharakter gehörigen L-Reihen kleiner als 1 sind, so folgt nach (2.4) die *analytische Klassenzahlformel für den Körpertypus I*:

$$\frac{g_K}{g_{K_0}} = \frac{g_{K^*}}{g_{K_0^*}} \cdot \prod_{\substack{\chi \neq \chi_0 \\ \chi \neq \psi}} L(1|\chi) \quad \textit{mit} \quad \frac{g_{K^*}}{g_{K_0^*}} = \prod_{\psi \neq \psi_0} L(1|\psi). \tag{2.14}$$

Analog ergibt sich nach (2.12) die *analytische Klassenzahlformel für den Körpertypus II*:

$$\frac{g_K}{g_{K_0}} = \frac{g_{K^*}}{g_{K_0^*}} \cdot \prod_{\substack{\chi \neq \chi_0 \\ \chi \neq \psi}}' L(1|\chi) \quad \textit{mit} \quad \frac{g_{K^*}}{g_{K_0^*}} = \prod_{\psi \neq \psi_0}' L(1|\psi). \tag{2.15}$$

Durch diese Formeln ist das Klassenzahlproblem für K, in Hinblick auf seine für die absolut-abelschen Teilkörper K_0, K_0^* bereits bekannte Lösung, auf die Auswertung gewisser abelscher L-Reihen über Ω zu Ringklassencharakteren ψ und echten Strahlklassencharakteren χ im Punkte $s = 1$ zurückgeführt.

§ 3. Arithmetisches Bildungsgesetz und analytisches Verhalten der *L*-Reihen

1. Die in den analytischen Klassenzahlformeln (2.14) und (2.15), allerdings nur für den speziellen Argumentwert $s = 1$, auftretenden L-Reihen zerfallen zunächst rein-arithmetisch in zwei Typen.

Für die arithmetisch niedere *Stufe der Ringklassencharaktere* ψ handelt es sich dabei allgemein um Dirichletsche Reihen des Typus

$$L(s|\psi) = \sum_{\substack{\mathfrak{g} \text{ ganz} \\ (\mathfrak{g}, \bar{f}_\psi) = 1}} \frac{\psi(\mathfrak{g})}{\mathfrak{N}(\mathfrak{g})^s}, \tag{3.1}$$

wo $\psi \neq 1$ ein Ringklassencharakter (speziell absoluter Klassencharakter) vom genauen rationalen Führer $\bar{f}_\psi$ in Ω ist [Hasse (4)].

Für die arithmetisch höhere *Stufe der echten Strahlklassencharaktere* χ handelt es sich dabei allgemein um Dirichletsche Reihen des Typus

$$L(s|\chi) = \sum_{\substack{\mathfrak{g} \text{ ganz} \\ (\mathfrak{g}, \bar{\mathfrak{f}}_\chi) = 1}} \frac{\chi(\mathfrak{g})}{\mathfrak{N}(\mathfrak{g})^s}, \tag{3.2}$$

wo $\chi \neq 1$ ein echter Strahlklassencharakter vom genauen Führer $\bar{\mathfrak{f}}_\chi$ in Ω ist [Hasse (4)].

Die feineren analytischen Eigenschaften dieser Dirichletschen Reihen als Funktionen von s hängen nun, wie sich herausstellen wird, zunächst einmal vom Realitätscharakter des quadratischen Grundkörpers Ω, sodann im Fall eines reell-quadratischen Grundkörpers auch noch von dem in den jeweiligen Führer eingehenden reellen unendlichen Bestandteil ab. Es seien demzufolge die beiden *Fälle* unterschieden:

Fall a: Ω imaginär-quadratisch,

Fall b: Ω reell-quadratisch.

Setzt man für die *Stufe der Ringklassencharaktere*

$$\bar{f}_\psi = f_\psi \mathfrak{u}_\psi,$$

wo f_ψ und $\mathfrak{u}_\psi$ den endlichen bzw. reellen unendlichen Bestandteil von $\bar{f}_\psi$ bezeichnen, so kommen für $\mathfrak{u}_\psi$ die folgenden Möglichkeiten in Betracht:

$$\mathfrak{u}_\psi = 1 \quad \text{, wenn } \Omega \text{ imaginär-quadratisch,}$$

$$\left.\begin{cases} \mathfrak{u}_\psi = 1 \\ \mathfrak{u}_\psi = p_\infty \end{cases}\right\}, \text{ wenn } \Omega \text{ reell-quadratisch.}$$

Hierbei bezeichnet p_∞ die einzige (reelle) unendliche Primstelle von P.

Im Fall a gibt es somit nur eine einzige *Sorte von Charakteren* ψ.

Im Fall b dagegen gibt es zwei *Sorten von Charakteren* ψ. Diese letzteren Charaktere mögen noch als *gerade* bzw. *total-ungerade* Charaktere unterschieden werden, je nachdem $\mathfrak{u}_\psi = 1$ oder $\mathfrak{u}_\psi = p_\infty$ ist.

Setzt man für die *Stufe der (echten) Strahlklassencharaktere* χ

$$\tilde{\mathfrak{f}}_\chi = \mathfrak{f}_\chi \mathfrak{u}_\chi,$$

wo $\mathfrak{f}_\chi$ und $\mathfrak{u}_\chi$ den endlichen bzw. reellen unendlichen Bestandteil von $\tilde{\mathfrak{f}}_\chi$ bezeichnen, so kommen für $\mathfrak{u}_\chi$ die folgenden Möglichkeiten in Betracht:

$$\mathfrak{u}_\chi = 1, \qquad \text{wenn } \Omega \text{ imaginär-quadratisch,}$$

$$\left.\begin{cases} \mathfrak{u}_\chi = 1 \\ \mathfrak{u}_\chi = \mathfrak{p}_\infty \text{ oder } \mathfrak{p}_\infty^\tau \\ \mathfrak{u}_\chi = \mathfrak{p}_\infty \mathfrak{p}_\infty^\tau = p_\infty \end{cases}\right\}, \quad \text{wenn } \Omega \text{ reell-quadratisch.}$$

Hierbei bezeichnen $\mathfrak{p}_\infty$, $\mathfrak{p}_\infty^\tau$, mit $\mathfrak{p}_\infty \mathfrak{p}_\infty^\tau = p_\infty$, die beiden konjugierten reellen unendlichen Primstellen von Ω.

Im Fall a gibt es somit nur eine einzige *Sorte von Charakteren* χ.

Im Fall b dagegen gibt es drei wesentlich verschiedene *Sorten von Charakteren* χ. Diese letzteren Charaktere mögen noch als *gerade, halb-ungerade, total-ungerade* Charaktere bezeichnet werden, je nachdem $\mathfrak{u}_\chi = 1$, $\mathfrak{p}_\infty$ oder $\mathfrak{p}_\infty^\tau$, $\mathfrak{p}_\infty \mathfrak{p}_\infty^\tau = p_\infty$ ist.

Beim Körpertypus I müssen die beiden durch τ auseinander hervorgehenden halb-ungeraden Sorten χ jedoch noch unterschieden werden, so daß man hier insgesamt vier Sorten von Charakteren χ hat[1]).

Beim Körpertypus II kann die Auswahl des Repräsentanten unter χ, χ^τ so erfolgen, daß halb-ungerade χ etwa nur mit $\mathfrak{p}_\infty$ in $\tilde{\mathfrak{f}}_\chi$ auftreten.

2. Die in 1 angegebene arithmetische Form der Ringführer $\tilde{f}_\psi$ und Strahlführer $\tilde{\mathfrak{f}}_\chi$ ist nun, wie bereits eingangs bemerkt, neben dem Realitätscharakter von Ω für die arithmetische Beschaffenheit und die feineren analytischen Eigenschaften der L-Reihen in (3.1) und (3.2) maßgebend. Hierzu denke man sich, was an den passenden Stellen im einzelnen zur Sprache kommen wird, die $L(s|\psi)$ und $L(s|\chi)$, der Ringklasseneinteilung mod $\tilde{f}_\psi$ und der Strahlklasseneinteilung mod $\tilde{\mathfrak{f}}_\chi$ in Ω entsprechend, aus den L-Funktionen der Ringklassen $\mathfrak{k}_\psi$ mod $\tilde{f}_\psi$ zum Vorzeichencharakter v mod $\mathfrak{u}_\psi$ bzw. den L-Funktionen der Strahlklassen $\mathfrak{k}_\chi$ mod $\tilde{\mathfrak{f}}_\chi$ zum Vorzeichencharakter v mod $\mathfrak{u}_\chi$ mittels der Charaktere ψ bzw. χ linear kombiniert. Vermöge dieser Darstellung ist die auf die $L(s|\psi)$ und $L(s|\chi)$ bezügliche Frage dann auf die Untersuchung der sie zusammensetzenden Teilreihen zurückgeführt, und deren Verhalten ist wiederum durch den unendlichen Führer $\mathfrak{u}_\psi$ bzw. $\mathfrak{u}_\chi$ des durch ψ bzw. χ eindeutig bestimmten jeweiligen

[1]) Gemäß § 2, 2 besteht jedoch für die zugeordneten L-Funktionen die Identität $L(s|\chi) = L(s|\chi^\tau)$.

Vorzeichencharakters v bedingt. Die noch nach ihrem Ringtypus bzw. Strahltypus zu unterscheidenden Klassenfunktionen zu Vorzeichencharakteren v sind dabei durch ihre für $\Re(s)>1$ absolut-konvergente Dirichletsche Reihenentwicklung allgemein folgendermaßen definiert [HECKE (4)]:

$$\text{(3.3)} \quad \textit{Ringtypus:} \quad \left(L(s|\mathfrak{f}_\psi) =\right) L(s|\mathfrak{c}, v) = \sum_{\substack{\gamma \equiv 0 \bmod^+ \mathfrak{c} \\ \gamma \text{ in } \Omega_{f_\psi}}}^{*} \frac{v(\gamma)}{\mathfrak{N}\left(\frac{\gamma}{\mathfrak{c}}\right)^s},$$

$$\text{(3.4)} \quad \textit{Strahltypus:} \quad \left(L(s|\mathfrak{f}_\chi) =\right) L(s|\mathfrak{c}, \varrho, v) = v(\varrho) \sum_{\substack{\varrho \equiv 0 \bmod^+ \mathfrak{c} \\ \gamma \equiv \varrho \bmod^+ \mathfrak{c}\mathfrak{f}_\chi}}^{*} \frac{v(\gamma)}{\mathfrak{N}\left(\frac{\gamma}{\mathfrak{c}}\right)^s}.$$

Hierbei bedeutet in (3.3) und (3.4) $\mathfrak{c}$ einen Divisor von Ω, in (3.3) Ω_{f_ψ} den Zahlring mod f_ψ in Ω (vgl. § 4, 1; § 5, 1; § 9, 1), in (3.4) ϱ eine Zahl $\neq 0$ aus dem Vielfachenideal von $\mathfrak{c}$ mit $\varrho \not\equiv 0$ mod$^+$ $\mathfrak{c}\mathfrak{f}_\chi$. Ferner bezeichnet v den dem Charakter ψ vom Führer $\tilde{f}_\psi = f_\psi \mathfrak{u}_\psi$ bzw. den dem Charakter χ vom Führer $\tilde{\mathfrak{f}}_\chi = \mathfrak{f}_\chi \mathfrak{u}_\chi$ zugeordneten Vorzeichencharakter, erklärt durch:

$$v(\alpha) = \psi(\alpha_0) \quad \text{bzw.} \quad v(\alpha) = \chi(\alpha_0),$$

wobei die Hilfszahl α_0 zu α aus Ω durch

$$\begin{Bmatrix} \alpha_0 \equiv \alpha \bmod \mathfrak{u}_\psi \\ \alpha_0 \equiv 1 \bmod f_\psi \end{Bmatrix} \quad \text{bzw.} \quad \begin{Bmatrix} \alpha_0 \equiv \alpha \bmod \mathfrak{u}_\chi \\ \alpha_0 \equiv 1 \bmod \mathfrak{f}_\chi \end{Bmatrix}$$

bestimmt ist. Die Summation ist, wie durch den Stern am Summenzeichen angedeutet, bei beiden Typen jeweils über ein (beliebiges) Vertretersystem nicht-assoziierter $\gamma \neq 0$ mit den angegebenen Eigenschaften zu erstrecken.

Für die *Stufe der Ringklassencharaktere* ψ hat danach der ψ zugeordnete Vorzeichencharakter v mod $\mathfrak{u}_\psi$ jeweils die folgende explizite Form [HECKE (4)]:

$$v(\alpha) = 1 \quad \text{für } \mathfrak{u}_\psi = 1, \text{ wenn } \Omega \text{ imaginär-quadratisch,}$$

$$\left.\begin{array}{ll} v(\alpha) = 1 & \text{für } \mathfrak{u}_\psi = 1 \\ v(\alpha) = \operatorname{sgn} \alpha\alpha^\tau = \operatorname{sgn} N(\alpha) & \text{für } \mathfrak{u}_\psi = p_\infty \end{array}\right\}, \text{ wenn } \Omega \text{ reell-quadratisch.}$$

Für die *Stufe der (echten) Strahlklassencharaktere* χ hat danach der χ zugeordnete Vorzeichencharakter v mod $\mathfrak{u}_\chi$ jeweils die folgende explizite Form [HECKE (4)]:

$$v(\alpha) = 1 \quad \text{für } \mathfrak{u}_\chi = 1, \text{ wenn } \Omega \text{ imaginär-quadratisch,}$$

$$\left.\begin{array}{ll} v(\alpha) = 1 & \text{für } \mathfrak{u}_\chi = 1 \\ v(\alpha) = \operatorname{sgn} \alpha & \text{für } \mathfrak{u}_\chi = \mathfrak{p}_\infty \\ v(\alpha) = \operatorname{sgn} \alpha^\tau & \text{für } \mathfrak{u}_\chi = \mathfrak{p}_\infty^\tau \\ v(\alpha) = \operatorname{sgn} \alpha\alpha^\tau = \operatorname{sgn} N(\alpha) & \text{für } \mathfrak{u}_\chi = \mathfrak{p}_\infty \mathfrak{p}_\infty^\tau = p_\infty \end{array}\right\}, \text{ wenn } \Omega \text{ reell-quadratisch.}$$

3. Das allgemeine funktionentheoretische Verhalten der Funktionen $L(s|\mathfrak{c}, v)$ und $L(s|\mathfrak{c}, \varrho, v)$ in (3.3) und (3.4) ist wohlbekannt [LANDAU (1)]. Die auf Grund ihrer Dirichletschen Reihendarstellung zunächst nur in der Halbebene absoluter Konvergenz $\Re(s)>1$ definierten, dort eindeutigen, regulär-analytischen Funktionen lassen sich nach der allgemeinen Theorie in die volle komplexe s-Ebene analytisch fortsetzen und sind dort von meromorphem Charakter. Genauer hat dabei das folgende funktionentheoretische Verhalten statt.

Ist der Vorzeichencharakter $v = 1$, also v der identische Vorzeichencharakter, so handelt es sich jeweils um eine meromorphe Funktion von s, die nur an der Stelle $s = 1$ einen Pol erster Ordnung hat und sonst überall im Endlichen sich regulär verhält.

Ist dagegen der Vorzeichencharakter $v \neq 1$, so sind die fraglichen Funktionen ganze transzendente Funktionen von s.

In jedem Fall existiert somit um $s = 1$ eine Laurentsche Potenzreihenentwicklung der Form:

$$\sum{}^{*} \frac{v(\gamma)}{\mathfrak{N}\left(\frac{\gamma}{\mathfrak{c}}\right)^{s}} = \frac{A_{-1}}{s-1} + A_0 + O(s-1). \tag{3.5}$$

Diese mit expliziter Angabe der Konstanten A_{-1}, A_0 verstandene Grenzformel sei kurz als die *Kroneckersche Grenzformel* für den betreffenden Reihen- oder Funktionentypus bezeichnet[1]). Ihre genaue Kenntnis ist für die arithmetische Anwendung auf die Klassenzahlberechnung von fundamentaler Bedeutung.

4. Bei der Herleitung der Kroneckerschen Grenzformeln für beliebige Vorzeichencharaktere, d. h. bei der Bestimmung der Konstanten A_{-1} und A_0 in (3.5) erweist sich die *Poissonsche Summenformel* als das wichtigste analytische Hilfsmittel:

$$\sum_{n=-\infty}^{\infty} f(n) = \sum_{m=-\infty}^{\infty} \int_{-\infty}^{\infty} f(t)\, e^{2\pi i m t}\, dt. \tag{3.6}$$

Unter den bekannten Kriterien für die Gültigkeit dieser Summenformel ist ein von Mordell [1, 2] angegebenes im konkreten Fall besonders bequem anzuwenden. Danach besteht die Gleichung (3.6) zu Recht, wenn die folgenden Bedingungen erfüllt sind:

1. $f(t)$ und $f'(t)$ sind für alle Werte der reellen Veränderlichen t stetig und streben gegen 0 für $|t| \to \infty$.
2. $f''(t)$ existiert und $f'(t)$ ist ein Integral von $f''(t)$.
3. Die Integrale $\int_{-\infty}^{\infty} f(t)\,dt$ und $\int_{-\infty}^{\infty} |f''(t)|\,dt$ konvergieren.

[1]) Sachlich handelt es sich dabei nur für $v = 1$ um eine Grenzformel im eigentlichen Sinne, da sonst $A_{-1} = 0$ ist. Doch empfiehlt es sich, allgemein für beliebige Vorzeichencharaktere v die hier gewählte knappe Bezeichnungsweise für die Formel (3.5) einzuführen. Historisch geht die Bestimmung von A_{-1} und A_0 nur in dem Fall auf Kronecker zurück, wo es sich, in Übertragung auf den hier vorliegenden arithmetischen Sachverhalt, um Reihen des Ringtypus (3.3) und des Strahltypus (3.4) über einem imaginär-quadratischen Zahlkörper Ω handelt.

II. Kroneckersche Grenzformeln für die L-Funktionen der Ringklassen und der Strahlklassen in quadratischen Zahlkörpern und ihre Anwendung auf die Summation der L-Reihen

§ 4. Die Grenzformel für die Zetafunktionen der Ringklassen mod f in einem imaginär-quadratischen Zahlkörper und Ringklasseninvarianten mod f

1. Es sei Ω ein imaginär-quadratischer Zahlkörper mit der Diskriminante $-d_\Omega = -d < 0$, ferner f eine natürliche Zahl und Ω_f der *Zahlring* mod f *in* Ω mit der Diskriminante $-D_f = -d f^2$. Ω_f besteht aus allen denjenigen für f ganzen Zahlen aus Ω, deren Kongruenzwert mod f rational ist. Die Gruppe der zu f primen Zahlen aus Ω_f bildet die Hauptklasse einer Einteilung aller zu f primen Divisoren von Ω. Diese *Hauptringklasse* mod f besteht dann also aus allen (zu f primen) Hauptdivisoren (α) mit der Eigenschaft

$$\alpha \equiv r \bmod f; \quad (r \text{ rational}),$$

bei geeigneter Normierung von α unter Assoziierten, und die Divisorenklassen nach ihr bilden die *Ringklassen* mod f.

Ist ψ ein Charakter der Ringklassengruppe mod f von Ω, so existiert ein eindeutig bestimmter kleinster natürlicher Teiler f_ψ von f derart, daß ψ sogar als Charakter der Ringklasseneinteilung mod f_ψ erklärbar ist. Dieses f_ψ ist dann zugleich der Führer von ψ im gewöhnlichen Sinne [Hasse (4)].

2. Für die anschließend durchzuführende Berechnung des Wertes der eigentlichen L-Reihe zu einem Nicht-Hauptcharakter ψ

$$L(s|\psi) = \sum_{\substack{\mathfrak{g} \text{ ganz} \\ (\mathfrak{g}, f) = 1}} \frac{\psi(\mathfrak{g})}{\mathfrak{N}(\mathfrak{g})^s} \tag{4.1}$$

für $s = 1$ sei, abweichend von der Bezeichnungsweise in **1**, abkürzend $f_\psi = f$ gesetzt. Der Charakter $\psi \neq 1$ der Ringklassengruppe mod f ist dabei als Funktion der zu f primen Divisoren von Ω durch die Festsetzung

$$\psi(\mathfrak{g}) = \psi(\mathfrak{k}) \quad \text{für alle } \mathfrak{g} \text{ aus } \mathfrak{k}$$

eindeutig erklärt, wo $\mathfrak{k}$ die Ringklassen mod f von $\Omega = P(\sqrt{-d})$ durchläuft. Die Aufspaltung nach Ringklassen $\mathfrak{k}$ liefert dann die Darstellung:

$$L(s|\psi) = \sum_{\mathfrak{k}} \psi(\mathfrak{k})\, \zeta^*(s|\mathfrak{k}), \tag{4.2}$$

wo

$$\zeta^*(s|\mathfrak{k}) = \sum_{\substack{\mathfrak{g} \text{ ganz} \\ \mathfrak{g} \text{ in } \mathfrak{k}}} \frac{1}{\mathfrak{N}(\mathfrak{g})^s} \tag{4.3}$$

die *Zetafunktion der Ringklasse* $\mathfrak{k}$ mod f bedeutet.

Es sei nun $\mathfrak{c}$ jeweils ein fester Vertreter aus der reziproken Ringklasse $\mathfrak{k}^{-1}$. Dann durchläuft das Produkt $\mathfrak{g}\mathfrak{c} \cong \gamma$ mit $\mathfrak{g}$ aus $\mathfrak{k}$ alle durch $\mathfrak{c}$ teilbaren Hauptdivisoren (γ) aus der Hauptringklasse mod f, oder also, bei passender Normierung, alle durch $\mathfrak{c}$ teilbaren zu f primen Zahlen γ aus Ω_f, die nur bis auf willkürliche Auswahl unter durch Einheiten aus Ω_f Assoziierten festliegen. Da im vorliegenden Fall der quadratische Zahlkörper Ω imaginär ist, enthält er an Einheiten nur Einheitswurzeln, und zwar im allgemeinen nur die zweiten Einheitswurzeln ± 1 und nur für $-d = -4$ bzw. $-d = -3$ die vierten bzw. sechsten Einheitswurzeln $\pm i$; $\pm\varrho$, $\pm\varrho^{-1}$. Die Anzahl der Einheitswurzeln in Ω_f werde mit w_f bezeichnet. Dann gilt durchweg $w_f = 2$. Im allgemeinen Fall ist das klar, nur in den letztgenannten Spezialfällen könnte also möglicherweise $w_f = 4$ bzw. $w_f = 6$ sein. Diese Möglichkeit wäre dann jeweils gleichbedeutend mit $f = 1$, wie man sofort sieht. Das ist aber ausgeschlossen, da die Körper der vierten und der sechsten Einheitswurzeln beide die Klassenzahl 1 haben, so daß hier keine vom Hauptcharakter verschiedenen absoluten Klassencharaktere ψ auftreten können. Danach ergibt sich für die *Zetafunktion der Ringklasse* $\mathfrak{k}$ mod f in (4.3) die Darstellung:

$$\zeta^*(s|\mathfrak{k}) = \frac{1}{2}\,\mathfrak{N}(\mathfrak{c})^s \sum_{\substack{\gamma \equiv 0 \bmod^+ \mathfrak{c} \\ \gamma \text{ in } \Omega_f,\ (\gamma, f) = 1}}' \frac{1}{\mathfrak{N}(\gamma)^s}, \tag{4.4}$$

wo jetzt die Summation über **alle** von Null verschiedenen Zahlen $\gamma \equiv 0 \bmod^+ \mathfrak{c}$ aus Ω_f mit $(\gamma, f) = 1$ zu erstrecken ist.

Es zeigt sich nun, daß man für die Zwecke der Summation von $L(1|\psi)$ von der einschränkenden Summationsbedingung $(\gamma, f) = 1$ in (4.4) loskommen kann [Dedekind (1)]. Dazu setze man mit einem festen größten gemeinsamen Teiler $(\gamma, f) = t$ (t ganzrational, da γ in Ω_f) an:

$$f = t \cdot f', \qquad \gamma = t \cdot \gamma'$$

und betrachte die Reihe

$$\frac{1}{2}\,\mathfrak{N}(\mathfrak{c})^s \sum_{\substack{\gamma \equiv 0 \bmod^+ \mathfrak{c} \\ \gamma \text{ in } \Omega_f,\ (\gamma, f) = t}}' \frac{1}{\mathfrak{N}(\gamma)^s} = \frac{1}{2}\,\mathfrak{N}(\mathfrak{c})^s \cdot \frac{1}{t^{2s}} \sum_{\substack{\gamma' \equiv 0 \bmod^+ \mathfrak{c} \\ \gamma' \text{ in } \Omega_{f'},\ (\gamma', f') = 1}}' \frac{1}{\mathfrak{N}(\gamma')^s} = \frac{1}{t^{2s}}\,\zeta^*(s|\mathfrak{k}');$$

speziell für $t = f$, also $f' = 1$, ist die Bedingung $(\gamma', f') = 1$ als $\gamma' \neq 0$ zu verstehen. Dabei ist jeweils $\mathfrak{k}'$ die durch $\mathfrak{c}^{-1}$ bestimmte Ringklasse mod f'. Nun setzen sich die Ringklassen mod f' aus je einer festen Anzahl von Ringklassen mod f zusammen. Aus gruppentheoretischen Gründen ist dabei in jeder festen Ringklasse $\mathfrak{k}'$ entweder durchweg $\psi(\mathfrak{k})$ von gleichem Wert oder jeder der Charakterwerte $\psi(\mathfrak{k})$ gleich oft vertreten. Wäre für $t \neq 1$ das erstere der Fall, so wäre ψ bereits als Charakter mod f' für den echten Teiler f' von f erklärbar, im Widerspruch dazu, daß f der Führer von ψ ist. Für $t \neq 1$ gilt somit durchweg

$$\sum_{\mathfrak{k} \text{ in } \mathfrak{k}'} \psi(\mathfrak{k}) = 0.$$

Ersetzt man also $\zeta^*(s|\mathfrak{k})$ durch

$$\zeta(s|\mathfrak{k}) = \zeta^*(s|\mathfrak{k}) + \sum_{\substack{t|f \\ t \neq 1}} \frac{1}{t^{2s}} \zeta^*(s|\mathfrak{k}'),$$

so liefern die hinzugefügten Glieder den Beitrag 0 zu $L(s|\psi)$ in (4.2). Demnach ist in der Tat auch

$$L(s|\psi) = \sum_{\mathfrak{k}} \psi(\mathfrak{k})\, \zeta(s|\mathfrak{k}), \tag{4.5}$$

wo

$$\zeta(s|\mathfrak{k}) = \frac{1}{2}\, \mathfrak{N}(\mathfrak{c})^s \sum_{\substack{\gamma \equiv 0 \bmod^+ \mathfrak{c} \\ \gamma \text{ in } \Omega_f}}{}' \frac{1}{\mathfrak{N}(\gamma)^s} \tag{4.6}$$

die *Zetafunktion der Ringklasse* $\mathfrak{k}$ mod f *im erweiterten Sinne* bedeutet.

Es empfiehlt sich, diese letzte Formel noch in einer etwas anderen, den in der Folge durchzuführenden Rechnungen angepaßten Gestalt zu schreiben. Dazu führe man zunächst eine Basis für das Ideal $(\mathfrak{c})_f$ der Vielfachen von $\mathfrak{c}$ im Ring mod f von Ω ein. Ist etwa $(\mathfrak{c})_f = \begin{pmatrix}\gamma_1 \\ \gamma_2\end{pmatrix}$, so gilt für die aus der Basis und ihrer konjugierten Spalte gebildete, bis auf das Vorzeichen durch $\mathfrak{c}$ eindeutig bestimmte Determinante

$$\delta(\mathfrak{c}_f) = \begin{vmatrix}\gamma_1 & \gamma_1^\tau \\ \gamma_2 & \gamma_2^\tau\end{vmatrix} = \begin{vmatrix}\gamma_1 & \bar\gamma_1 \\ \gamma_2 & \bar\gamma_2\end{vmatrix} = \mathfrak{N}(\mathfrak{c})\, \delta_f \quad \text{mit} \quad \delta_f^2 = -D_f\,. \tag{4.7}$$

Hierbei sei aus Gründen der algebraischen Invarianz von einer Normierung von $\delta(\mathfrak{c}_f)$ zunächst noch abgesehen. Damit schreibt sich die Formel (4.6) auch in der folgenden invarianten Gestalt:

$$\zeta(s|\mathfrak{k}) = \frac{1}{2}\, \frac{\mathfrak{N}(\mathfrak{c})^{s-1}}{|\delta_f|} \sum_{\substack{\gamma \equiv 0 \bmod^+ \mathfrak{c} \\ \gamma \text{ in } \Omega_f}}{}' \frac{|\delta(\mathfrak{c}_f)|}{\mathfrak{N}(\gamma)^s}\,. \tag{4.8}$$

3. Zur Feststellung des Grenzverhaltens der in (4.8) rechts auftretenden Reihe für $s \to 1+$ werde ganz allgemein für einen beliebigen komplexen Modul $\mathfrak{w}$ vom Range 2 die Eisensteinsche Reihe

$$E_s(\mathfrak{w}) = \sum_{\omega \equiv 0 \bmod^+ \mathfrak{w}}{}' \frac{|\delta(\mathfrak{w})|}{\mathfrak{N}(\omega)^s} \quad \text{mit} \quad \delta(\mathfrak{w}) = \begin{vmatrix}\omega_1 & \bar\omega_1 \\ \omega_2 & \bar\omega_2\end{vmatrix} \tag{4.9}$$

betrachtet, die bekanntlich für $\Re(s) > 1$ absolut konvergiert[1]). Diese Funktion $E_s(\mathfrak{w})$ hat offenbar die folgenden formalen Eigenschaften:

1. $E_s(\mathfrak{w})$ hängt nur vom Modul $\mathfrak{w}$, nicht aber von einer speziellen Basis des Moduls ab; $E_s(\mathfrak{w})$ ist also eine Funktion erster Stufe.
2. $E_s(\mathfrak{w})$ hat die Homogenitätseigenschaft:
$$E_s(z\mathfrak{w}) = \frac{1}{\mathfrak{N}(z)^{s-1}} E_s(\mathfrak{w}) \quad \text{für komplexe } z \neq 0\,.$$
3. $E_s(\mathfrak{w})$ ist invariant beim Übergang zum Konjugiert-Komplexen:
$$E_s(\bar{\mathfrak{w}}) = E_s(\mathfrak{w})\,.$$

[1]) Das Zeichen $\mathfrak{N}$ bedeutet dabei sinngemäß die Normbildung im komplexen Zahlkörper.

Für die rechnerische Ermittlung des Grenzverhaltens der Funktion $E_s(\mathfrak{w})$ beim Grenzübergang $s \to 1+$ werde eine Basis $\binom{\omega_1}{\omega_2}$ von $\mathfrak{w}$ eingeführt, deren Basisdeterminante $\delta\binom{\omega_1}{\omega_2}$ positiv-imaginär ausfällt. Diese Normierung ist wegen

$$\frac{\begin{vmatrix}\omega_1 & \bar{\omega}_1\\ \omega_2 & \bar{\omega}_2\end{vmatrix}}{2i\,\mathfrak{N}(\omega_2)} = \frac{\omega - \bar{\omega}}{2i} = \mathfrak{I}(\omega)$$

gleichbedeutend damit, daß der Basisquotient $\omega = \frac{\omega_1}{\omega_2}$ einen Imaginärteil $\mathfrak{I}(\omega) > 0$ hat[1].

Damit ergibt sich dann für $E_s(\mathfrak{w})$ die Darstellung in Koordinaten:

$$(4.10)\qquad E_s(\mathfrak{w}) = E_s\binom{\omega_1}{\omega_2} = \sum_{m_1=-\infty}^{\infty}\ \sum_{m_2=-\infty}^{\infty}{}' \frac{\left\|\begin{matrix}\omega_1 & \bar{\omega}_1\\ \omega_2 & \bar{\omega}_2\end{matrix}\right\|}{\mathfrak{N}(m_1\omega_1 + m_2\omega_2)^s}.$$

Man zerlege nun diese Reihe in

$$(4.11)\qquad E_s\binom{\omega_1}{\omega_2} = E_s^0\binom{\omega_1}{\omega_2} + E_s^*\binom{\omega_1}{\omega_2},$$

der Zerlegung der Doppelreihe in die Glieder mit $m_1 = 0$ und $m_1 \neq 0$ entsprechend.

Für den ersten Bestandteil hat man unmittelbar:

$$(4.12)\qquad E_s^0\binom{\omega_1}{\omega_2} = \left\|\begin{matrix}\omega_1 & \bar{\omega}_1\\ \omega_2 & \bar{\omega}_2\end{matrix}\right\| \sum_{m_2=-\infty}^{\infty}{}' \frac{1}{\mathfrak{N}(m_2\omega_2)^s}$$

$$= \frac{\left\|\begin{matrix}\omega_1 & \bar{\omega}_1\\ \omega_2 & \bar{\omega}_2\end{matrix}\right\|}{\mathfrak{N}(\omega_2)^s} \cdot 2\,\zeta(2s) = 2\,\mathfrak{I}(\omega)\cdot\frac{\pi^2}{3} + O(s-1).$$

Für den zweiten Bestandteil erhält man durch Anwendung der Poissonschen Summenformel (3.6) auf die innere Summe:

$$(4.13)\qquad E_s^*\binom{\omega_1}{\omega_2} = \left\|\begin{matrix}\omega_1 & \bar{\omega}_1\\ \omega_2 & \bar{\omega}_2\end{matrix}\right\| \sum_{m_1=-\infty}^{\infty}{}'\ \sum_{m_2=-\infty}^{\infty} \int_{-\infty}^{\infty} \frac{e^{2\pi i m_2 t}\,dt}{\mathfrak{N}(m_1\omega_1 + t\omega_2)^s}$$

$$= \frac{\left\|\begin{matrix}\omega_1 & \bar{\omega}_1\\ \omega_2 & \bar{\omega}_2\end{matrix}\right\|}{\mathfrak{N}(\omega_2)^s} \sum_{m_1=-\infty}^{\infty}{}'\ \sum_{m_2=-\infty}^{\infty} \int_{-\infty}^{\infty} \frac{e^{2\pi i m_2 t}\,dt}{\mathfrak{N}\left(t - m_1\frac{\omega_1}{\omega_2}\right)^s}$$

$$= \frac{\left\|\begin{matrix}\omega_1 & \bar{\omega}_1\\ \omega_2 & \bar{\omega}_2\end{matrix}\right\|}{\mathfrak{N}(\omega_2)^s} \sum_{m_1=-\infty}^{\infty}{}' \frac{1}{|m_1|^{2s-1}} \sum_{m_2=-\infty}^{\infty} \int_{-\infty}^{\infty} \frac{e^{2\pi i m_1 m_2 t}\,dt}{\mathfrak{N}(t-\omega)^s}.$$

---

[1]) Eine Verwechselung mit dem in (4.9) in anderer Bedeutung verwendeten Zeichen ω ist nicht zu befürchten.

Bei der Auswertung der Fourierkoeffizienten in (4.13) hat man die Fälle $m_2 = 0$ und $m_2 \neq 0$ zu trennen.

Sei zunächst $m_2 = 0$. Unter Beachtung der Identität

$$\mathfrak{R}(t-\omega) = (t - \mathfrak{R}(\omega))^2 + \mathfrak{I}(\omega)^2$$

und der Normierung $\mathfrak{I}(\omega) > 0$ ergibt sich vermöge der Substitution $t - \mathfrak{R}(\omega) \to \mathfrak{I}(\omega)\, t$ für den Wert des Integrals:

$$(4.14) \qquad \int_{-\infty}^{\infty} \frac{dt}{\mathfrak{R}(t-\omega)^s} = \frac{1}{\mathfrak{I}(\omega)^{2s-1}} \int_{-\infty}^{\infty} \frac{dt}{(t^2+1)^s} = \frac{1}{\mathfrak{I}(\omega)^{2s-1}} \int_0^1 t^{s-\frac{3}{2}} (1-t)^{-\frac{1}{2}}\, dt$$

$$= \frac{B\left(s-\frac{1}{2}, \frac{1}{2}\right)}{\mathfrak{I}(\omega)^{2s-1}} = \frac{1}{\mathfrak{I}(\omega)^{2s-1}} \cdot \frac{\Gamma\left(\frac{1}{2}\right)\Gamma\left(s-\frac{1}{2}\right)}{\Gamma(s)}\,.$$

Summation über m_1 liefert dann im Fall $m_2 = 0$ den Beitrag

$$(4.15) \qquad \sum\nolimits_0 = 2\left(\frac{\left\|\begin{matrix}\omega_1 & \overline{\omega}_1 \\ \omega_2 & \overline{\omega}_2\end{matrix}\right\|}{2}\right)^{-2(s-1)} \cdot \mathfrak{R}(\omega_2)^{s-1} \cdot \frac{\Gamma\left(\frac{1}{2}\right)\Gamma\left(s-\frac{1}{2}\right)}{\Gamma(s)} \cdot 2\zeta(2s-1)\,.$$

Zur Feststellung des Grenzverhaltens dieses Ausdrucks bei $s \to 1+$ hat man zunächst

$$\left(\frac{\left\|\begin{matrix}\omega_1 & \overline{\omega}_1 \\ \omega_2 & \overline{\omega}_2\end{matrix}\right\|}{2}\right)^{-2(s-1)} = 1 - 2(s-1)\log \frac{\left\|\begin{matrix}\omega_1 & \overline{\omega}_1 \\ \omega_2 & \overline{\omega}_2\end{matrix}\right\|}{2} + O(s-1)^2\,,$$

$$\mathfrak{R}(\omega_2)^{s-1} = 1 + (s-1)\log \mathfrak{R}(\omega_2) + O(s-1)^2\,.$$

Ferner ist

$$\frac{\Gamma\left(\frac{1}{2}\right)\Gamma\left(s-\frac{1}{2}\right)}{\Gamma(s)} = \pi\left(1 - (s-1)\log 4 + O(s-1)^2\right),$$

wobei sich der Koeffizient des linearen Gliedes hierin unter Zuhilfenahme der Legendreschen Formel

$$(4.16) \qquad \Gamma(s) = \frac{2^{s-1}}{\sqrt{\pi}}\, \Gamma\left(\frac{s}{2}\right)\Gamma\left(\frac{s+1}{2}\right)$$

zu

$$\frac{d}{ds}\left(\frac{\Gamma\left(\frac{1}{2}\right)\Gamma\left(s-\frac{1}{2}\right)}{\Gamma(s)}\right)_{s=1} = \Gamma\left(\frac{1}{2}\right)\left(\Gamma'\left(\frac{1}{2}\right)\Gamma(1) - \Gamma\left(\frac{1}{2}\right)\Gamma'(1)\right) = -\pi\log 4$$

bestimmt. Schließlich ist das Grenzverhalten der Riemannschen Zetafunktion gegeben durch

$$(4.17) \qquad 2\zeta(2s-1) = \frac{1}{s-1} + 2C + O(s-1)\,,$$

wo $C = -\Gamma'(1)$ die Eulersche Konstante bezeichnet. Durch Multiplikation aller dieser Grenzbeziehungen folgt jetzt für (4.15) die Entwicklung

$$(4.18) \qquad \Sigma_0 = \frac{2\pi}{s-1} + 2\pi\left(2C - 2\log\left\|\begin{matrix}\omega_1 & \overline{\omega}_1 \\ \omega_2 & \overline{\omega}_2\end{matrix}\right\| + \log \mathfrak{R}(\omega_2)\right) + O(s-1)\,.$$

Im Fall $m_2 \neq 0$ benötigt man zunächst eine Abschätzung für die in (4.13) auftretenden Fourierkoeffizienten bei großen Werten von $|m_1 m_2|$. Vermöge der Substitution $t - \Re(\omega) \to \Im(\omega)\, t$ erhält man wieder die Umformung

$$\int_{-\infty}^{\infty} \frac{e^{2\pi i m_1 m_2 t}\, dt}{\Re(t-\omega)^s} = \frac{e^{2\pi i m_1 m_2 \Re(\omega)}}{\Im(\omega)^{2s-1}} \int_{-\infty}^{\infty} \frac{e^{2\pi i m_1 m_2 \Im(\omega)\, t}\, dt}{(t^2+1)^s},$$

und das letzte Integral läßt sich auf eine aus der Theorie der Besselschen Funktionen bekannte Transzendente, die *(modifizierte) Hankelsche Funktion* $K_s(x)$ zurückführen auf Grund der Integraldarstellung:

$$(4.19) \qquad \int_{-\infty}^{\infty} \frac{\cos xt\, dt}{(t^2+1)^{s+\frac{1}{2}}} = \frac{2\,\Gamma\left(\frac{1}{2}\right)\left(\frac{x}{2}\right)^s}{\Gamma\left(s+\frac{1}{2}\right)} \cdot K_s(x)\,; \qquad x > 0\,,\ \Re(s) > 0\,.$$

Die Funktion $K_s(x)$ zeigt nun das asymptotische Verhalten [Watson (1)]:

$$(4.20) \qquad K_s(2\pi\xi) = \frac{e^{-2\pi\xi}}{2\sqrt{\xi}}\left(1 + O\left(\frac{1}{\xi}\right)\right) \quad \text{für } \xi \to \infty \text{ und festes } s\,.$$

Diese Abschätzungsformel lehrt, daß die Doppelreihe der Fourierkoeffizienten

$$\sum\nolimits_1 = \frac{\left\|\begin{matrix}\omega_1 & \bar\omega_1 \\ \omega_2 & \bar\omega_2\end{matrix}\right\|}{\Re(\omega_2)^s} \sum_{m_1=-\infty}^{\infty}{}' \frac{1}{|m_1|^{2s-1}} \sum_{m_2=-\infty}^{\infty}{}' \int_{-\infty}^{\infty} \frac{e^{2\pi i m_1 m_2 t}\, dt}{\Re(t-\omega)^s}$$

für komplexes s mit $\Re(s_0) \geqq \Re(s) \geqq \delta$ bei beliebigem $\delta > 0$ absolut und gleichmäßig konvergiert. Somit kann der Grenzübergang $s \to 1$ in $\sum_1$ gliedweise vollzogen werden, und man erhält für diese über alle Paare ganzer Zahlen (m_1, m_2) mit $m_2 \neq 0$ zu erstreckende Doppelreihe $\sum_1$ in der Gesamtentwicklung (4.13) die Grenzaussage:

$$(4.21) \qquad \sum\nolimits_1 = \frac{\left\|\begin{matrix}\omega_1 & \bar\omega_1 \\ \omega_2 & \bar\omega_2\end{matrix}\right\|}{\Re(\omega_2)} \sum_{m_1=-\infty}^{\infty}{}' \frac{1}{|m_1|} \sum_{m_2=-\infty}^{\infty}{}' \int_{-\infty}^{\infty} \frac{e^{2\pi i m_1 m_2 t}\, dt}{\Re(t-\omega)} + O(s-1)\,.$$

Die hierin auftretenden Integrale lassen sich sofort nach dem Residuensatz auswerten. Man findet

$$(4.22) \qquad \int_{-\infty}^{\infty} \frac{e^{2\pi i m_1 m_2 t}\, dt}{\Re(t-\omega)} = \frac{\pi}{\Im(\omega)} \cdot \left\{\begin{matrix} e^{2\pi i m_1 m_2 \omega} & \text{für } m_1 m_2 > 0 \\ e^{2\pi i m_1 m_2 \bar\omega} & \text{für } m_1 m_2 < 0 \end{matrix}\right\}.$$

Trägt man diese Werte in die Entwicklung (4.21) ein, so wird

$$(4.23) \qquad \sum = 4\pi\, \mathfrak{S}\left(\sum_{m_1=1}^{\infty} \sum_{m_2=1}^{\infty} \frac{1}{m_1} e^{2\pi i m_1 m_2 \omega}\right) + O(s-1)\,,$$

wo das Zeichen $\mathfrak{S}$ die Spur im komplexen Zahlkörper bezeichnet. Führt man schließlich noch die aus der Theorie der Modulfunktionen geläufige Entwicklungsgröße

$$q = e^{2\pi i \omega} \quad \text{mit } |q| < 1$$

ein und vollzieht man die in (4.23) vorgeschriebene Summation nach m_1, so wird endlich

$$\Sigma_1 = -4\pi \mathfrak{S}\left(\sum_{m=1}^{\infty} \log(1-q^m)\right) + O(s-1) \tag{4.24}$$

$$= -4\pi \log \mathfrak{N}\left(\prod_{m=1}^{\infty}(1-q^m)\right) + O(s-1),$$

wo der Logarithmus jeweils durch seine Potenzreihenentwicklung festgelegt ist; unter

$$\log \mathfrak{N}\left(\prod_{m=1}^{\infty}(1-q^m)\right) = \log \prod_{m=1}^{\infty}(1-q^m)(1-\bar{q}^m)$$

ist dann der reelle Logarithmus des positiven reellen Logarithmanden zu verstehen.

Aus dem Grenzverhalten der drei Beiträge (4.12), (4.18), (4.24) ergibt sich damit für die Eisensteinsche Reihe $E_s(\mathfrak{w})$ in (4.9), (4.10) die Grenzformel in nicht-invarianter, inhomogener Gestalt [Mordell (3)]:

$$E_s(\mathfrak{w}) = E_s\begin{pmatrix}\omega_1\\ \omega_2\end{pmatrix} = \frac{2\pi}{s-1} + 4\pi\left(C - \log\left|\delta\begin{pmatrix}\omega_1\\ \omega_2\end{pmatrix}\right| + \frac{1}{2}\log\mathfrak{N}(\omega_2) - \right. \tag{4.25}$$

$$\left. - \log \mathfrak{N}(\eta(\omega))\right) + O(s-1).$$

Dabei bezeichnet

$$\eta(\omega) = q^{\frac{1}{24}} \prod_{m=1}^{\infty}(1-q^m) \tag{4.26}$$

die fundamentale inhomogene Dedekindsche Transzendente aus der Theorie der elliptischen Modulfunktionen. Diese Funktion hängt mit der Diskriminante

$$\Delta\begin{pmatrix}\omega_1\\ \omega_2\end{pmatrix} = \Delta(\mathfrak{w}) = g_2^3(\mathfrak{w}) - 27\, g_3^2(\mathfrak{w}) \tag{4.27}$$

vermöge der q-Entwicklung für die Diskriminante durch die Beziehung

$$\Delta(\mathfrak{w}) = \left(\frac{2\pi}{\omega_2}\right)^{12}\left(q^{\frac{1}{24}}\prod_{m=1}^{\infty}(1-q^m)\right)^{24} = \left(\frac{2\pi}{\omega_2}\right)^{12}\eta(\omega)^{24} \tag{4.28}$$

zusammen. Danach ist

$$\Delta_{24}(\mathfrak{w}) = \sqrt[24]{\Delta(\mathfrak{w})} = \left(\frac{2\pi}{\omega_2}\right)^{\frac{1}{2}}\eta(\omega) \tag{4.29}$$

eine zweideutige Modulform der Dimension $-\frac{1}{2}$. Diese Zweideutigkeit fällt bei der Normbildung heraus. Damit schreibt sich dann (4.25) in der invarianten, homogenen Gestalt:

$$E_s(\mathfrak{w}) = \frac{2\pi}{s-1} + 4\pi\left(C + \log 2\pi - \log\left(|\delta(\mathfrak{w})|\, \mathfrak{N}\left(\Delta_{24}(\mathfrak{w})\right)\right)\right) + O(s-1). \tag{4.30}$$

Bei dieser invarianten Schreibweise ist klar, daß es auf die lediglich für die rechnerische Herleitung der Grenzformeln (4.25) bzw. (4.30) gemachte Voraussetzung $\mathfrak{I}\,\delta\begin{pmatrix}\omega_1\\ \omega_2\end{pmatrix} > 0$ nicht ankommt. Man hat einfach

$$\Delta\begin{pmatrix}\omega_2\\ \omega_1\end{pmatrix} = \Delta\begin{pmatrix}\omega_1\\ \omega_2\end{pmatrix}$$

zu setzen, wie es der Definition von $\Delta(\mathfrak{w})$ im Großen durch die Eisensteinschen Reihen $g_2(\mathfrak{w})$ und $g_3(\mathfrak{w})$ in (4.27) entspricht.

Für die Funktion $\zeta(s|\mathfrak{k})$ in (4.8) ergibt sich jetzt nach (4.30) unter Berücksichtigung von (4.7) unmittelbar die *Kroneckersche Grenzformel für die Zetafunktion der Ringklasse* $\mathfrak{k}$ mod f *(im erweiterten Sinne) in einem imaginär-quadratischen Zahlkörper* [Fueter (1), (2)]:

$$\zeta(s|\mathfrak{k}) = \frac{2\pi}{\sqrt{D_f}}\left(\frac{1}{2}\,\frac{1}{s-1} + C + \frac{1}{2}\log\frac{(2\pi)^2}{\sqrt{D_f}} - \log D(\mathfrak{c}_f)\right) + O(s-1)\,. \tag{4.31}$$

Dabei ist die *Modulnormfunktion* $D(\mathfrak{w})$ [Dedekind (1)], [Fueter (1), (2)], [Hasse (5)], gleich allgemein für einen beliebigen komplexen Modul $\mathfrak{w}$ vom Range 2, folgendermaßen definiert:

$$D\begin{pmatrix}\omega_1\\ \omega_2\end{pmatrix} = D(\mathfrak{w}) = |\delta(\mathfrak{w})|^{\frac{1}{2}}\,\mathfrak{N}\big(\Delta_{24}(\mathfrak{w})\big)\,. \tag{4.32}$$

Die Invarianzeigenschaften von $\Delta(\mathfrak{w})$ haben dann analoge Eigenschaften von $D(\mathfrak{w})$ zur Folge:

1. $D(\mathfrak{w})$ ist von erster Stufe, also bei der vollen Modulgruppe invariant.
2. $D(\mathfrak{w})$ ist homogen von der Dimension 0.
3. $D(\mathfrak{w})$ ist invariant beim Übergang zum Konjugiert-Komplexen, also reell, und ist im Endlichen endlich und positiv.

Was den funktionentheoretischen Charakter dieser Funktion angeht, so ist klar, daß $D(\mathfrak{w})$ keine analytische Funktion im gewöhnlichen Sinne ist, da mit $\mathfrak{w}$ auch $\bar{\mathfrak{w}}$ in die Definition eingeht.

4. Sei jetzt wieder, wie ursprünglich in **1**, $f = f_\psi$ sowie, der Abhängigkeit von ψ entsprechend, auch $\mathfrak{k} = \mathfrak{k}_\psi$ gesetzt. Summiert man dann gemäß (4.5) die Kroneckerschen Grenzformeln (4.31) für die einzelnen $\zeta(s|\mathfrak{k}_\psi)$, wobei $\mathfrak{c}$ ein Vertretersystem der Ringklassen $\mathfrak{k}_\psi^{-1}$ mod f_ψ durchläuft, und beachtet dabei, daß das von $\mathfrak{k}_\psi$ ganz unabhängige Residuenglied, wie auch die übrigen von $\mathfrak{k}_\psi$ unabhängigen Glieder in (4.31), wegen der Charakterrelation

$$\sum_{\mathfrak{k}_\psi} \psi(\mathfrak{k}_\psi) = 0 \qquad \text{für } \psi \neq 1$$

bei der Summation herausfällt, so erhält man für $L(1|\psi)$ die geschlossene Darstellung:

$$L(1|\psi) = \frac{2\pi}{\sqrt{D_{f_\psi}}} \sum_{\mathfrak{k}_\psi} - \psi(\mathfrak{k}_\psi)\log D(\mathfrak{c}_{f_\psi})\,. \tag{4.33}$$

Hierin durchläuft $\mathfrak{k}_\varphi$ alle Ringklassen mod f_φ, und $\mathfrak{c}$ ist jeweils ein beliebiger Vertreter aus $\mathfrak{k}_\varphi^{-1}$ mit dem zugehörigen Ringideal $(\mathfrak{c})_{f_\varphi} = \binom{\gamma_1}{\gamma_2}$.

Die in (4.33) auftretenden reellen positiven Zahlen $D(\mathfrak{c}_{f_\varphi})$ sind nun *Ringklasseninvarianten* mod f_φ der durch die Repräsentanten $\mathfrak{c}$ vertretenen Ringklassen mod f_φ. Aus den Invarianzeigenschaften der Modulnormfunktion $D(\mathfrak{w})$ in **3** folgt für den hier vorliegenden singulären arithmetischen Fall unmittelbar:

1. Der Wert $D(\mathfrak{c}_{f_\varphi})$ hängt nur vom Ringideal $(\mathfrak{c})_{f_\varphi}$ selbst, nicht aber von einer speziellen Basis des Ringideals ab.
2. Der Wert $D(\mathfrak{c}_{f_\varphi})$ hängt nicht von der Auswahl des Vertreters $\mathfrak{c}$ aus der Ringklasse $\mathfrak{k}_\varphi^{-1}$ ab.
3. Der Wert $D(\mathfrak{c}_{f_\varphi})$ hängt nur von den Paaren konjugierter Ringklassen $\mathfrak{k}_\varphi$, $\mathfrak{k}_\varphi^\tau = \bar{\mathfrak{k}}_\varphi = \mathfrak{k}_\varphi^{-1}$ ab, d. h. es ist
$$D(\mathfrak{c}_{f_\varphi}) = D(\mathfrak{c}_{f_\varphi}^\tau) = D(\bar{\mathfrak{c}}_{f_\varphi}).$$

Schreibt man dementsprechend in Abhängigkeit von der zugeordneten Ringklasse $\mathfrak{k}_\varphi$ mod f_φ allgemein

$$D(\mathfrak{k}_\varphi^{-1}) = D(\mathfrak{c}_{f_\varphi}), \tag{4.34}$$

so ergibt sich, wenn man noch durchweg $\mathfrak{k}_\varphi$ durch $\mathfrak{k}_\varphi^{-1}$ ersetzt, abschließend für $L(1|\psi)$ die gliedweise klasseninvariante Formel:

$$L(1|\psi) = \frac{2\pi}{\sqrt{D_{f_\varphi}}} \sum_{\mathfrak{k}_\varphi} - \bar{\psi}(\mathfrak{k}_\varphi) \log D(\mathfrak{k}_\varphi). \tag{4.35}$$

§ 5. Die Grenzformel für die Zetafunktionen der Strahlklassen mod $\mathfrak{f}$ in einem imaginär-quadratischen Zahlkörper und Strahlklasseninvarianten mod $\mathfrak{f}$

1. Es sei Ω ein imaginär-quadratischer Zahlkörper mit der Diskriminante $-d_\Omega = -d < 0$, ferner $\mathfrak{f} \neq 1$ ein ganzer Divisor von Ω und $\Omega_\mathfrak{f}$ der *Zahlstrahl* mod $\mathfrak{f}$ *in* Ω. $\Omega_\mathfrak{f}$ besteht aus allen denjenigen (zu $\mathfrak{f}$ primen) Zahlen α aus Ω, deren Kongruenzwert mod $\mathfrak{f}$ gleich 1 ist. Diese Zahlgruppe $\Omega_\mathfrak{f}$ bildet die Hauptklasse einer Einteilung aller zu $\mathfrak{f}$ primen Divisoren von Ω. Diese *Hauptstrahlklasse* mod $\mathfrak{f}$ besteht dann also aus allen (zu $\mathfrak{f}$ primen) Hauptdivisoren (α) mit der Eigenschaft
$$\alpha \equiv 1 \bmod \mathfrak{f},$$
bei geeigneter Normierung von α unter Assoziierten, und die Divisorenklassen nach ihr bilden die *Strahlklassen* mod $\mathfrak{f}$.

Ist χ ein (echter) Charakter der Strahlklassengruppe mod $\mathfrak{f}$ von Ω, so existiert ein eindeutig bestimmter kleinster Teiler $\mathfrak{f}_\chi \neq 1$ von $\mathfrak{f}$ derart, daß χ sogar als Charakter der Strahlklasseneinteilung mod $\mathfrak{f}_\chi$ erklärbar ist. Dieser ganze Divisor $\mathfrak{f}_\chi$ ist der Führer von χ.

2. Für die anschließend durchzuführende Berechnung des Wertes der eigentlichen L-Reihe zu einem Nicht-Hauptcharakter χ

$$L(s|\chi) = \sum_{\substack{\mathfrak{g} \text{ ganz} \\ (\mathfrak{g},\mathfrak{f})=1}} \frac{\chi(\mathfrak{g})}{\mathfrak{N}(\mathfrak{g})^s} \tag{5.1}$$

für $s = 1$ sei, abweichend von der Bezeichnungsweise in **1**, abkürzend $\mathfrak{f}_\chi = \mathfrak{f}$ gesetzt. Der Charakter $\chi \neq 1$ der Strahlklassengruppe mod $\mathfrak{f}$ ist dabei als Funktion der zu $\mathfrak{f}$ primen Divisoren von Ω durch die Festsetzung

$$\chi(\mathfrak{g}) = \chi(\mathfrak{k}) \quad \text{für alle } \mathfrak{g} \text{ aus } \mathfrak{k}$$

eindeutig erklärt, wo $\mathfrak{k}$ die Strahlklassen mod $\mathfrak{f}$ von $\Omega = P(\sqrt{-d})$ durchläuft.

Es durchlaufe $\mathfrak{K}$ alle absoluten Divisorenklassen von Ω und jeweils $\mathfrak{k}$ die Strahlklassen mod $\mathfrak{f}$ von Ω, in die $\mathfrak{K}^{-1}$ zerfällt. Dann ergibt sich bei dieser Aufspaltung die Darstellung:

$$L(s|\chi) = \sum_{\mathfrak{K}} \sum_{\mathfrak{k} \text{ in } \mathfrak{K}^{-1}} \chi(\mathfrak{k})\,\zeta(s|\mathfrak{k}), \tag{5.2}$$

wo

$$\zeta(s|\mathfrak{k}) = \sum_{\substack{\mathfrak{g} \text{ ganz} \\ \mathfrak{g} \text{ in } \mathfrak{k}}} \frac{1}{\mathfrak{N}(\mathfrak{g})^s} \tag{5.3}$$

die *Zetafunktion der Strahlklasse* $\mathfrak{k}$ mod $\mathfrak{f}$ bedeutet.

Es seien nun gewählt:

In $\mathfrak{K}$ ein beliebiger Vertreter $\mathfrak{c}$; dann sind den ganzen Divisoren $\mathfrak{g}$ aus $\mathfrak{k}$ gemäß $\mathfrak{g}\mathfrak{c} \cong \gamma$ Zahlen $\gamma \equiv 0 \bmod^+ \mathfrak{c}$ aus Ω zugeordnet, die nur bis auf willkürliche Auswahl unter Assoziierten festliegen;

in $\mathfrak{k}$ ein ganzer Vertreter $\mathfrak{r}$, mit zugeordneter Zahl $\mathfrak{r}\mathfrak{c} \cong \varrho$; bei geeigneter Normierung unter Assoziierten sind dann die den ganzen $\mathfrak{g}$ aus $\mathfrak{k}$ zugeordneten γ durch

$$\gamma \equiv \varrho \bmod^+ \mathfrak{c}\mathfrak{f}$$

gekennzeichnet. Hierbei gilt $\varrho \not\equiv 0 \bmod^+ \mathfrak{c}\mathfrak{f}$, da die Bedingung $(\mathfrak{r}, \mathfrak{f}) = 1$ besteht und $\mathfrak{f} \neq 1$ vorausgesetzt ist.

Damit ergibt sich für die Zetafunktion der Strahlklasse $\mathfrak{k}$ mod $\mathfrak{f}$ in (5.3) die Darstellung:

$$\zeta(s|\mathfrak{k}) = \mathfrak{N}(\mathfrak{c})^s \sum_{\gamma \equiv \varrho \bmod^+ \mathfrak{c}\mathfrak{f}}^{*} \frac{1}{\mathfrak{N}(\gamma)^s}, \tag{5.4}$$

wo die Summation über ein Vertretersystem nicht-assoziierter γ mit den angegebenen Eigenschaften zu erstrecken ist. Zwei solche γ, γ^* sind nun offenbar genau dann assoziiert, wenn $\gamma^* = \varepsilon\gamma$ mit einer Einheitswurzel $\varepsilon \equiv 1 \bmod \mathfrak{f}$ aus Ω gilt. Deren Anzahl ist aber gleich 1, da $\mathfrak{f}$ der Führer eines e c h t e n Strahlklassencharakters ist [Hasse (4)]. Somit ergibt sich für die *Zetafunktion der Strahlklasse* $\mathfrak{k}$ mod $\mathfrak{f}$ die endgültige Darstellung:

$$\zeta(s|\mathfrak{k}) = \mathfrak{N}(\mathfrak{c})^s \sum_{\gamma \equiv \varrho \bmod^+ \mathfrak{c}\mathfrak{f}} \frac{1}{\mathfrak{N}(\gamma)^s}, \tag{5.5}$$

wo jetzt die Summation über a l l e Zahlen $\gamma \equiv \varrho \bmod^+ \mathfrak{c}\mathfrak{f}$ zu erstrecken ist.

3. Formel (5.5) läßt sich nun so umgestalten, daß statt über die Zahlen einer Restklasse $\gamma \equiv \varrho \bmod^+ \mathfrak{c}\mathfrak{f}$ über alle Zahlen $\gamma \equiv 0 \bmod^+ \mathfrak{c}$ (außer 0) summiert wird.

Dazu führe man zunächst eine Basis für das Ideal ($\mathfrak{c}$) der Vielfachen von $\mathfrak{c}$ ein. Ist etwa $(\mathfrak{c}) = \begin{pmatrix}\gamma_1\\ \gamma_2\end{pmatrix}$, so gilt, analog zu (4.7), für die Basisdeterminante

$$\delta(\mathfrak{c}) = \begin{vmatrix}\gamma_1 & \gamma_1^\tau\\ \gamma_2 & \gamma_2^\tau\end{vmatrix} = \begin{vmatrix}\gamma_1 & \overline{\gamma}_1\\ \gamma_2 & \overline{\gamma}_2\end{vmatrix} = \mathfrak{N}(\mathfrak{c})\,\delta \quad \text{mit} \quad \delta^2 = -d\,. \tag{5.6}$$

Hierbei sei aus Gründen der algebraischen Invarianz von einer Normierung von $\delta(\mathfrak{c})$ vorläufig noch abgesehen. Es ist dann zu beachten, daß die in den Formeln auftretende Zahldarstellung $\delta = \pm\sqrt{-d}$ der Differente von Ω immer mit demselben Vorzeichen zu verstehen ist wie die in den Formeln vorkommende Basisdeterminante $\delta(\mathfrak{c})$.

Die erwähnte Umgestaltung der Formel (5.5) gelingt durch Verwendung der folgenden *Exponentialformel* [Hasse (6)]:

$$\frac{1}{\mathfrak{N}(\mathfrak{f})} \sum_{\substack{\nu \bmod^+ \mathfrak{c}\\ \nu \equiv 0 \bmod^+ \frac{\mathfrak{c}}{\mathfrak{f}^\tau}}} e^{2\pi i S\left(\frac{\gamma\nu^\tau}{\delta(\mathfrak{c})}\right)} = \begin{Bmatrix} 1 \text{ für } \gamma \equiv 0 \bmod^+ \mathfrak{c}\mathfrak{f}\\ 0 \text{ für } \gamma \not\equiv 0 \bmod^+ \mathfrak{c}\mathfrak{f}\end{Bmatrix}. \tag{5.7}$$

Hierin ist die Summation bei vorgegebenem Parameter $\gamma \equiv 0 \bmod^+ \mathfrak{c}$ über ein volles Restsystem $\nu \bmod^+ \mathfrak{c}$ mit $\nu \equiv 0 \bmod^+ \frac{\mathfrak{c}}{\mathfrak{f}^\tau}$ zu erstrecken, so daß die Summe aus $\mathfrak{N}(\mathfrak{f})$ Gliedern besteht. Ferner bezeichnet das Zeichen S die Spur in Ω; dieses Symbol S stimmt hier mit dem für die komplexe Spur gewählten $\mathfrak{S}$ aus § 4 überein.

1. Beweis. Zunächst ist die Behauptung für den Fall $\gamma \equiv 0 \bmod^+ \mathfrak{c}\mathfrak{f}$ klar, da dann jeder Summand einzeln gleich 1 ist. Für den anderen Fall $\gamma \not\equiv 0 \bmod^+ \mathfrak{c}\mathfrak{f}$ hat man die Invarianz der fraglichen Summe bei der Substitution $\nu \to \nu + \nu_0$ mit $\nu_0 \equiv 0 \bmod^+ \frac{\mathfrak{c}}{\mathfrak{f}^\tau}$ auszunutzen:

$$\frac{1}{\mathfrak{N}(\mathfrak{f})} \sum_{\substack{\nu \bmod^+ \mathfrak{c}\\ \nu \equiv 0 \bmod^+ \frac{\mathfrak{c}}{\mathfrak{f}^\tau}}} e^{2\pi i S\left(\frac{\gamma\nu^\tau}{\delta(\mathfrak{c})}\right)} = \frac{1}{\mathfrak{N}(\mathfrak{f})} \sum_{\substack{\nu \bmod^+ \mathfrak{c}\\ \nu \equiv 0 \bmod^+ \frac{\mathfrak{c}}{\mathfrak{f}^\tau}}} e^{2\pi i S\left(\frac{\gamma(\nu_0^\tau + \nu^\tau)}{\delta(\mathfrak{c})}\right)}$$

$$= \frac{e^{2\pi i S\left(\frac{\gamma\nu_0^\tau}{\delta(\mathfrak{c})}\right)}}{\mathfrak{N}(\mathfrak{f})} \sum_{\substack{\nu \bmod^+ \mathfrak{c}\\ \nu \equiv 0 \bmod^+ \frac{\mathfrak{c}}{\mathfrak{f}^\tau}}} e^{2\pi i S\left(\frac{\gamma\nu^\tau}{\delta(\mathfrak{c})}\right)}.$$

Durch passende Wahl von ν_0, d. h. unter Beachtung von

$$\frac{\gamma \nu_0^\tau}{\delta(\mathfrak{c})} \simeq \frac{\mathfrak{c}\mathfrak{g} \cdot \mathfrak{c}^\tau \mathfrak{n}_0^\tau}{\mathfrak{c}\mathfrak{c}^\tau \delta \cdot \mathfrak{f}} = \frac{\mathfrak{g}\, \mathfrak{n}_0^\tau}{\mathfrak{f}\, \delta}, \qquad \mathfrak{g},\ \mathfrak{n}_0 \text{ ganz},$$

durch passende Wahl des Divisors $\mathfrak{n}_0$ läßt sich hierbei bekanntlich erreichen, daß $S\left(\frac{\gamma \nu_0^\tau}{\delta(\mathfrak{c})}\right)$ gebrochen-rational und somit der vortretende Faktor $e^{2\pi i S\left(\frac{\gamma \nu_0^\tau}{\delta(\mathfrak{c})}\right)} \neq 1$ ausfällt. Damit ist die Formel (5.7) bewiesen.

2. Beweis. Es sei $\mathfrak{f} = f_0\, \mathfrak{f}_0$ die Zerlegung von $\mathfrak{f}$ in den größten natürlichen Teiler f_0 und seinen primitiven Divisor $\mathfrak{f}_0$. Dann existiert eine Basis $\begin{pmatrix}\gamma_1\\ \gamma_2\end{pmatrix}$ von $(\mathfrak{c})$ derart, daß $f_0\begin{pmatrix}\gamma_1\\ \mathfrak{N}(\mathfrak{f}_0)\,\gamma_2\end{pmatrix}$ eine Basis von $(\mathfrak{c}\mathfrak{f})$ und somit $\frac{1}{f_0\, \mathfrak{N}(\mathfrak{f}_0)}\begin{pmatrix}\gamma_1\\ \mathfrak{N}(\mathfrak{f}_0)\gamma_2\end{pmatrix}$ eine Basis von $\left(\frac{\mathfrak{c}}{\mathfrak{f}^\tau}\right) = \left(\frac{\mathfrak{c}\mathfrak{f}}{\mathfrak{N}(\mathfrak{f})}\right)$ ist. Dabei ist offenbar $f_0\, \mathfrak{N}(\mathfrak{f}_0) = f$ das kleinste natürliche Multiplum von $\mathfrak{f}$. Sei dementsprechend angesetzt:

$$\gamma = g_1 \gamma_1 + g_2 \gamma_2 \qquad (g_1,\ g_2 \text{ ganzrational}),$$

$$\nu = \frac{n_1 \gamma_1 + n_2^0\, \mathfrak{N}(\mathfrak{f}_0)\, \gamma_2}{f_0\, \mathfrak{N}(\mathfrak{f}_0)} = \frac{n_1 \gamma_1 + n_2 \gamma_2}{f} \qquad (n_1,\ n_2^0 \text{ ganzrational}).$$

Die Vorschrift $\nu \bmod^+ \mathfrak{c}$ bedeutet dann $\begin{Bmatrix} n_1 \bmod^+ f\\ n_2^0 \bmod^+ f_0\end{Bmatrix}$. Somit ist

$$\frac{1}{\mathfrak{N}(\mathfrak{f})} \sum_{\substack{\nu \bmod^+ \mathfrak{c}\\ \nu \equiv 0 \bmod^+ \frac{\mathfrak{c}}{\mathfrak{f}^\tau}}} e^{2\pi i S\left(\frac{\gamma \nu^\tau}{\delta(\mathfrak{c})}\right)} = \frac{1}{f_0^2\, \mathfrak{N}(\mathfrak{f}_0)} \sum_{n_1 \bmod^+ f_0 \mathfrak{N}(\mathfrak{f}_0)}\ \sum_{n_2^0 \bmod^+ f_0} e^{\frac{2\pi i}{f_0 \mathfrak{N}(\mathfrak{f}_0)}(g_1 n_2^0\, \mathfrak{N}(\mathfrak{f}_0) - g_2 n_1)}$$

$$= \frac{1}{f} \sum_{n_1 \bmod^+ f} e^{-\frac{2\pi i g_2 n_1}{f}} \cdot \frac{1}{f_0} \sum_{n_2^0 \bmod^+ f_0} e^{\frac{2\pi i g_1 n_2^0}{f_0}} = \begin{Bmatrix} 1 \text{ für} \begin{Bmatrix} g_1 \equiv 0 \bmod^+ f_0\\ g_2 \equiv 0 \bmod^+ f\end{Bmatrix}\\ 0 \text{ sonst}\end{Bmatrix}.$$

Diese letzten, in Koordinaten beschriebenen Bedingungen besagen aber gerade in koordinatenfreier Formulierung:

$$\gamma \begin{Bmatrix} \equiv 0\\ \not\equiv 0\end{Bmatrix} \bmod^+ \mathfrak{c}\mathfrak{f}.$$

Wendet man jetzt (5.7) mit $\varrho - \gamma$ statt γ an und zeichnet man darin noch die Restklasse $\nu \equiv 0 \bmod^+ \mathfrak{c}$ aus, so schreibt sich (5.5) unter Beachtung von (5.6) in der angekündigten, invarianten Gestalt:

$$\zeta(s|\mathfrak{f}) = \frac{\mathfrak{N}(\mathfrak{c})^{s-1}}{\mathfrak{N}(\mathfrak{f})|\delta|} \sum_{\substack{\nu \bmod^+ \mathfrak{c}\\ \nu \equiv 0 \bmod^+ \frac{\mathfrak{c}}{\mathfrak{f}^\tau}}}{}' e^{2\pi i S\left(\frac{\varrho \nu^\tau}{\delta(\mathfrak{c})}\right)} \times \tag{5.8}$$

$$\times \left(\sum_{\gamma \equiv 0 \bmod^+ \mathfrak{c}}{}' \frac{|\delta(\mathfrak{c})|\, e^{-2\pi i S\left(\frac{\gamma \nu^\tau}{\delta(\mathfrak{c})}\right)}}{\mathfrak{N}(\gamma)^s} - \sum_{\gamma \equiv 0 \bmod^+ \mathfrak{c}}{}' \frac{|\delta(\mathfrak{c})|}{\mathfrak{N}(\gamma)^s} \right).$$

4. Zur Feststellung des Grenzverhaltens der Funktion $\zeta(s|\mathfrak{k})$ für $s \to 1+$ hat man zunächst das Grenzverhalten eines einzelnen, in Form einer Differenz gegebenen Gliedes in der rechts in (5.8) auftretenden $(\mathfrak{N}(\mathfrak{f}) - 1)$-gliedrigen Summe zu ermitteln. Dazu werde ganz allgemein für einen beliebigen komplexen Modul $\mathfrak{w}$ vom Range 2 und ein beliebiges komplexes Argument $u \not\equiv 0 \bmod^+ \mathfrak{w}$ die Differenz zweier für $\mathfrak{R}(s) > 1$ absolut-konvergenter Eisensteinscher Reihen

$$D_s(u|\mathfrak{w}) = E_s(u|\mathfrak{w}) - E_s(\mathfrak{w}) \tag{5.9}$$

betrachtet, wo der Minuend durch

$$E_s(u|\mathfrak{w}) = \sum_{\omega \equiv 0 \bmod^+ \mathfrak{w}}' \frac{|\delta(\mathfrak{w})|\, e^{-2\pi i \mathfrak{S}\left(\frac{\omega \bar{u}}{\delta(\mathfrak{w})}\right)}}{\mathfrak{N}(\omega)^s} \quad \text{mit } \delta(\mathfrak{w}) = \begin{vmatrix} \omega_1 & \bar{\omega}_1 \\ \omega_2 & \bar{\omega}_2 \end{vmatrix} \tag{5.10}$$

erklärt ist, während der Subtrahend die in (4.9) angegebene Bedeutung hat. Diese Funktion $D_s(u|\mathfrak{w})$ hat offenbar die folgenden formalen Eigenschaften:

1. $D_s(u|\mathfrak{w})$ hängt nur vom Modul $\mathfrak{w}$, nicht aber von einer speziellen Basis des Moduls ab; $D_s(u|\mathfrak{w})$ ist also eine Funktion erster Stufe.
2. $D_s(u|\mathfrak{w})$ hängt nur von der Restklasse $u \bmod^+ \mathfrak{w}$ ab, ist also als Funktion von u doppeltperiodisch mit dem Periodenmodul $\mathfrak{w}$.
   Dies folgt aus der Koordinatendarstellung

$$\mathfrak{S}\left(\frac{\omega \bar{u}}{\delta(\mathfrak{w})}\right) = \begin{vmatrix} m_1 & m_2 \\ u_1 & u_2 \end{vmatrix} \quad \text{für} \begin{cases} \omega = m_1 \omega_1 + m_2 \omega_2 & \text{mit ganzrationalen } m_1, m_2 \\ u = u_1 \omega_1 + u_2 \omega_2 & \text{mit reellen } u_1, u_2 \end{cases}.$$

3. $D_s(u|\mathfrak{w})$ hat als Funktion von $u, \mathfrak{w}$ die Homogenitätseigenschaft:

$$D_s(zu|z\mathfrak{w}) = \frac{1}{\mathfrak{N}(z)^{s-1}} D_s(u|\mathfrak{w}) \quad \text{für komplexe } z \neq 0.$$

4. $D_s(u|\mathfrak{w})$ ist invariant beim Übergang zum Konjugiert-Komplexen:

$$D_s(\bar{u}|\bar{\mathfrak{w}}) = D_s(u|\mathfrak{w}).$$

Für die rechnerische Ermittlung des Grenzverhaltens der Funktion $D_s(u|\mathfrak{w})$ kommt es in Hinblick auf die für $E_s(\mathfrak{w})$ bereits in (4.25), (4.30) gegebene Lösung nur noch auf das Verhalten der Funktion $E_s(u|\mathfrak{w})$ beim Grenzübergang $s \to 1+$ an. Hierfür werde eine Basis $\begin{pmatrix} \omega_1 \\ \omega_2 \end{pmatrix}$ von $\mathfrak{w}$ eingeführt, die, wie in § 4, 3, einerseits eine positiv-imaginäre Basisdeterminante $\delta(\mathfrak{w}) = \delta\begin{pmatrix} \omega_1 \\ \omega_2 \end{pmatrix}$ besitzt, andererseits so normiert ist, daß in der Koordinatendarstellung

$$u = u_1 \omega_1 + u_2 \omega_2 \quad (u_1, u_2 \text{ reell, nicht beide ganzzahlig})$$

die erste Koordinate u_1 nicht ganzzahlig ist. Diese letztere Normierung läßt sich in jedem Fall erreichen, indem man nötigenfalls noch die zulässige Basissubstitution $\begin{pmatrix} \omega_1 \\ \omega_2 \end{pmatrix} \to \begin{pmatrix} \omega_1 \\ \omega_1 + \omega_2 \end{pmatrix}$ anwendet. Schließlich können noch wegen der

Periodizität der Funktion $E_s(u|\mathfrak{w})$ die beiden Koordinaten u_1, u_2 ohne Einschränkung in den Intervallen

$$0 < u_1 < 1\,, \quad 0 \leqq u_2 < 1$$

angenommen werden.

In Koordinaten ergibt sich dann für $E_s(u|\mathfrak{w})$ die Darstellung:

$$(5.11) \qquad E_s(u|\mathfrak{w}) = E_s\left(u \middle| \begin{matrix}\omega_1\\ \omega_2\end{matrix}\right) = \sum_{m_1=-\infty}^{\infty} \sum_{m_2=-\infty}^{\infty}{}' \frac{\left\|\begin{matrix}\omega_1 & \bar\omega_1\\ \omega_2 & \bar\omega_2\end{matrix}\right\| e^{-2\pi i(m_1 u_2 - m_2 u_1)}}{\mathfrak{N}(m_1\omega_1 + m_2\omega_2)^s}\,.$$

Sei wieder, wie in § 4, 3,

$$(5.12) \qquad E_s\left(u \middle| \begin{matrix}\omega_1\\ \omega_2\end{matrix}\right) = E_s^0\left(u \middle| \begin{matrix}\omega_1\\ \omega_2\end{matrix}\right) + E_s^*\left(u \middle| \begin{matrix}\omega_1\\ \omega_2\end{matrix}\right)$$

die Zerlegung der Doppelreihe in die Glieder mit $m_1 = 0$ und $m_1 \neq 0$.

Für den ersten Bestandteil hat man unmittelbar:

$$(5.13) \qquad E_s^0\left(u \middle| \begin{matrix}\omega_1\\ \omega_2\end{matrix}\right) = \left\|\begin{matrix}\omega_1 & \bar\omega_1\\ \omega_2 & \bar\omega_2\end{matrix}\right\| \sum_{m_2=-\infty}^{\infty}{}' \frac{e^{2\pi i m_2 u_1}}{\mathfrak{N}(m_2\,\omega_2)^s}$$

$$= \frac{\left\|\begin{matrix}\omega_1 & \bar\omega_1\\ \omega_2 & \bar\omega_2\end{matrix}\right\|}{\mathfrak{N}(\omega_2)} \cdot 2 \sum_{m_2=1}^{\infty} \frac{\cos 2\pi m_2 u_1}{m_2^2} + O(s-1)$$

$$= 4\pi^2\, \mathfrak{J}(\omega)\left(\frac{1}{6} - u_1 + u_1^2\right) + O(s-1)\,,$$

da allgemein für reelle α

$$(5.14) \qquad \sum_{m=1}^{\infty} \frac{\cos 2\pi m\alpha}{m^2} = \pi^2\left(\frac{1}{6} - R(\alpha) + R^2(\alpha)\right) \quad \text{mit} \quad R(\alpha) = \alpha - [\alpha]$$

ist, wo $[\alpha]$ das größte Ganze unterhalb α bezeichnet.

Für den zweiten Bestandteil erhält man durch Anwendung der Poissonschen Summenformel (3.6) auf die innere Summe, analog zu (4.13):

$$(5.15) \qquad E_s^*\left(u \middle| \begin{matrix}\omega_1\\ \omega_2\end{matrix}\right) = \left\|\begin{matrix}\omega_1 & \bar\omega_1\\ \omega_2 & \bar\omega_2\end{matrix}\right\| \sum_{m_1=-\infty}^{\infty}{}' e^{-2\pi i m_1 u_2} \sum_{m_2=-\infty}^{\infty} \int_{-\infty}^{\infty} \frac{e^{2\pi i(m_2+u_1)t}\,dt}{\mathfrak{N}(m_1\omega_1 + t\omega_2)^s}$$

$$= 2\,\mathfrak{J}(\omega) \sum_{m_1=-\infty}^{\infty}{}' \frac{e^{2\pi i m_1 u_2}}{|m_1|} \sum_{m_2=-\infty}^{\infty} \int_{-\infty}^{\infty} \frac{e^{2\pi i m_1(m_2+u_1)t}\,dt}{\mathfrak{N}(t-\omega)}$$

$$+ O(s-1)\,.$$

Hierbei ist zu beachten, daß der in dem letzten Integral jeweils auftretende Exponent $m_1(m_2 + u_1)$ auf Grund der für u_1 getroffenen Normierung stets von Null verschieden ist. Die verbleibenden Integrale in (5.15) lassen sich sofort nach dem Residuensatz auswerten. Man findet

$$(5.16) \qquad \int_{-\infty}^{\infty} \frac{e^{2\pi i m_1(m_2+u_1)t}\,dt}{\mathfrak{N}(t-\omega)} = \frac{\pi}{\mathfrak{J}(\omega)} \cdot \begin{Bmatrix} e^{2\pi i m_1(m_2+u_1)\omega} & \text{für } m_1 m_2 \geqq 0\\ e^{2\pi i m_1(m_2+u_1)\bar\omega} & \text{für } m_1 m_2 < 0 \end{Bmatrix}.$$

Trägt man diese Werte in die Entwicklung (5.15) ein, so ergibt sich

$$(5.17)\quad E_s^*\left(u\begin{vmatrix}\omega_1\\ \omega_2\end{vmatrix}\right)=2\pi\,\mathfrak{S}\left(\sum_{m_1=1}^{\infty}\frac{e^{2\pi i m_1 u_2}}{m_1}\sum_{m_2=0}^{\infty}e^{2\pi i m_1(m_2+u_1)\omega}+\right.$$

$$\left.+\sum_{m_1=1}^{\infty}\frac{e^{-2\pi i m_1 u_2}}{m_1}\sum_{m_2=1}^{\infty}e^{2\pi i m_1(m_2-u_1)\omega}\right)+O(s-1),$$

und durch Summation der logarithmischen Reihen wird weiter

$$(5.18)\quad E_s^*\left(u\begin{vmatrix}\omega_1\\ \omega_2\end{vmatrix}\right)=$$

$$=-2\pi\log\mathfrak{R}\left(\prod_{m=0}^{\infty}(1-e^{2\pi i u_2}e^{2\pi i(m+u_1)\omega})\prod_{m=1}^{\infty}(1-e^{-2\pi i u_2}e^{2\pi i(m-u_1)\omega})\right)+O(s-1).$$

Aus dem Grenzverhalten der Beiträge (5.13), (5.18) ergibt sich damit für die Eisensteinsche Reihe $E_s(u|\mathfrak{w})$ in (5.10), (5.11) die Grenzformel in nicht--invarianter, inhomogener Gestalt:

$$(5.19)\quad E_s(u|\mathfrak{w})=E_s\left(u\begin{vmatrix}\omega_1\\ \omega_2\end{vmatrix}\right)=4\pi^2\,\mathfrak{J}(\omega)\left(\frac{1}{6}-u_1+u_1^2\right)-$$

$$-2\pi\log\mathfrak{R}\left(\prod_{m=0}^{\infty}(1-e^{2\pi i u_2}e^{2\pi i(m+u_1)\omega})\prod_{m=1}^{\infty}(1-e^{-2\pi i u_2}e^{2\pi i(m-u_1)\omega})\right)+O(s-1),$$

und damit endlich unter Verwendung von (4.25) für die Funktion $D_s(u|\mathfrak{w})$ selbst in (5.9) die Grenzformel:

$$(5.20)\quad D_s(u|\mathfrak{w})=D_s\left(u\begin{vmatrix}\omega_1\\ \omega_2\end{vmatrix}\right)=-\frac{2\pi}{s-1}-2\pi\left(2C-2\log\left|\delta\begin{pmatrix}\omega_1\\ \omega_2\end{pmatrix}\right|+\right.$$

$$\left.+\log\mathfrak{R}\left(\omega_2\,\frac{e^{\pi i u_1(u_1-1)\omega}\prod_{m=0}^{\infty}(1-e^{2\pi i u_2}e^{2\pi i(m+u_1)\omega})\prod_{m=1}^{\infty}(1-e^{-2\pi i u_2}e^{2\pi i(m-u_1)\omega})}{\prod_{m=1}^{\infty}(1-e^{2\pi i m\omega})^2}\right)\right)+O(s-1).$$

Um zur invarianten, homogenen Gestalt für (5.20) zu gelangen, hat man die Kleinsche Funktion $\sigma^*(u|\mathfrak{w})$ heranzuziehen, die mit der Weierstraßschen σ-Funktion in der Beziehung

$$(5.21)\quad \sigma^*(u|\mathfrak{w})=\sigma^*\left(u\begin{vmatrix}\omega_1\\ \omega_2\end{vmatrix}\right)=-e^{-\frac{u u^*}{2}}\sigma\left(u\begin{vmatrix}\omega_1\\ \omega_2\end{vmatrix}\right)$$

$$\text{mit } u=u_1\omega_1+u_2\omega_2,\quad u^*=u_1\eta_1+u_2\eta_2\quad(u_1,u_2\text{ reell})$$

steht [Klein-Fricke (1)]. Dabei bezeichnen η_1, η_2 die zum Periodenpaar ω_1, ω_2 gehörigen Periodizitätsmoduln. Aus der z-q-Entwicklung für die σ-Funktion

$$(5.22)\quad \sigma\left(u\begin{vmatrix}\omega_1\\ \omega_2\end{vmatrix}\right)=-\frac{\omega_2}{2\pi i}e^{\frac{\eta_2}{2}\cdot\frac{u^2}{\omega_2}}\cdot z^{-\frac{1}{2}}\frac{\prod_{m=0}^{\infty}(1-zq^m)\prod_{m=1}^{\infty}(1-z^{-1}q^m)}{\prod_{m=1}^{\infty}(1-q^m)^2}$$

$$\text{mit } z=e^{2\pi i\frac{u}{\omega_2}},\quad q=e^{2\pi i\frac{\omega_1}{\omega_2}}=e^{2\pi i\omega}$$

ergibt sich dann vermöge der Legendreschen Relation

$$(5.23)\qquad \begin{vmatrix}\omega_1 & \eta_1\\ \omega_2 & \eta_2\end{vmatrix} = 2\pi i$$

für die σ^*-Funktion die entsprechende Entwicklung:

$$(5.24)\qquad \sigma^*\left(u\,\middle|\,\begin{matrix}\omega_1\\ \omega_2\end{matrix}\right) =$$

$$= \frac{\omega_2}{2\pi i}\, e^{\pi i u_2(u_1-1)}\, e^{\pi i u_1(u_1-1)\omega}\, \frac{\prod\limits_{m=0}^{\infty}\left(1-e^{2\pi i u_2}e^{2\pi i(m+u_1)\omega}\right)\prod\limits_{m=1}^{\infty}\left(1-e^{-2\pi i u_2}e^{2\pi i(m-u_1)\omega}\right)}{\prod\limits_{m=1}^{\infty}\left(1-e^{2\pi i m\omega}\right)^2}.$$

Damit schreibt sich dann (5.20) in der invarianten, homogenen Gestalt:

$$(5.25)\quad D_s(u|\mathfrak{w}) = -\frac{2\pi}{s-1} - 2\pi\left(2C + \log(2\pi)^2 + \log\left(|\delta(\mathfrak{w})|^{-2}\,\mathfrak{N}\left(\sigma^*(u|\mathfrak{w})\right)\right)\right) + O(s-1).$$

Bei dieser invarianten Schreibweise ist klar, daß es auf die lediglich für die rechnerische Herleitung der Grenzformeln (5.20) bzw. (5.25) eingangs gemachten verschiedenen Normierungsvoraussetzungen nicht ankommt. Man hat einfach

$$\sigma^*\left(u\,\middle|\,\begin{matrix}\omega_2\\ \omega_1\end{matrix}\right) = \sigma^*\left(u\,\middle|\,\begin{matrix}\omega_1\\ \omega_2\end{matrix}\right)$$

zu setzen, wie es der Definition von $\sigma^*(u|\mathfrak{w})$ im Großen durch das Weierstraßsche Produkt entspricht, und außerdem zu beachten, daß diese Funktion, bis auf einen hinzutretenden Faktor vom Betrag 1, in u doppeltperiodisch mit dem Periodenmodul $\mathfrak{w}$ ist (vgl. das Schema unter 2, S. 39).

Für die Funktion $\zeta(s|\mathfrak{k})$ in (5.3), (5.5), (5.8) ergibt sich jetzt nach (5.25) unter Berücksichtigung von (5.6) unmittelbar die *Kroneckersche Grenzformel für die Zetafunktion der Strahlklasse* $\mathfrak{k}$ mod $\mathfrak{f}$ *in einem imaginär-quadratischen Zahlkörper*:

$$\zeta(s|\mathfrak{k}) = \frac{2\pi}{\mathfrak{N}(\mathfrak{f})\sqrt{d}}\left(\frac{1}{s-1} + 2C + \log\frac{(2\pi)^2}{\sqrt{d}} - \sum_{\substack{\nu \bmod^+ \mathfrak{c}\\ \nu\equiv 0 \bmod^+ \frac{\mathfrak{c}}{\mathfrak{f}^\mathfrak{r}}}}{}' e^{2\pi i S\left(\frac{\varrho\nu^\mathfrak{r}}{\delta(\mathfrak{c})}\right)} \log S^*(\nu|\mathfrak{c}) + O(s-1)\right). \qquad (5.26)$$

Dabei ist die Funktion $S^*(u|\mathfrak{w})$, gleich allgemein für einen beliebigen komplexen Modul $\mathfrak{w}$ vom Range 2 und ein beliebiges komplexes Argument u, folgendermaßen definiert:

$$(5.27)\qquad S^*(u|\mathfrak{w}) = S^*\left(u\,\middle|\,\begin{matrix}\omega_1\\ \omega_2\end{matrix}\right) = |\delta(\mathfrak{w})|^{-1}\,\mathfrak{N}\left(\sigma^*(u|\mathfrak{w})\right).$$

Die nachstehend aufgeführten Invarianzeigenschaften von $S^*(u|\mathfrak{w})$ sind zwar in Hinsicht auf das Auftreten dieser Funktion in der Kroneckerschen Grenzformel (5.26) und zufolge der Herleitung dieser Grenzformel unmittelbar einzusehen, lassen sich aber auch unabhängig davon aus den Eigenschaften der Weierstraßschen σ-Funktion herleiten.

Im einzelnen gilt:

1. $S^*(u|\mathfrak{w})$ hängt nur vom Modul $\mathfrak{w}$, nicht aber von einer speziellen Basis des Moduls ab; $S^*(u|\mathfrak{w})$ ist also eine Funktion erster Stufe.
   Für die nur vom Periodengitter abhängigen Funktionen $|\delta(\mathfrak{w})|$ und $\mathfrak{N}(\sigma(u|\mathfrak{w}))$ ist dies klar. Aber auch für den Faktor $\mathfrak{N}\left(e^{-\frac{uu^*}{2}}\right) = e^{-\frac{1}{2}\mathfrak{S}(uu^*)}$ läßt sich die Invarianz gegenüber Modulsubstitutionen leicht nachweisen. Die im Exponenten auftretende Spur erweist sich zunächst als quadratische Form in $u, \bar{u}$:

$$\mathfrak{S}(uu^*) = (u, \bar{u})\begin{pmatrix} u^* \\ \bar{u}^* \end{pmatrix} = (u, \bar{u})\, H'\Omega'^{-1}\begin{pmatrix} u \\ \bar{u} \end{pmatrix}$$

$$\text{mit } \Omega = \begin{pmatrix} \omega_1 & \bar{\omega}_1 \\ \omega_2 & \bar{\omega}_2 \end{pmatrix}, \quad H = \begin{pmatrix} \eta_1 & \bar{\eta}_1 \\ \eta_2 & \bar{\eta}_2 \end{pmatrix},$$

   wie aus $\begin{pmatrix} u \\ \bar{u} \end{pmatrix} = \Omega' \begin{pmatrix} u_1 \\ u_2 \end{pmatrix}$ und $\begin{pmatrix} u^* \\ \bar{u}^* \end{pmatrix} = H' \begin{pmatrix} u_1 \\ u_2 \end{pmatrix}$ erhellt.
   Da sich nun die Periodizitätsmoduln η_1, η_2 kogredient mit den Perioden ω_1, ω_2 transformieren, folgt daraus die Invarianz der Spur.

2. $S^*(u|\mathfrak{w})$ ist als Funktion von u doppeltperiodisch mit dem Periodenmodul $\mathfrak{w}$.
   Dies ist eine unmittelbare Folge aus dem bekannten Verhalten der Weierstraßschen σ-Funktion bei Vermehrung des Arguments u um ein beliebiges Multiplum der Perioden im Verein mit der Legendreschen Relation (5.23), wie aus dem nachfolgenden Schema hervorgeht:

	ω_1	ω_2
$\sigma(u\|\mathfrak{w})$	$-e^{u\eta_1 + \frac{1}{2}\eta_1\omega_1}$	$-e^{u\eta_2 + \frac{1}{2}\eta_2\omega_2}$
$e^{-\frac{1}{2}uu^*}$	$e^{-\frac{1}{2}(u\eta_1 + u^*\omega_1 + \eta_1\omega_1)}$	$e^{-\frac{1}{2}(u\eta_2 + u^*\omega_2 + \eta_2\omega_2)}$
$\sigma^*(u\|\mathfrak{w})$	$e^{-\frac{1}{2}(u\eta_1 - u^*\omega_1)} = -e^{-\pi i u_2}$	$e^{\frac{1}{2}(u\eta_2 - u^*\omega_2)} = e^{\pi i u_1}$

   Da die Multiplikatoren der Funktion $\sigma^*(u|\mathfrak{w})$, die der Vermehrung des Arguments u um ω_1 bzw. ω_2 entsprechen, hiernach den Betrag 1 haben, besitzt auch die Funktion $S^*(u|\mathfrak{w})$ doppeltperiodischen Charakter.

3. $S^*(u|\mathfrak{w})$ ist in $u, \mathfrak{w}$ homogen von der Dimension 0.
   Da sich die Dimensionen der Faktoren $|\delta(\mathfrak{w})|^{-1}$ und $\mathfrak{N}(\sigma(u|\mathfrak{w}))$ als -2 und 2 bereits annullieren, bleibt lediglich zu zeigen, daß der Exponent $\mathfrak{S}(uu^*)$ die Dimension 0 hat. Dies ist der Fall, da η_1, η_2 als Funktionen der Perioden ω_1, ω_2 die Dimension -1 haben.

4. $S^*(u|\mathfrak{w})$ ist invariant beim Übergang zum Konjugiert-Komplexen.
   Dies folgt aus

$$\sigma(\bar{u}|\bar{\mathfrak{w}}) = \overline{\sigma(u|\mathfrak{w})}\,.$$

Was den funktionentheoretischen Charakter dieser Funktion betrifft, so ist klar, daß $S^*(u|\mathfrak{w})$ keine analytische Funktion im gewöhnlichen Sinne ist, da mit u, $\mathfrak{w}$ auch $\bar{u}$, $\bar{\mathfrak{w}}$ in die Definition eingehen.

5. Sei jetzt wieder, wie ursprünglich in **1**, $\mathfrak{f} = \mathfrak{f}_\chi$ sowie, der Abhängigkeit von χ entsprechend, auch $\mathfrak{k} = \mathfrak{k}_\chi$ gesetzt. Summiert man dann gemäß (5.2) die Kroneckerschen Grenzformeln (5.26) für die einzelnen $\zeta(s|\mathfrak{k}_\chi)$ und beachtet dabei, daß das von $\mathfrak{K}$, $\mathfrak{k}_\chi$ ganz unabhängige Residuenglied, wie auch die übrigen von $\mathfrak{K}$, $\mathfrak{k}_\chi$ unabhängigen Glieder in (5.26), wegen der Charakterrelation

$$\sum_{\mathfrak{k}_\chi} \chi(\mathfrak{k}_\chi) = 0 \quad \text{für} \quad \chi \neq 1$$

bei der Summation herausfällt, so erhält man für $L(1|\chi)$ die geschlossene Darstellung:

$$(5.28) \quad L(1|\chi) = \frac{2\pi}{\mathfrak{N}(\mathfrak{f}_\chi)\sqrt{d}} \sum_{\mathfrak{K}} \sum_{\mathfrak{k}_\chi \text{ in } \mathfrak{K}^{-1}} -\chi(\mathfrak{k}_\chi) \sum_{\substack{\nu \bmod^+ \mathfrak{c} \\ \nu \equiv 0 \bmod^+ \frac{\mathfrak{c}}{\mathfrak{f}_\chi^\mathfrak{r}}}}' e^{2\pi i S\left(\frac{\varrho\nu^\mathfrak{r}}{\delta(\mathfrak{c})}\right)} \log S^*(\nu|\mathfrak{c}),$$

wo $\mathfrak{K}$, $\mathfrak{k}_\chi$ und dazu jeweils $\mathfrak{c}$, ϱ die in **2** erklärte Bedeutung haben. Sind die Vertreter $\mathfrak{c}$ aus $\mathfrak{K}$ und $\mathfrak{r}$ (ganz) aus $\mathfrak{k}_\chi$ gewählt, so stehen für die Auswahl der Zahlvertreter $\varrho \cong \mathfrak{r}\mathfrak{c}$ jeweils alle Assoziierten zur Verfügung. Um von der nicht-invarianten Auswahl der Zahlvertreter ϱ unter Assoziierten loszukommen, addiere man nun noch die so erhaltenen Formeln (5.28) für ein volles System $\bmod^+ \mathfrak{c}\mathfrak{f}_\chi$ inkongruenter assoziierter $\varrho \cong \mathfrak{r}\mathfrak{c}$.

So erhält man:

$$(5.29) \quad w(\mathfrak{f}_\chi) L(1|\chi) =$$

$$= \frac{2\pi}{\mathfrak{N}(\mathfrak{f}_\chi)\sqrt{d}} \sum_{\mathfrak{K}} \sum_{\mathfrak{k}_\chi \text{ in } \mathfrak{K}^{-1}} -\chi(\mathfrak{k}_\chi) \sum_{\substack{\varrho \bmod^+ \mathfrak{c}\mathfrak{f}_\chi \\ \varrho \cong \mathfrak{r}\mathfrak{c}}} \sum_{\substack{\nu \bmod^+ \mathfrak{c} \\ \nu \equiv 0 \bmod^+ \frac{\mathfrak{c}}{\mathfrak{f}_\chi^\mathfrak{r}}}}' e^{2\pi i S\left(\frac{\varrho\nu^\mathfrak{r}}{\delta(\mathfrak{c})}\right)} \log S^*(\nu|\mathfrak{c}),$$

wo $w(\mathfrak{f}_\chi)$ die Anzahl der mod $\mathfrak{f}_\chi$ inkongruenten Einheiten ε aus Ω bezeichnet. In der Tat liefert die Multiplikation eines Vertreters ϱ mit einem solchen Einheitensystem ε gerade ein volles System $\bmod^+ \mathfrak{c}\mathfrak{f}_\chi$ inkongruenter assoziierter $\varepsilon\varrho$ der verlangten Art.

6. Die zuletzt erhaltene Formel (5.29) läßt sich auch in der Gestalt

$$(5.30) \quad w(\mathfrak{f}_\chi) L(1|\chi) = \frac{2\pi}{\mathfrak{N}(\mathfrak{f}_\chi)\sqrt{d}} \sum_{\mathfrak{K}} \sum_{\substack{\nu \bmod^+ \mathfrak{c} \\ \nu \equiv 0 \bmod^+ \frac{\mathfrak{c}}{\mathfrak{f}_\chi^\mathfrak{r}}}}' -\tau_\nu(\chi|\mathfrak{K}) \log S^*(\nu|\mathfrak{c})$$

schreiben, mit den *allgemeinen Gaußschen Summen* [HECKE (1)], [HASSE (3), (6)]:

(5.31) $$\tau_\nu(\chi|\mathfrak{R}) = \sum_{\substack{\mathfrak{r} \bmod \mathfrak{f}_\chi \\ \mathfrak{r}\ \text{ganz} \\ \mathfrak{r}\ \text{in}\ \mathfrak{R}^{-1}}} \chi(\mathfrak{r}) \sum_{\substack{\varrho \bmod^+ \mathfrak{c}\mathfrak{f}_\chi \\ \varrho \cong \mathfrak{r}\mathfrak{c}}} e^{2\pi i S\left(\frac{\varrho\nu^\tau}{\delta(\mathfrak{c})}\right)} = \sum_{\substack{\mathfrak{r} \bmod \mathfrak{f}_\chi \\ \mathfrak{r}\ \text{ganz} \\ \mathfrak{r}\ \text{in}\ \mathfrak{R}^{-1}}} \chi(\mathfrak{r}) \sum_{\substack{\xi \bmod^+ \frac{\mathfrak{n}^\tau}{\delta} \\ \xi \cong \frac{\mathfrak{r}\mathfrak{n}^\tau}{\mathfrak{f}_\chi\delta}}} e^{2\pi i S(\xi)}.$$

Dabei ergibt sich die letztere Summendarstellung aus der ersteren durch Einführung des dem Parameter ν gemäß $\nu \cong \frac{\mathfrak{n}\mathfrak{c}}{\mathfrak{f}_\chi^\tau}$ zugeordneten ganzen Divisors $\mathfrak{n}$ aus $\mathfrak{R}^{-1}\mathfrak{R}_{\mathfrak{f}_\chi}$, wo $\mathfrak{R}_{\mathfrak{f}_\chi}$ die absolute Klasse von $\mathfrak{f}_\chi$ bezeichnet, und Summationstransformation auf das Spurargument $\xi = \frac{\varrho\nu^\tau}{\delta(\mathfrak{c})} \cong \frac{\mathfrak{r}\mathfrak{n}^\tau}{\mathfrak{f}_\chi\delta}$. Die letzte Schreibweise läßt hervortreten, daß es in der $\sum_\varrho$ nur auf die Strahlklasse $\mathfrak{r} \bmod \mathfrak{f}_\chi$ ankommt, da es ja für $S(\xi) \bmod^+ 1$ nur auf die Restklasse $\xi \bmod^+ \frac{1}{\delta}$ ankommt.

Ist $(\mathfrak{n}^\tau, \mathfrak{f}_\chi) \neq 1$, so daß $\xi \cong \frac{\mathfrak{r}\mathfrak{n}_0^\tau}{\mathfrak{f}_{0\chi}\delta}$ mit ganzem $\mathfrak{n}_0$ und einem echten Teiler $\mathfrak{f}_{0\chi}$ von $\mathfrak{f}_\chi$ ist, so existiert in Ω wegen der Führereigenschaft von $\mathfrak{f}_\chi$ ein zu $\mathfrak{f}_\chi$ primes ganzes $\vartheta \equiv 1 \bmod \mathfrak{f}_{0\chi}$ mit $\chi(\vartheta) \neq 1$. Man kann dann $\tau_\nu(\chi|\mathfrak{R})$ auch mittels des Strahlklassenvertreters $\vartheta\mathfrak{r}$ und der zugehörigen Zahlen $\vartheta\xi$ bilden. Wegen $\chi(\vartheta\mathfrak{r}) = \chi(\vartheta)\chi(\mathfrak{r})$ und $S(\vartheta\xi) \equiv S(\xi) \bmod^+ 1$ bekommt $\tau_\nu(\chi|\mathfrak{R})$ dabei den Faktor $\chi(\vartheta) \neq 1$. Somit gilt in diesem Fall:

(5.32) $$\tau_\nu(\chi|\mathfrak{R}) = 0 \quad \text{für} \quad (\mathfrak{n}^\tau, \mathfrak{f}_\chi) \neq 1.$$

Ist dagegen $(\mathfrak{n}^\tau, \mathfrak{f}_\chi) = 1$, so ist eine Kongruenz $\xi_1 \equiv \xi_2 \bmod^+ \frac{\mathfrak{n}^\tau}{\delta}$ zwischen zwei Zahlvertretern $\xi_1 \cong \frac{\mathfrak{r}_1\mathfrak{n}^\tau}{\mathfrak{f}_\chi\delta}$, $\xi_2 \cong \frac{\mathfrak{r}_2\mathfrak{n}^\tau}{\mathfrak{f}_\chi\delta}$ mit der Kongruenz $\xi_1 \equiv \xi_2 \bmod^+ \frac{1}{\delta}$ gleichbedeutend. Man kann dann also die Summationsbedingung $\xi \bmod^+ \frac{\mathfrak{n}^\tau}{\delta}$ in $\xi \bmod^+ \frac{1}{\delta}$ abändern und $\mathfrak{r}\mathfrak{n}^\tau$ als Vertretersystem der Strahlklassen $\bmod\ \mathfrak{f}_\chi$ in der absoluten Klasse $\mathfrak{R}_{\mathfrak{f}_\chi}$ auffassen, was der Reduktion von $\mathfrak{n}$ auf 1 und $\mathfrak{c}$ auf $\mathfrak{f}_\chi^\tau$ entspricht. Schreibt man dieser Auffassung entsprechend

$$\tau_\nu(\chi|\mathfrak{R}) = \bar{\chi}(\mathfrak{n}^\tau) \sum_{\substack{\mathfrak{r} \bmod \mathfrak{f}_\chi \\ \mathfrak{r}\ \text{ganz} \\ \mathfrak{r}\ \text{in}\ \mathfrak{R}^{-1}}} \chi(\mathfrak{r}\mathfrak{n}^\tau) \sum_{\substack{\xi \bmod^+ \frac{1}{\delta} \\ \xi \cong \frac{\mathfrak{r}\mathfrak{n}^\tau}{\mathfrak{f}_\chi\delta}}} e^{2\pi i S(\xi)},$$

so erhält man die *Reduktionsregel*

(5.33) $$\tau_\nu(\chi|\mathfrak{R}) = \bar{\chi}(\mathfrak{n}^\tau)\,\tau(\chi),$$

wodurch die allgemeine Gaußsche Summe (5.31) auf die nur noch vom Charakter χ abhängige *normierte eigentliche Gaußsche Summe*

(5.34) $$\tau(\chi) = \tau_1(\chi|\mathfrak{R}_{\mathfrak{f}_\chi}^{-1}) = \sum_{\substack{\mathfrak{x} \bmod \mathfrak{f}_\chi \\ \mathfrak{x}\ \text{ganz} \\ \mathfrak{x}\ \text{in}\ \mathfrak{R}_{\mathfrak{f}_\chi}}} \chi(\mathfrak{x}) \sum_{\substack{\xi \bmod^+ \frac{1}{\delta} \\ \xi \cong \frac{\mathfrak{x}}{\mathfrak{f}_\chi\delta}}} e^{2\pi i S(\xi)}$$

zurückgeführt wird. Die Reduktionsregel (5.33) gilt übrigens in Hinblick auf (5.32) auch für zu $\mathfrak{f}_\chi$ nicht prime Divisoren $\mathfrak{n}^\tau$, wenn man, wie üblich, im Fall eines eigentlichen Charakters χ vom Führer $\mathfrak{f}_\chi$

$$\bar{\chi}(\mathfrak{n}^\tau) = 0 \quad \text{für} \quad (\mathfrak{n}^\tau, \mathfrak{f}_\chi) \neq 1$$

setzt.

Hiernach erhält dann die Formel (5.30) die Gestalt:

$$w(\mathfrak{f}_\chi)\, L(1|\chi) = \frac{2\pi\,\tau(\chi)}{\mathfrak{N}(\mathfrak{f}_\chi)\sqrt{d}} \sum_{\mathfrak{K}} \sum_{\substack{\nu \bmod^+ \mathfrak{c} \\ \nu \cong \frac{\mathfrak{n}\mathfrak{c}}{\mathfrak{f}_\chi^\tau} \\ (\mathfrak{n}^\tau, \mathfrak{f}_\chi) = 1}} -\bar{\chi}(\mathfrak{n}^\tau) \log S^*(\nu|\mathfrak{c}). \tag{5.35}$$

Nimmt man hierin noch zur Vereinfachung der Schreibweise die Summationstransformation $\mathfrak{K} \to \mathfrak{K}^\tau = \mathfrak{K}^{-1}$ und dementsprechend $\mathfrak{c} \to \mathfrak{c}^\tau$, $\mathfrak{n} \to \mathfrak{n}^\tau$ vor, so geht (5.35) über in

$$w(\mathfrak{f}_\chi)\, L(1|\chi) = \frac{2\pi\,\tau(\chi)}{\mathfrak{N}(\mathfrak{f}_\chi)\sqrt{d}} \sum_{\mathfrak{K}} \sum_{\mathfrak{k}_\chi \text{ zu } \mathfrak{K}} -\bar{\chi}(\mathfrak{k}_\chi) \sum_{\substack{\nu \bmod^+ \mathfrak{c} \\ \nu \cong \frac{\mathfrak{n}\mathfrak{c}}{\mathfrak{f}_\chi}}} \log S^*(\nu^\tau|\mathfrak{c}^\tau). \tag{5.36}$$

Darin ist für jede absolute Klasse $\mathfrak{K}$ zunächst $\mathfrak{c}$ ein Vertreter aus $\mathfrak{K}$, sodann für jede Strahlklasse mod $\mathfrak{f}_\chi$ „$\mathfrak{k}_\chi$ zu $\mathfrak{K}$" im Sinne der komplexen Multiplikation, d.h. mit $\frac{\mathfrak{k}_\chi \mathfrak{K}}{\mathfrak{K}\mathfrak{f}_\chi} = 1$, $\mathfrak{n}$ ein Vertreter aus $\mathfrak{k}_\chi$, und schließlich durchläuft $\nu \cong \frac{\mathfrak{n}\mathfrak{c}}{\mathfrak{f}_\chi}$ jeweils ein volles Vertretersystem $\bmod^+ \mathfrak{c}$ inkongruenter assoziierter Zahlen.

7. Die Darstellung (5.36) läßt sich noch in eine funktionentheoretisch organischere Gestalt bringen, wenn man die Funktion $S^*(u|\mathfrak{w})$ aus (5.27) durch die *elliptische Normfunktion*

$$S(u|\mathfrak{w}) = S\left(u \,\middle|\, \begin{matrix}\omega_1 \\ \omega_2\end{matrix}\right) = \mathfrak{N}\left(\sqrt[12]{\Delta(\mathfrak{w})}\,\sigma^*(u|\mathfrak{w})\right) \tag{5.37}$$

ersetzt [HASSE (5)] [1]). Hierzu beachte man, daß in der vollen Summe

$$\sum_{\mathfrak{k}_\chi} \bar{\chi}(\mathfrak{k}_\chi) = \sum_{\mathfrak{K}} \sum_{\mathfrak{k}_\chi \text{ zu } \mathfrak{K}} \bar{\chi}(\mathfrak{k}_\chi) = 0$$

aus gruppentheoretischen Gründen bereits jede einer festen absoluten Klasse $\mathfrak{K}$ zugeordnete Teilsumme verschwindet:

$$\sum_{\mathfrak{k}_\chi \text{ zu } \mathfrak{K}} \bar{\chi}(\mathfrak{k}_\chi) = 0\,.$$

Somit fallen die lediglich hinsichtlich ihrer absoluten Klasse jeweils in Betracht kommenden Glieder

$$|\delta(\mathfrak{c})|^{-1}\, \mathfrak{N}\left(\sqrt[12]{\Delta(\mathfrak{c})}^{\,-1}\right) \quad \text{(von der Dimension 0)}$$

---

[1]) Im Gegensatz zu $\sigma^*(\nu|\mathfrak{w})$ ist $\sqrt[12]{\Delta(\mathfrak{w})}\,\sigma^*(\nu|\mathfrak{w})$ eine ganze algebraische Modulfunktion, wenn hier ν einen rationalen Teilpunkt des komplexen Moduls $\mathfrak{w}$ bezeichnet.

in der Darstellung (5.36) von $L(1|\chi)$ heraus und man erhält:

$$w(\mathfrak{f}_\chi)\, L(1|\chi) = \frac{2\pi\,\tau(\chi)}{\mathfrak{N}(\mathfrak{f}_\chi)\sqrt{d}} \sum_{\mathfrak{K}} \sum_{\mathfrak{k}_\chi \text{ zu } \mathfrak{K}} - \bar{\chi}(\mathfrak{k}_\chi) \sum_{\substack{\nu \bmod^+ \mathfrak{c} \\ \nu \cong \frac{\mathfrak{n}\mathfrak{c}}{\mathfrak{f}_\chi}}} \log S(\nu^\tau|\mathfrak{c}^\tau)\,. \tag{5.38}$$

Die elliptische Normfunktion $S(u|\mathfrak{w})$ hat natürlich dieselben Invarianzeigenschaften wie die frühere Bildung $S^*(u|\mathfrak{w})$ in (5.27). Im einzelnen gilt wieder:

1. $S(u|\mathfrak{w})$ hängt nur vom Modul $\mathfrak{w}$ ab, ist also eine Funktion erster Stufe.
2. $S(u|\mathfrak{w})$ ist als Funktion von u doppeltperiodisch mit dem Periodenmodul $\mathfrak{w}$.
3. $S(u|\mathfrak{w})$ ist in u, $\mathfrak{w}$ homogen von der Dimension 0, ist also speziell eine gerade Funktion von u.
4. $S(u|\mathfrak{w})$ ist invariant beim Übergang zum Konjugiert-Komplexen.

Was den funktionentheoretischen Charakter dieser Funktion betrifft, so ist wieder klar, daß $S(u|\mathfrak{w})$ keine analytische Funktion im gewöhnlichen Sinne ist, da mit u, $\mathfrak{w}$ auch $\bar{u}$, $\bar{\mathfrak{w}}$ in die Definition eingehen.

8. Die Formel (5.38) gestattet nun eine wesentliche Vereinfachung, wenn man die nachstehend formulierten Invarianzeigenschaften der in (5.38) auftretenden, mittels der Funktion $S(u|\mathfrak{w})$ in (5.37) definierten reellen positiven Zahlen $S(\nu^\tau|\mathfrak{c}^\tau)$ oder, in einfacherer Schreibweise, $S(\nu|\mathfrak{c})$ beachtet. Auf Grund der vorstehend aufgeführten Invarianzeigenschaften der elliptischen Normfunktion $S(u|\mathfrak{w})$ gilt hier im einzelnen:

1. Der Wert $S(\nu|\mathfrak{c})$ hängt nur vom Ideal $(\mathfrak{c})$, nicht aber von einer speziellen Basis des Ideals ab.
2. Der Wert $S(\nu|\mathfrak{c})$ hängt nur von der Restklasse $\nu \bmod^+ \mathfrak{c}$ ab.
3. Es ist $S(\lambda\nu|\lambda\mathfrak{c}) = S(\nu|\mathfrak{c})$ für beliebige Multiplikatoren $\lambda \neq 0$ aus Ω, so daß speziell gilt:
$$S(\varepsilon\nu|\mathfrak{c}) = S(\nu|\mathfrak{c}) \text{ für beliebige Einheiten } \varepsilon \text{ aus } \Omega.$$
4. Konjugierten Zahlen ν, ν^τ und Divisoren $\mathfrak{c}$, $\mathfrak{c}^\tau$ von Ω ist derselbe Wert zugeordnet:
$$S(\nu|\mathfrak{c}) = S(\nu^\tau|\mathfrak{c}^\tau).$$

Aus der Homogenitätseigenschaft 3 folgt nun insbesondere, daß in der Darstellung (5.38) für $w(\mathfrak{f}_\chi)\, L(1|\chi)$ alle $w(\mathfrak{f}_\chi)$ Glieder der Summe $\sum_\nu$ einander gleich sind. Folglich kann rechts die Summation über ν und links der Faktor $w(\mathfrak{f}_\chi)$ fortgelassen werden. Beachtet man schließlich noch die Eigenschaft 4, so ergibt sich für $L(1|\chi)$ der gegenüber (5.38) vereinfachte, geschlossene Ausdruck:

$$L(1|\chi) = \frac{2\pi\,\tau(\chi)}{\mathfrak{N}(\mathfrak{f}_\chi)\sqrt{d}} \sum_{\mathfrak{K}} \sum_{\mathfrak{k}_\chi \text{ zu } \mathfrak{K}} - \bar{\chi}(\mathfrak{k}_\chi) \log S(\nu|\mathfrak{c})\,. \tag{5.39}$$

Die in dieser Darstellung auftretenden, soeben näher betrachteten reellen positiven Zahlen $S(\nu|\mathfrak{c})$ sind nun *Strahlklasseninvarianten* mod $\mathfrak{f}_\chi$ der durch die Repräsentanten $\mathfrak{n}$ vertretenen Strahlklassen mod $\mathfrak{f}_\chi$. Im einzelnen gilt:

1. Der Wert $S(\nu|\mathfrak{c})$ hängt nicht von der Auswahl des Divisors $\mathfrak{c}$ aus seiner absoluten Klasse ab wegen

$$S(\lambda\nu|\lambda\mathfrak{c}) = S(\nu|\mathfrak{c}).$$

2. Der Wert $S(\nu|\mathfrak{c})$ hängt nicht von der Auswahl des Zahlrepräsentanten ν unter seinen Assoziierten ab wegen

$$S(\varepsilon\nu|\mathfrak{c}) = S(\varepsilon\nu|\varepsilon\mathfrak{c}) = S(\nu|\mathfrak{c}).$$

3. Der Wert $S(\nu|\mathfrak{c})$ hängt nicht von der Auswahl des Divisors $\mathfrak{n}$ aus seiner Strahlklasse mod $\mathfrak{f}_\chi$ ab.
   Denn aus der Strahläquivalenz:

$$\mathfrak{m} \sim \mathfrak{n} \bmod \mathfrak{f}_\chi, \quad \text{d. h.} \quad \mathfrak{m} = (\xi)\mathfrak{n} \quad \text{mit} \quad \xi \equiv \varepsilon \bmod \mathfrak{f}_\chi$$

folgt zunächst

$$\xi \equiv \varepsilon \bmod^+ \frac{\mathfrak{f}_\chi}{\mathfrak{n}},$$

und daraus

$$\mu \cong \xi\nu \equiv \varepsilon\nu \bmod^+ \frac{\mathfrak{f}_\chi}{\mathfrak{n}} \cdot \frac{\mathfrak{n}\mathfrak{c}}{\mathfrak{f}_\chi}, \quad \text{d. h.} \quad \bmod^+ \mathfrak{c},$$

so daß in der Tat

$$S(\mu|\mathfrak{c}) = S(\nu|\mathfrak{c})$$

ist.

Schreibt man dementsprechend in Abhängigkeit von der zugeordneten Strahlklasse $\mathfrak{k}_\chi$ mod $\mathfrak{f}_\chi$ allgemein

$$S(\mathfrak{k}_\chi) = S(\nu|\mathfrak{c}) \qquad \text{für } \mathfrak{k}_\chi \text{ zu } \mathfrak{K}, \tag{5.40}$$

mit irgendeinem Vertreter $\mathfrak{c}$ aus $\mathfrak{K}$, irgendeinem Zahlvertreter $\nu \cong \frac{\mathfrak{n}\mathfrak{c}}{\mathfrak{f}_\chi}$ zu irgendeinem ganzen Vertreter $\mathfrak{n}$ aus $\mathfrak{k}_\chi$, so ergibt sich abschließend für $L(1|\chi)$ die gliedweise klasseninvariante Formel:

$$L(1|\chi) = \frac{2\pi\,\tau(\chi)}{\mathfrak{N}(\mathfrak{f}_\chi)\sqrt{d}} \sum_{\mathfrak{K}} \sum_{\mathfrak{k}_\chi \text{ zu } \mathfrak{K}} -\bar{\chi}(\mathfrak{k}_\chi) \log S(\mathfrak{k}_\chi). \tag{5.41}$$

§ 6. Die Grenzformel für die Zetafunktionen der Ringklassen mod f in einem reell-quadratischen Zahlkörper und Ringklasseninvarianten mod f

1. Es sei Ω ein reell-quadratischer Zahlkörper mit der Diskriminante $d_\Omega = d > 0$, ferner f eine natürliche Zahl und, wie in § 4, 1, Ω_f der *Zahlring* mod f *in* Ω mit der Diskriminante $D_f = df^2$. Sei weiter $\psi \neq 1$ ein Charakter der Ringklassengruppe mod f von Ω vom rationalen Führer f_ψ.

Für die in enger Anlehnung an §4 anschließend durchzuführende Berechnung des Wertes der eigentlichen L-Reihe zu einem Nicht-Hauptcharakter ψ

$$L(s|\psi) = \sum_{\substack{\mathfrak{g}\ \text{ganz} \\ (\mathfrak{g}, f) = 1}} \frac{\psi(\mathfrak{g})}{\mathfrak{N}(\mathfrak{g})^s} \tag{6.1}$$

für $s = 1$ sei, abweichend von der eingangs eingeführten Bezeichnungsweise, abkürzend $f_\psi = f$ gesetzt. Die Aufspaltung nach Ringklassen $\mathfrak{k}$ mod f liefert dann die Darstellung:

$$L(s|\psi) = \sum_{\mathfrak{k}} \psi(\mathfrak{k})\, \zeta^*(s|\mathfrak{k}), \tag{6.2}$$

wo

$$\zeta^*(s|\mathfrak{k}) = \sum_{\substack{\mathfrak{g}\ \text{ganz} \\ \mathfrak{g}\ \text{in}\ \mathfrak{k}}} \frac{1}{\mathfrak{N}(\mathfrak{g})^s} \tag{6.3}$$

die *Zetafunktion der Ringklasse* $\mathfrak{k}$ mod f bedeutet.

Es sei nun $\mathfrak{c}$ jeweils ein fester Vertreter aus der reziproken Ringklasse $\mathfrak{k}^{-1}$. Dann durchläuft das Produkt $\mathfrak{g}\,\mathfrak{c} \cong \gamma$ mit $\mathfrak{g}$ aus $\mathfrak{k}$ alle durch $\mathfrak{c}$ teilbaren Hauptdivisoren (γ) aus der Hauptringklasse mod f, oder also, bei passender Normierung, alle durch $\mathfrak{c}$ teilbaren zu f primen Zahlen γ aus Ω_f, die nur bis auf willkürliche Auswahl unter durch Einheiten aus Ω_f Assoziierten festliegen. Da im vorliegenden Fall der quadratische Zahlkörper Ω reell ist, enthält er außer den beiden Einheitswurzeln ± 1 unendlich viele echte Einheiten. Dann treten auch in Ω_f unendlich viele echte Einheiten auf, und man erhält alle Einheiten von Ω_f in der Form $\pm \varepsilon_f^n$, wo ε_f die Grundeinheit von Ω_f, etwa in der eindeutigen Normierung $\varepsilon_f > 1$, bedeutet und n alle ganzen Zahlen durchläuft.

Danach ergibt sich für die *Zetafunktion der Ringklasse* $\mathfrak{k}$ mod f in (6.3) die Darstellung:

$$\zeta^*(s|\mathfrak{k}) = \mathfrak{N}(\mathfrak{c})^s \sum_{\substack{\gamma \equiv 0 \bmod^+ \mathfrak{c} \\ \gamma\ \text{in}\ \Omega_f,\ (\gamma, f) = 1}}^{*} \frac{1}{\mathfrak{N}(\gamma)^s}, \tag{6.4}$$

wo die Summation über ein volles System nicht durch diese Einheiten aus Ω_f assoziierter $\gamma \neq 0$ mit den angegebenen Eigenschaften zu erstrecken ist.

Für die Zwecke der Berechnung von $L(1|\psi)$ braucht man die einschränkende Summationsbedingung $(\gamma, f) = 1$ in (6.4) nicht zu beachten, indem auch, analog zu (4.5),

$$L(s|\psi) = \sum_{\mathfrak{k}} \psi(\mathfrak{k})\, \zeta(s|\mathfrak{k}) \tag{6.5}$$

ist, wo

$$\zeta(s|\mathfrak{k}) = \mathfrak{N}(\mathfrak{c})^s \sum_{\substack{\gamma \equiv 0 \bmod^+ \mathfrak{c} \\ \gamma\ \text{in}\ \Omega_f}}^{*} \frac{1}{\mathfrak{N}(\gamma)^s} \tag{6.6}$$

die *Zetafunktion der Ringklasse* $\mathfrak{k}$ mod f *im erweiterten Sinne* bedeutet.

2. Zur analytischen Darstellung eines Reihengliedes in (6.6)

$$\frac{1}{\mathfrak{N}(\gamma)^s} = \frac{1}{|\gamma\gamma'|^s} \qquad \text{mit } \gamma' = \gamma^{\tau} \text{ [1]}$$

ziehe man nach dem Vorgang bei HECKE [1, 2] die Γ-Umformung heran:

$$(6.7) \quad \frac{1}{|\gamma|^s} = \frac{1}{\Gamma\left(\frac{s}{2}\right)} \int_0^\infty e^{-\gamma^2 t}\, t^{\frac{s}{2}}\, d\log t\,, \qquad \frac{1}{|\gamma'|^s} = \frac{1}{\Gamma\left(\frac{s}{2}\right)} \int_0^\infty e^{-\gamma'^2 t'}\, t'^{\frac{s}{2}}\, d\log t'.$$

Damit wird, zunächst in Gestalt eines Doppelintegrals, weiter

$$\frac{1}{\mathfrak{N}(\gamma)^s} = \frac{1}{\Gamma\left(\frac{s}{2}\right)^2} \int_0^\infty \int_0^\infty e^{-(\gamma^2 t + \gamma'^2 t')} (t\,t')^{\frac{s}{2}}\, d\log t\; d\log t'\,,$$

woraus sich mittels der für $t,\ t' > 0$ und $x,\ y > 0$ umkehrbar eindeutigen Koordinatentransformation

$$\left\{ \begin{array}{l} t\ = x^2 y \\ t' = x^{-2} y \end{array} \right\} \quad \text{mit} \quad \left| \frac{\partial(\log t,\ \log t')}{\partial(\log x,\ \log y)} \right| = 4$$

die für das Folgende grundlegende Darstellung durch ein einfaches Integral ergibt:

$$(6.8) \quad \frac{1}{\mathfrak{N}(\gamma)^s} = \frac{4}{\Gamma\left(\frac{s}{2}\right)^2} \int_0^\infty d\log x \int_0^\infty e^{-(\gamma^2 x^2 + \gamma'^2 x^{-2}) y}\, y^s\, d\log y$$

$$= \frac{4\,\Gamma(s)}{\Gamma\left(\frac{s}{2}\right)^2} \int_0^\infty \frac{d\log x}{(\gamma^2 x^2 + \gamma'^2 x^{-2})^s} = \frac{4\,\Gamma(s)}{\Gamma\left(\frac{s}{2}\right)^2} \int_0^\infty \frac{d\log x}{\mathfrak{N}(\gamma x + \gamma' (i x)^{-1})^s}.$$

Um die gleich deutlich werdende formale Analogie zum imaginären Fall in § 4 hervorzuheben, empfiehlt es sich, einige naheliegende Definitionen und Abkürzungen einzuführen, die übrigens ganz allgemein bei der Behandlung beliebiger L-Reihen über einem reell-quadratischen Zahlkörper von Bedeutung sind.

Durch die Zuordnung:

$$\alpha \to \alpha(x) = \alpha x + \alpha^{\tau} (i x)^{-1} \quad \text{für } \alpha \text{ aus } \Omega$$

wird der reell-quadratische Körper Ω für jedes feste reelle $x \neq 0$ modulisomorph auf komplexe Zahlen abgebildet. Dem Vielfachenideal $(\mathfrak{c})$ eines Divisors $\mathfrak{c}$ von Ω entspricht so ein Modul $\mathfrak{c}(x)$ aus komplexen Zahlen, dessen Basisdeterminante

$$(6.9) \qquad \delta(\mathfrak{c}(x)) = \begin{vmatrix} \gamma_1(x) & \overline{\gamma_1(x)} \\ \gamma_2(x) & \overline{\gamma_2(x)} \end{vmatrix} = 2i \begin{vmatrix} \gamma_1 & \gamma_1^{\tau} \\ \gamma_2 & \gamma_2^{\tau} \end{vmatrix} = 2i\delta(\mathfrak{c})$$

---

[1]) Zur Vereinfachung der Schreibweise ist hier und im folgenden bei analytischen Rechnungen der erzeugende Automorphismus τ von Ω durch einen Strich gekennzeichnet.

von x unabhängig ist; dabei ist die Normierung von $\delta(\mathfrak{c}(x))$ durch diejenige von $\delta(\mathfrak{c})$ eindeutig festgelegt. Ferner ist

$$\Re(\gamma(x)) = \gamma x, \qquad \Im(\gamma(x)) = -\gamma^\tau x^{-1},$$

und für die komplexe Norm gilt:

$$\mathfrak{N}(\gamma(x)) = \gamma^2 x^2 + \gamma^{\tau 2} x^{-2}.$$

Es bezeichne jetzt ε_f die Grundeinheit von Ω_f in der eindeutigen Normierung $\varepsilon_f > 1$. Zerlegt man dann das Integral in (6.8) nach dem Vorgang von Hecke [1, 2] in eine unendliche Summe von Teilintegralen:

$$\text{(6.10)} \qquad \int\limits_0^\infty \frac{d\log x}{\mathfrak{N}(\gamma(x))^s} = \sum_{n=-\infty}^{\infty} \int\limits_{\varepsilon_f^n}^{\varepsilon_f^{n+1}} \frac{d\log x}{\mathfrak{N}(\gamma(x))^s} = \sum_{n=-\infty}^{\infty} \int\limits_1^{\varepsilon_f} \frac{d\log x}{\mathfrak{N}(\gamma\,\varepsilon_f^n(x))^s},$$

so treten im letzten Integral gerade alle nach ε_f^n Assoziierten zu γ auf. Berücksichtigt man schließlich noch die beiden einzigen Einheitswurzeln ± 1 in Ω_f, so erhält man für die *Zetafunktion der Ringklasse* $\mathfrak{k}$ mod f *(im erweiterten Sinne)* in (6.6) die (4.6) entsprechende, fundamentale Darstellung:

$$\text{(6.11)} \quad \zeta(s|\mathfrak{k}) = \mathfrak{N}(\mathfrak{c})^s \sum_{\substack{\gamma \equiv 0 \bmod^+ \mathfrak{c} \\ \gamma \text{ in } \Omega_f}}^{*} \frac{1}{\mathfrak{N}(\gamma)^s} = \frac{2\,\Gamma(s)}{\Gamma\left(\frac{s}{2}\right)^2} \int\limits_1^{\varepsilon_f} \mathfrak{N}(\mathfrak{c})^s \sum_{\substack{\gamma \equiv 0 \bmod^+ \mathfrak{c} \\ \gamma \text{ in } \Omega_f}}' \frac{1}{\mathfrak{N}(\gamma(x))^s}\, d\log x,$$

wo jetzt die letztere Summation über a l l e von Null verschiedenen Zahlen $\gamma \equiv 0 \bmod^+ \mathfrak{c}$ aus Ω_f zu erstrecken ist. Damit ist die durch die Existenz unendlich vieler Assoziierter zu γ bedingte wesentlichste Summationseinschränkung in (6.4) bzw. (6.6) aufgehoben.

Die in (6.11) vorgenommene Vertauschung von Summation und Integration läßt sich leicht rechtfertigen, indem man für die fragliche Reihe die von x ganz unabhängige, absolut-konvergente Majorante

$$\sum_\gamma{}' \frac{1}{(\gamma^2 + \gamma'^2\, \varepsilon_f'^2)^s}$$

zum Vergleich heranzieht.

Um die vollständige Analogie zum imaginären Fall zu erreichen, führe man auch hier im reellen Fall wieder zunächst eine Basis für das Ideal $(\mathfrak{c})_f$ der Vielfachen von $\mathfrak{c}$ im Ring mod f von Ω ein. Ist etwa $(\mathfrak{c})_f = \binom{\gamma_1}{\gamma_2}$, so gilt für die bis auf das Vorzeichen durch $\mathfrak{c}$ eindeutig bestimmte Basisdeterminante, analog zu (4.7),

$$\text{(6.12)} \qquad \delta(\mathfrak{c}_f) = \begin{vmatrix} \gamma_1 & \gamma_1^\tau \\ \gamma_2 & \gamma_2^\tau \end{vmatrix} = \mathfrak{N}(\mathfrak{c})\,\delta_f \quad \text{mit} \quad \delta_f^2 = D_f.$$

Sind ferner $\big(\mathfrak{c}_f(x)\big)$ und $\delta\big(\mathfrak{c}_f(x)\big)$ die gemäß (6.9) mit dem Parameter x behafteten entsprechenden Bildungen, so schreibt sich die Formel (6.11) auch in der folgenden, zu (4.8) analogen, invarianten Gestalt:

$$(6.13)\qquad \zeta(s|\mathfrak{k}) = \frac{\Gamma(s)}{\Gamma\left(\frac{s}{2}\right)^2}\cdot\frac{\mathfrak{N}(\mathfrak{c})^{s-1}}{|\delta_f|}\int\limits_1^{\varepsilon_f}\sum_{\gamma(x)\equiv 0 \bmod^+ \mathfrak{c}_f(x)}{}' \frac{|\delta(\mathfrak{c}_f(x))|}{\mathfrak{N}(\gamma(x))^s}\, d\log x .$$

Die in (6.13) unter dem Integralzeichen stehende Reihe ist nun ersichtlich als Zetafunktion einer positiv-definiten quadratischen Form von dem in § 4, **3** behandelten Typus. Somit ergibt sich nach dem dortigen Verfahren, in Analogie zu (4.31), unmittelbar die *Kroneckersche Grenzformel für die Zetafunktion der Ringklasse* $\mathfrak{k}$ mod f *(im erweiterten Sinne) in einem reell-quadratischen Zahlkörper* [Hecke (2)]:

$$(6.14)\qquad \zeta(s|\mathfrak{k}) = \frac{4\log\varepsilon_f}{\sqrt{D_f}}\left(\frac{1}{2}\,\frac{1}{s-1} + C + \frac{1}{2}\log\frac{2^2\cdot(2\pi)^2}{\sqrt{D_f}} - \right.$$
$$\left. - \frac{1}{\log\varepsilon_f}\int\limits_1^{\varepsilon_f}\log D\big(\mathfrak{c}_f(x)\big)\, d\log x\right) + O\,(s-1)\,.$$

Dabei bedeutet $D(\mathfrak{w})$ die Modulnormfunktion in (4.32).

3. Sei jetzt wieder, wie ursprünglich in **1**, $f = f_\psi$ sowie, der Abhängigkeit von ψ entsprechend, auch $\mathfrak{k} = \mathfrak{k}_\psi$ gesetzt. Summiert man dann gemäß (6.5) die Kroneckerschen Grenzformeln (6.14) für die einzelnen $\zeta(s|\mathfrak{k}_\psi)$, so erhält man nach der gleichen Schlußweise wie in § 4, **3** für $L(1|\psi)$ die zu (4.33) analoge, geschlossene Darstellung:

$$(6.15)\qquad L(1|\psi) = \frac{4}{\sqrt{D_{f_\psi}}}\sum_{\mathfrak{k}_\psi} -\,\psi(\mathfrak{k}_\psi)\log D_1^{\varepsilon_{f_\psi}}(\mathfrak{c})\,.$$

Hierin durchläuft $\mathfrak{k}_\psi$ alle Ringklassen mod f_ψ, und $\mathfrak{c}$ ist jeweils ein beliebiger Vertreter aus $\mathfrak{k}_\psi^{-1}$ mit dem zugehörigen Ringideal $(\mathfrak{c})_{f_\psi} = \begin{pmatrix}\gamma_1\\ \gamma_2\end{pmatrix}$. Ferner sind die wesentlich mittels logarithmischer Integration gebildeten Zahlen $D_1^{\varepsilon_{f_\psi}}(\mathfrak{c})$ durch

$$(6.16)\qquad D_1^{\varepsilon_{f_\psi}}(\mathfrak{c}) = \exp\int\limits_1^{\varepsilon_{f_\psi}}\log D\big(\mathfrak{c}_{f_\psi}(x)\big)\, d\log x$$

erklärt [Hasse (5)].

Die in (6.15) auftretenden reellen positiven Zahlen $D_1^{\varepsilon_{f_\psi}}(\mathfrak{c})$ sind nun *Ringklasseninvarianten* mod f_ψ der durch die Repräsentanten $\mathfrak{c}$ vertretenen Ringklassen mod f_ψ. Im einzelnen gilt:

1. Der Wert $D_1^{\varepsilon_{f_\psi}}(\mathfrak{c})$ hängt nur vom Ringideal $(\mathfrak{c})_{f_\psi}$, nicht aber von einer speziellen Basis des Ringideals ab.

Dies ist eine einfache Folge aus dem entsprechenden Invarianzverhalten von $D(\mathfrak{w})$; denn zufolge

$$\begin{pmatrix}\gamma_1(x)\\ \gamma_2(x)\end{pmatrix} = \begin{pmatrix}\gamma_1\,\gamma_1^\tau\\ \gamma_2\,\gamma_2^\tau\end{pmatrix}\begin{pmatrix}x\\ (i\,x)^{-1}\end{pmatrix}$$

wirkt eine Modulsubstitution in gleicher Weise auf die Basen von $(\mathfrak{c})_{\mathfrak{f}_\psi}$ und $(\mathfrak{c}_{\mathfrak{f}_\psi}(x))$ ein.

2. Der Wert $D_1^{\varepsilon_{\mathfrak{f}_\psi}}(\mathfrak{c})$ hängt nicht von der Auswahl des Vertreters $\mathfrak{c}$ aus der Ringklasse $\mathfrak{f}_\psi^{-1}$ ab.

Dies folgt aus der Homogenitätseigenschaft

$$D_1^{\varepsilon_{\mathfrak{f}_\psi}}(\lambda\,\mathfrak{c}) = D_1^{\varepsilon_{\mathfrak{f}_\psi}}(\mathfrak{c})$$

für beliebige Multiplikatoren $\lambda \neq 0$ aus Ω.

Zum Beweis dieser letzteren Tatsache sei in geläufiger Weise das Konjugiertenpaar λ, λ^τ der Zahl $\lambda \neq 0$ aus Ω in der Gestalt

$$\begin{Bmatrix}\lambda = \sqrt{\mathfrak{N}(\lambda)}\cdot\lambda_0\\ \lambda^\tau = \operatorname{sgn}\lambda\lambda^\tau\cdot\sqrt{\mathfrak{N}(\lambda)}\cdot\lambda_0^{-1}\end{Bmatrix}$$

angesetzt. Da die behauptete Homogenität nach 1 für den Spezialfall $\lambda = -1$ sicher richtig ist, kann ohne Einschränkung $\operatorname{sgn}\lambda = 1$ vorausgesetzt werden, so daß also $\operatorname{sgn}\lambda\lambda^\tau = \operatorname{sgn}\lambda^\tau$ ist. Dann hat man

$$(\lambda\,\mathfrak{c}_{\mathfrak{f}_\psi})(x) = \begin{Bmatrix}\sqrt{\mathfrak{N}(\lambda)}\cdot\mathfrak{c}_{\mathfrak{f}_\psi}(\lambda_0 x) & \text{für } \operatorname{sgn}\lambda^\tau = 1\\ \sqrt{\mathfrak{N}(\lambda)}\cdot\overline{\mathfrak{c}_{\mathfrak{f}_\psi}(\lambda_0 x)} & \text{für } \operatorname{sgn}\lambda^\tau = -1\end{Bmatrix}.$$

Nach den Invarianzeigenschaften von $D(\mathfrak{w})$ gilt aber in jedem Fall

$$D((\lambda\,\mathfrak{c}_{\mathfrak{f}_\psi})(x)) = D(\mathfrak{c}_{\mathfrak{f}_\psi}(\lambda_0 x)),$$

und somit

$$D_1^{\varepsilon_{\mathfrak{f}_\psi}}(\lambda\mathfrak{c}) = \exp\int_1^{\varepsilon_{\mathfrak{f}_\psi}} \log D(\mathfrak{c}_{\mathfrak{f}_\psi}(\lambda_0 x))\,d\log x$$

$$= \exp\int_{\lambda_0}^{\lambda_0\varepsilon_{\mathfrak{f}_\psi}} \log D(\mathfrak{c}_{\mathfrak{f}_\psi}(x))\,d\log x.$$

Nun gilt aber die weitere Tatsache, die dem der Definition zugrunde liegenden Integrationsprozeß eine invariante Bedeutung zukommen läßt:

$D(\mathfrak{c}_{\mathfrak{f}_\psi}(x))$ ist als Funktion von x bei $x \to \varepsilon_{\mathfrak{f}_\psi} x$ invariant, oder also als Funktion von $\log x$ periodisch mit der Periode $\log \varepsilon_{\mathfrak{f}_\psi}$.

Diese letzte Eigenschaft, und damit dann auch die vorangehende Behauptung, ist aber eine unmittelbare Folge von 1 und der Invarianz von

$D(\mathfrak{w})$ beim Übergang zum Konjugiert-Komplexen, wonach in der Tat die Gleichung

$$D(\mathfrak{c}_{f_\psi}(\varepsilon_{f_\psi} x)) = D(\mathfrak{c}_{f_\psi}(x))$$

gilt.

3. Der Wert $D_1^{\varepsilon_{f_\psi}}(\mathfrak{c})$ ist nur von den Paaren konjugierter Ringklassen $\mathfrak{k}_\psi$, $\mathfrak{k}_\psi^\tau = \mathfrak{k}_\psi^{-1}$ abhängig, d. h. es gilt

$$D_1^{\varepsilon_{f_\psi}}(\mathfrak{c}) = D_1^{\varepsilon_{f_\psi}}(\mathfrak{c}^\tau).$$

Es ist nämlich

$$(\mathfrak{c}_{f_\psi}^\tau)(x) = \begin{pmatrix}\gamma_1^\tau(x)\\ \gamma_2^\tau(x)\end{pmatrix} = \begin{pmatrix}\gamma_1^\tau & \gamma_1\\ \gamma_2^\tau & \gamma_2\end{pmatrix}\begin{pmatrix}x\\ (ix)^{-1}\end{pmatrix} = \begin{pmatrix}\gamma_1 & \gamma_1^\tau\\ \gamma_2 & \gamma_2^\tau\end{pmatrix}\begin{pmatrix}(ix)^{-1}\\ x\end{pmatrix},$$

so daß

$$D_1^{\varepsilon_{f_\psi}}(\mathfrak{c}^\tau) = \exp\int\limits_1^{\varepsilon_{f_\psi}} \log D(\mathfrak{c}_{f_\psi}^\tau(x))\, d\log x$$

$$= \exp\int\limits_{\frac{1}{\varepsilon_{f_\psi}}}^{1} \log D(\mathfrak{c}_{f_\psi}(x))\, d\log x = D_1^{\varepsilon_{f_\psi}}(\mathfrak{c}),$$

wenn man $x \to \frac{1}{x}$ substituiert und 2 beachtet.

Schreibt man dementsprechend in Abhängigkeit von der zugeordneten Ringklasse $\mathfrak{k}_\psi$ mod f_ψ allgemein

(6.17) $$D_1^{\varepsilon_{f_\psi}}(\mathfrak{k}_\psi^{-1}) = D_1^{\varepsilon_{f_\psi}}(\mathfrak{c}),$$

so ergibt sich, wenn man noch durchweg $\mathfrak{k}_\psi$ durch $\mathfrak{k}_\psi^{-1}$ ersetzt, abschließend für $L(1|\psi)$ die gliedweise klasseninvariante Formel:

(6.18) $$L(1|\psi) = \frac{4}{\sqrt{D_{f_\psi}}} \sum_{\mathfrak{k}_\psi} - \overline{\psi}(\mathfrak{k}_\psi) \log D_1^{\varepsilon_{f_\psi}}(\mathfrak{k}_\psi).$$

§ 7. Die Grenzformel für die Zetafunktionen der Strahlklassen mod $\mathfrak{f}$ in einem reell-quadratischen Zahlkörper und Strahlklasseninvarianten mod $\mathfrak{f}$

1. Es sei Ω ein reell-quadratischer Zahlkörper mit der Diskriminante $d_\Omega = d > 0$, ferner $\mathfrak{f} \neq 1$ ein ganzer Divisor von Ω und, wie in § 5, 1, $\Omega_\mathfrak{f}$ der *Zahlstrahl* mod $\mathfrak{f}$ *in* Ω. Sei weiter $\chi \neq 1$ ein (echter) Charakter der Strahlklassengruppe mod $\mathfrak{f}$ von Ω vom Führer $\mathfrak{f}_\chi \neq 1$.

Für die in enger Anlehnung an § 5 anschließend durchzuführende Berechnung des Wertes der eigentlichen L-Reihe zu einem Nicht-Hauptcharakter χ

(7.1) $$L(s|\chi) = \sum_{\substack{\mathfrak{g}\text{ ganz}\\ (\mathfrak{g},\mathfrak{f})=1}} \frac{\chi(\mathfrak{g})}{\mathfrak{N}(\mathfrak{g})^s}$$

für $s = 1$ sei, abweichend von der eingangs eingeführten Bezeichnungsweise, abkürzend $\mathfrak{f}_\chi = \mathfrak{f}$ gesetzt.

Es durchlaufe $\mathfrak{K}$ alle absoluten Divisorenklassen von Ω und jeweils $\mathfrak{k}$ die Strahlklassen mod $\mathfrak{f}$ von Ω, in die $\mathfrak{K}^{-1}$ zerfällt. Dann ergibt sich bei dieser Aufspaltung die Darstellung:

$$L(s|\chi) = \sum_{\mathfrak{K}} \sum_{\mathfrak{k} \text{ in } \mathfrak{K}^{-1}} \chi(\mathfrak{k})\, \zeta(s|\mathfrak{k}), \tag{7.2}$$

wo

$$\zeta(s|\mathfrak{k}) = \sum_{\substack{\mathfrak{g} \text{ ganz} \\ \mathfrak{g} \text{ in } \mathfrak{k}}} \frac{1}{\mathfrak{N}(\mathfrak{g})^s} \tag{7.3}$$

die *Zetafunktion der Strahlklasse* $\mathfrak{k}$ mod $\mathfrak{f}$ bedeutet.

Es seien nun gewählt:

In $\mathfrak{K}$ ein beliebiger Vertreter $\mathfrak{c}$; dann sind den ganzen Divisoren $\mathfrak{g}$ aus $\mathfrak{k}$ gemäß $\mathfrak{g}\mathfrak{c} \cong \gamma$ Zahlen $\gamma \equiv 0 \bmod^+ \mathfrak{c}$ aus Ω zugeordnet, die nur bis auf willkürliche Auswahl unter Assoziierten festliegen;

in $\mathfrak{k}$ ein ganzer Vertreter $\mathfrak{r}$, mit zugeordneter Zahl $\mathfrak{r}\mathfrak{c} \cong \varrho$; bei geeigneter Normierung unter Assoziierten sind dann die den ganzen $\mathfrak{g}$ aus $\mathfrak{k}$ zugeordneten γ durch

$$\gamma \equiv \varrho \bmod^+ \mathfrak{c}\mathfrak{f}$$

gekennzeichnet. Hierbei gilt $\varrho \not\equiv 0 \bmod^+ \mathfrak{c}\mathfrak{f}$, da die Bedingung $(\mathfrak{r}, \mathfrak{f}) = 1$ besteht und $\mathfrak{f} \neq 1$ vorausgesetzt ist.

Damit ergibt sich für die Zetafunktion der Strahlklasse $\mathfrak{k}$ mod $\mathfrak{f}$ in (7.3) die Darstellung:

$$\zeta(s|\mathfrak{k}) = \mathfrak{N}(\mathfrak{c})^s \sum_{\gamma \equiv \varrho \bmod^+ \mathfrak{c}\mathfrak{f}}^{*} \frac{1}{\mathfrak{N}(\gamma)^s}, \tag{7.4}$$

wo die Summation über ein Vertretersystem nicht-assoziierter γ mit den angegebenen Eigenschaften zu erstrecken ist. Zwei solche γ, γ^* sind nun offenbar genau dann assoziiert, wenn $\gamma^* = \varepsilon\gamma$ mit einer Einheit $\varepsilon \equiv 1 \bmod \mathfrak{f}$ aus Ω gilt. Da im vorliegenden Fall der quadratische Zahlkörper Ω reell ist, enthält er außer den beiden Einheitswurzeln ± 1 unendlich viele echte Einheiten. Dann treten auch in $\Omega_{\mathfrak{f}}$ unendlich viele echte Einheiten auf. Da χ ein echter Strahlklassencharakter ist, gehört die Einheitswurzel -1 nicht zu $\Omega_{\mathfrak{f}}$ [Hasse (4)]. Man erhält alle Einheiten von $\Omega_{\mathfrak{f}}$ in der Form $\eta_{\mathfrak{f}}^n$, wo $\eta_{\mathfrak{f}}$ die Grundeinheit von $\Omega_{\mathfrak{f}}$, etwa in der eindeutigen Normierung $|\eta_{\mathfrak{f}}| > 1$, bedeutet und n alle ganzen Zahlen durchläuft. Die Summation in (7.4) ist dann über ein volles System nicht durch diese Einheiten assoziierter $\gamma \equiv \varrho \bmod^+ \mathfrak{c}\mathfrak{f}$ zu erstrecken.

2. Die durch die Existenz unendlich vieler Assoziierter zu γ bedingte Summationseinschränkung in (7.4) läßt sich wieder nach dem gleichen Verfahren wie im Fall der Ringklassen in § 6, 2 aufheben. Danach erhält man für die *Zetafunktion der Strahlklasse* $\mathfrak{k}$ mod $\mathfrak{f}$ in (7.4) die (5.5) entsprechende, fundamentale Darstellung:

$$\zeta(s|\mathfrak{k}) = \mathfrak{N}(\mathfrak{c})^s \sum_{\gamma \equiv \varrho \bmod^+ \mathfrak{c}\mathfrak{f}}^{*} \frac{1}{\mathfrak{N}(\gamma)^s} = \frac{4\,\Gamma(s)}{\Gamma\left(\frac{s}{2}\right)^2} \int_1^{|\eta_{\mathfrak{f}}|} \mathfrak{N}(\mathfrak{c})^s \sum_{\gamma \equiv \varrho \bmod^+ \mathfrak{c}\mathfrak{f}} \frac{1}{\mathfrak{N}(\gamma(x))^s}\, d\log x, \tag{7.5}$$

wo jetzt die letztere Summation über alle Zahlen $\gamma \equiv \varrho \bmod^+ \mathfrak{c}\mathfrak{f}$ zu erstrecken ist. Diese Formel läßt sich wieder so umgestalten, daß statt über die Zahlen einer Restklasse $\gamma \equiv \varrho \bmod^+ \mathfrak{c}\mathfrak{f}$ über alle Zahlen $\gamma \equiv 0 \bmod^+ \mathfrak{c}$ (außer 0) summiert wird. Unter Anwendung der auch für reell-quadratische Zahlkörper gültigen Exponentialformel (5.7) ergibt sich danach unter Beachtung von (5.6), (6.9) die (5.8) entsprechende Darstellung:

$$(7.6)\quad \zeta(s|\mathfrak{k}) = \frac{2\,\Gamma(s)}{\Gamma\left(\frac{s}{2}\right)^2}\cdot\frac{\mathfrak{N}(\mathfrak{c})^{s-1}}{\mathfrak{N}(\mathfrak{f})\,|\delta|}\sum_{\substack{\nu \bmod^+ \mathfrak{c} \\ \nu \equiv 0 \bmod^+ \frac{\mathfrak{c}}{\mathfrak{f}^\tau}}}{}' e^{2\pi i S\left(\frac{\varrho\nu^\tau}{\delta(\mathfrak{c})}\right)} \times$$

$$\times \int_1^{|\eta_\mathfrak{f}|}\left(\sum_{\gamma(x)\equiv 0 \bmod^+ \mathfrak{c}(x)}{}' \frac{|\delta(\mathfrak{c}(x))|\, e^{-2\pi i \mathfrak{S}\left(\frac{\gamma(x)\,\overline{\nu(x)}}{\delta(\mathfrak{c}(x))}\right)}}{\mathfrak{N}(\gamma(x))^s} - \sum_{\gamma(x)\equiv 0 \bmod^+ \mathfrak{c}(x)}{}' \frac{|\delta(\mathfrak{c}(x))|}{\mathfrak{N}(\gamma(x))^s}\right) d\log x\,,$$

worin nunmehr jeweils die Summation über alle von Null verschiedenen $\gamma(x) \equiv 0 \bmod^+ \mathfrak{c}(x)$, d. h. $\gamma \equiv 0 \bmod^+ \mathfrak{c}$ zu erstrecken ist.

Die in (7.6) unter dem Integralzeichen stehenden Reihen sind nun ersichtlich als Epsteinsche Zetafunktionen positiv-definiter quadratischer Formen von dem in § 5, 4 behandelten Typus. Somit ergibt sich nach dem dortigen Verfahren unmittelbar die *Kroneckersche Grenzformel für die Zetafunktion der Strahlklasse* $\mathfrak{k} \bmod \mathfrak{f}$ *in einem reell-quadratischen Zahlkörper*:

$$(7.7)\qquad \zeta(s|\mathfrak{k}) = \frac{4\log|\eta_\mathfrak{f}|}{\mathfrak{N}(\mathfrak{f})\sqrt{d}}\left(\frac{1}{s-1} + 2C + \log\frac{2^2\cdot(2\pi)^2}{\sqrt{d}} - \right.$$

$$\left. - \sum_{\substack{\nu \bmod^+ \mathfrak{c} \\ \nu \equiv 0 \bmod^+ \frac{\mathfrak{c}}{\mathfrak{f}^\tau}}}{}' e^{2\pi i S\left(\frac{\varrho\nu^\tau}{\delta(\mathfrak{c})}\right)}\frac{1}{\log|\eta_\mathfrak{f}|}\int_1^{|\eta_\mathfrak{f}|}\log S^*\big(\nu(x)|\mathfrak{c}(x)\big)\,d\log x\right) + O(s-1).$$

Dabei bedeutet $S^*(u|\mathfrak{w})$ die in (5.27) erklärte Funktion.

3. Sei jetzt wieder, wie ursprünglich in **1**, $\mathfrak{f} = \mathfrak{f}_\chi$ sowie, der Abhängigkeit von χ entsprechend, auch $\mathfrak{k} = \mathfrak{k}_\chi$ gesetzt. Summiert man dann gemäß (7.2) die Kroneckerschen Grenzformeln (7.7) für die einzelnen $\zeta(s|\mathfrak{k}_\chi)$, so erhält man nach der gleichen Schlußweise wie in § 5, 5 für $L(1|\chi)$ die zu (5.28) analoge, geschlossene Darstellung:

$$(7.8)$$

$$L(1|\chi) = \frac{4}{\mathfrak{N}(\mathfrak{f}_\chi)\sqrt{d}}\sum_{\mathfrak{K}}\sum_{\mathfrak{k}_\chi \text{ in } \mathfrak{K}^{-1}} -\chi(\mathfrak{k}_\chi)\sum_{\substack{\nu \bmod^+ \mathfrak{c} \\ \nu \equiv 0 \bmod^+ \frac{\mathfrak{c}}{\mathfrak{f}_\chi^\tau}}}{}' e^{2\pi i S\left(\frac{\varrho\nu^\tau}{\delta(\mathfrak{c})}\right)}\int_1^{|\eta_{\mathfrak{f}_\chi}|}\log S^*\big(\nu(x)|\mathfrak{c}(x)\big)\,d\log x\,,$$

wo $\mathfrak{K}$, $\mathfrak{k}_\chi$ und dazu jeweils $\mathfrak{c}$, ϱ die in **1** erklärte Bedeutung haben.

Diese letzte Formel läßt sich auch, in Analogie zu (5.30), mittels des Formalismus der allgemeinen Gaußschen Summen in (5.31) umgestalten zu

$$(7.9)\qquad w(\mathfrak{f}_\chi) L(1|\chi) = \\ = \frac{4}{\mathfrak{N}(\mathfrak{f}_\chi)\sqrt{d}} \sum_{\mathfrak{K}} \sum_{\substack{\nu \bmod^+ \mathfrak{c} \\ \nu \equiv 0 \bmod^+ \frac{\mathfrak{c}}{\mathfrak{f}_\chi^\tau}}}' - \tau_\nu(\chi|\mathfrak{K}) \int_1^{|\eta_{\mathfrak{f}_\chi}|} \log S^*(\nu(x)|\mathfrak{c}(x))\, d\log x\,,$$

wo $w(\mathfrak{f}_\chi)$ die Anzahl der mod $\mathfrak{f}_\chi$ inkongruenten Einheiten ε aus Ω bedeutet. Auf Grund der Reduktionsregel (5.33) ergibt sich hierfür, in Analogie zu (5.35), weiter die Gestalt:

$$(7.10)\qquad w(\mathfrak{f}_\chi) L(1|\chi) = \frac{4\tau(\chi)}{\mathfrak{N}(\mathfrak{f}_\chi)\sqrt{d}} \sum_{\mathfrak{K}} \sum_{\substack{\nu \bmod^+ \mathfrak{c} \\ \nu \cong \frac{\mathfrak{n}\mathfrak{c}}{\mathfrak{f}_\chi^\tau} \\ (\mathfrak{n}^\tau,\, \mathfrak{f}_\chi) = 1}} - \bar{\chi}(\mathfrak{n}^\tau) \int_1^{|\eta_{\mathfrak{f}_\chi}|} \log S^*(\nu(x)|\mathfrak{c}(x))\, d\log x\,,$$

wo $\tau(\chi)$ die normierte eigentliche Gaußsche Summe in (5.34) bedeutet. Schließlich erhält man hieraus nach der in § 5, 7 benutzten Schlußweise die zu (5.38) analoge Formel:

$$(7.11)\qquad w(\mathfrak{f}_\chi) L(1|\chi) = \frac{4\tau(\chi)}{\mathfrak{N}(\mathfrak{f}_\chi)\sqrt{d}} \sum_{\mathfrak{K}} \sum_{\mathfrak{k}_\chi \text{ zu } \mathfrak{K}} - \bar{\chi}(\mathfrak{k}_\chi) \sum_{\substack{\nu \bmod^+ \mathfrak{c} \\ \nu \cong \frac{\mathfrak{n}\mathfrak{c}}{\mathfrak{f}_\chi}}} \log S_1^{|\eta_{\mathfrak{f}_\chi}|}(\nu^\tau|\mathfrak{c}^\tau)\,.$$

Darin ist für jede absolute Klasse $\mathfrak{K}$ zunächst $\mathfrak{c}$ ein Vertreter aus $\mathfrak{K}$, sodann für jede Strahlklasse mod $\mathfrak{f}_\chi$ „$\mathfrak{k}_\chi$ zu $\mathfrak{K}$" im Sinne der komplexen Multiplikation, d.h. mit $\frac{\mathfrak{k}_\chi \mathfrak{K}}{\mathfrak{K}\mathfrak{f}_\chi} = 1$, $\mathfrak{n}$ ein Vertreter aus $\mathfrak{k}_\chi$, und schließlich durchläuft $\nu \cong \frac{\mathfrak{n}\mathfrak{c}}{\mathfrak{f}_\chi}$ jeweils ein volles Vertretersystem $\bmod^+$ $\mathfrak{c}$ inkongruenter assoziierter Zahlen.

Ferner sind hierin die wesentlich durch logarithmische Integration gebildeten Zahlen $S_1^{|\eta_{\mathfrak{f}_\chi}|}(\nu^\tau|\mathfrak{c}^\tau)$ oder, in einfacherer Schreibweise, $S_1^{|\eta_{\mathfrak{f}_\chi}|}(\nu|\mathfrak{c})$ durch

$$(7.12)\qquad S_1^{|\eta_{\mathfrak{f}_\chi}|}(\nu|\mathfrak{c}) = \exp \int_1^{|\eta_{\mathfrak{f}_\chi}|} \log S(\nu(x)|\mathfrak{c}(x))\, d\log x$$

erklärt, wobei $S(u|\mathfrak{w})$ die elliptische Normfunktion in (5.37) bedeutet [Hasse (5)].

4. Die Formel (7.11) gestattet nun eine wesentliche Vereinfachung, wenn man die nachstehend formulierten Invarianzeigenschaften der in (7.12) definierten reellen positiven Zahlen $S_1^{|\eta_{\mathfrak{f}_\chi}|}(\nu|\mathfrak{c})$ beachtet. Im einzelnen gilt:

1. Der Wert $S_1^{|\eta \mathfrak{f}_\chi|}(\nu|\mathfrak{c})$ hängt nur vom Ideal $(\mathfrak{c})$, nicht aber von einer speziellen Basis des Ideals ab.
Dies ist eine einfache Folge aus dem entsprechenden Invarianzverhalten von $S(u|\mathfrak{w})$.

2. Der Wert $S_1^{|\eta \mathfrak{f}_\chi|}(\nu|\mathfrak{c})$ hängt nur von der Restklasse $\nu \bmod^+ \mathfrak{c}$ ab.
Dies ist eine unmittelbare Folge aus der doppelten Periodizität von $S(u|\mathfrak{w})$.

3. Es ist $S_1^{|\eta \mathfrak{f}_\chi|}(\lambda\nu|\lambda\mathfrak{c}) = S_1^{|\eta \mathfrak{f}_\chi|}(\nu|\mathfrak{c})$ für beliebige Multiplikatoren $\lambda \neq 0$ aus Ω, so daß speziell gilt:

$$S_1^{|\eta \mathfrak{f}_\chi|}(\varepsilon\nu|\mathfrak{c}) = S_1^{|\eta \mathfrak{f}_\chi|}(\nu|\mathfrak{c}) \text{ für beliebige Einheiten } \varepsilon \text{ aus } \Omega.$$

Zum Beweis dieser Tatsache sei in geläufiger Weise das Konjugiertenpaar λ, λ^τ der Zahl $\lambda \neq 0$ aus Ω in der Gestalt

$$\left\{\begin{array}{l} \lambda = \sqrt{\mathfrak{N}(\lambda)} \cdot \lambda_0 \\ \lambda^\tau = \operatorname{sgn} \lambda\lambda^\tau \cdot \sqrt{\mathfrak{N}(\lambda)} \cdot \lambda_0^{-1} \end{array}\right\}$$

angesetzt. Da die behauptete Homogenität wegen $S(-u|\mathfrak{w}) = S(u|\mathfrak{w})$ für den Spezialfall $\lambda = -1$ sicher richtig ist, kann ohne Einschränkung $\operatorname{sgn} \lambda = 1$ vorausgesetzt werden, so daß also $\operatorname{sgn} \lambda\lambda^\tau = \operatorname{sgn} \lambda^\tau$ ist. Dann hat man

$$(\lambda\nu)(x) = \lambda\nu \cdot x + \lambda^\tau\nu^\tau \cdot (ix)^{-1} = \sqrt{\mathfrak{N}(\lambda)}\,(\nu \cdot \lambda_0 x + \nu^\tau \cdot (i_\lambda \lambda_0 x)^{-1})$$
$$\text{mit} \quad i_\lambda = (\operatorname{sgn} \lambda^\tau)\, i\,.$$

Daher ist

$$(\lambda\nu)(x) = \left\{\begin{array}{ll} \sqrt{\mathfrak{N}(\lambda)} \cdot \nu(\lambda_0 x) & \text{für } \operatorname{sgn} \lambda^\tau = 1 \\ \sqrt{\mathfrak{N}(\lambda)} \cdot \overline{\nu(\lambda_0 x)} & \text{für } \operatorname{sgn} \lambda^\tau = -1 \end{array}\right\},$$

und entsprechend

$$(\lambda\mathfrak{c})(x) = \left\{\begin{array}{ll} \sqrt{\mathfrak{N}(\lambda)} \cdot \mathfrak{c}(\lambda_0 x) & \text{für } \operatorname{sgn} \lambda^\tau = 1 \\ \sqrt{\mathfrak{N}(\lambda)} \cdot \overline{\mathfrak{c}(\lambda_0 x)} & \text{für } \operatorname{sgn} \lambda^\tau = -1 \end{array}\right\}.$$

Nach den Invarianzeigenschaften von $S(u|\mathfrak{w})$ gilt aber in jedem Fall

$$S\big((\lambda\nu)(x)|(\nu\,\mathfrak{c})(x)\big) = S\big(\nu(\lambda_0 x)|\mathfrak{c}(\lambda_0 x)\big),$$

und somit

$$S_1^{|\eta \mathfrak{f}_\chi|}(\lambda\nu|\lambda\mathfrak{c}) = \exp \int_1^{|\eta \mathfrak{f}_\chi|} \log S\big(\nu(\lambda_0 x)|\mathfrak{c}(\lambda_0 x)\big)\, d\log x$$
$$= \exp \int_{\lambda_0}^{\lambda_0 |\eta \mathfrak{f}_\chi|} \log S\big(\nu(x)|\mathfrak{c}(x)\big)\, d\log x\,.$$

Nun gilt aber die weitere Tatsache, die dem der Definition zugrunde liegenden Integrationsprozeß eine invariante Bedeutung zukommen läßt:

$S(\nu(x)|\mathfrak{c}(x))$ ist als Funktion von x bei $x \to |\eta_{\mathfrak{f}_\chi}|\, x$ invariant, oder also als Funktion von $\log x$ periodisch mit der Periode $\log |\eta_{\mathfrak{f}_\chi}|$.

Diese letzte Eigenschaft, und damit dann auch die vorangehende Behauptung, ist aber eine unmittelbare Folge von 1, 2 und der Invarianz von $S(u|\mathfrak{w})$ beim Übergang zum Konjugiert-Komplexen, wobei bez. 2 zu beachten ist, daß wegen

$$\eta_{\mathfrak{f}_\chi} \equiv 1 \bmod \mathfrak{f}_\chi \quad \text{und} \quad \nu \cong \frac{\mathfrak{n}\,\mathfrak{c}}{\mathfrak{f}_\chi}$$

die additive Kongruenz

$$\eta_{\mathfrak{f}_\chi} \nu \equiv \nu \bmod^{+} \mathfrak{c}$$

gilt.

4. Konjugierten Zahlen ν, ν^τ und Divisoren $\mathfrak{c}$, $\mathfrak{c}^\tau$ von Ω ist derselbe Wert zugeordnet:

$$S_1^{|\eta_{\mathfrak{f}_\chi}|}(\nu|\mathfrak{c}) = S_1^{|\eta_{\mathfrak{f}_\chi}|}(\nu^\tau|\mathfrak{c}^\tau).$$

Es ist nämlich

$$(\mathfrak{c}^\tau(x)) = \begin{pmatrix} \gamma_1^\tau(x) \\ \gamma_2^\tau(x) \end{pmatrix} = \begin{pmatrix} \gamma_1^\tau & \gamma_1 \\ \gamma_2^\tau & \gamma_2 \end{pmatrix} \begin{pmatrix} x \\ (ix)^{-1} \end{pmatrix} = \begin{pmatrix} \gamma_1 & \gamma_1^\tau \\ \gamma_2 & \gamma_2^\tau \end{pmatrix} \begin{pmatrix} (ix)^{-1} \\ x \end{pmatrix},$$

so daß

$$S_1^{|\eta_{\mathfrak{f}_\chi}|}(\nu^\tau|\mathfrak{c}^\tau) = \exp \int_1^{|\eta_{\mathfrak{f}_\chi}|} \log S(\nu^\tau(x)|\mathfrak{c}^\tau(x))\, d\log x$$

$$= \exp \int_{\frac{1}{|\eta_{\mathfrak{f}_\chi}|}}^{1} \log S(\nu(x)|\mathfrak{c}(x))\, d\log x = S_1^{|\eta_{\mathfrak{f}_\chi}|}(\nu|\mathfrak{c}),$$

wenn man $x \to \frac{1}{x}$ substituiert und 3 beachtet.

Aus der Homogenitätseigenschaft 3 folgt nun insbesondere, daß in der Darstellung (7.11) für $w(\mathfrak{f}_\chi)\, L(1|\chi)$ alle $w(\mathfrak{f}_\chi)$ Glieder der Summe $\sum_\nu$ einander gleich sind. Folglich kann rechts die Summation über ν und links der Faktor $w(\mathfrak{f}_\chi)$ fortgelassen werden. Beachtet man schließlich noch die Eigenschaft 4, so ergibt sich für $L(1|\chi)$ der gegenüber (7.11) vereinfachte, geschlossene Ausdruck:

$$L(1|\chi) = \frac{4\,\tau(\chi)}{\mathfrak{N}(\mathfrak{f}_\chi)\sqrt{d}} \sum_{\mathfrak{K}} \sum_{\mathfrak{k}_\chi \text{ zu } \mathfrak{K}} -\bar{\chi}(\mathfrak{k}_\chi) \log S_1^{|\eta_{\mathfrak{f}_\chi}|}(\nu|\mathfrak{c}). \tag{7.13}$$

Die in dieser Darstellung auftretenden, soeben näher betrachteten reellen positiven Zahlen $S_1^{|\eta_{\mathfrak{f}_\chi}|}(\nu|\mathfrak{c})$ sind nun *Strahlklasseninvarianten* mod $\mathfrak{f}_\chi$ der durch die Repräsentanten $\mathfrak{n}$ vertretenen Strahlklassen mod $\mathfrak{f}_\chi$. Im einzelnen gilt:

1. Der Wert $S_1^{|\eta_{\mathfrak{f}_\chi}|}(\nu|\mathfrak{c})$ hängt nicht von der Auswahl des Divisors $\mathfrak{c}$ aus seiner absoluten Klasse ab wegen

$$S_1^{|\eta_{\mathfrak{f}_\chi}|}(\lambda\nu|\lambda\mathfrak{c}) = S_1^{|\eta_{\mathfrak{f}_\chi}|}(\nu|\mathfrak{c}).$$

2. Der Wert $S_1^{|\eta \mathfrak{f}_\chi|}(\nu|\mathfrak{c})$ hängt nicht von der Auswahl des Zahlrepräsentanten ν unter seinen Assoziierten ab wegen

$$S_1^{|\eta \mathfrak{f}_\chi|}(\varepsilon\nu|\mathfrak{c}) = S_1^{|\eta \mathfrak{f}_\chi|}(\varepsilon\nu|\varepsilon\mathfrak{c}) = S_1^{|\eta \mathfrak{f}_\chi|}(\nu|\mathfrak{c}) .$$

3. Der Wert $S_1^{|\eta \mathfrak{f}_\chi|}(\nu|\mathfrak{c})$ hängt nicht von der Auswahl des Divisors $\mathfrak{n}$ aus seiner Strahlklasse mod $\mathfrak{f}_\chi$ ab.

Denn aus der Strahläquivalenz:

$$\mathfrak{m} \sim \mathfrak{n} \bmod \mathfrak{f}_\chi, \quad \text{d. h.} \quad \mathfrak{m} = (\xi)\,\mathfrak{n} \quad \text{mit} \quad \xi \equiv \varepsilon \bmod \mathfrak{f}_\chi$$

folgt zunächst

$$\xi \equiv \varepsilon \bmod^+ \frac{\mathfrak{f}_\chi}{\mathfrak{n}},$$

und daraus

$$\mu \cong \xi\nu \equiv \varepsilon\nu \bmod^+ \frac{\mathfrak{f}_\chi}{\mathfrak{n}} \cdot \frac{\mathfrak{n}\mathfrak{c}}{\mathfrak{f}_\chi}, \text{ d. h. } \bmod^+ \mathfrak{c},$$

so daß in der Tat

$$S_1^{|\eta \mathfrak{f}_\chi|}(\mu|\mathfrak{c}) = S_1^{|\eta \mathfrak{f}_\chi|}(\nu|\mathfrak{c})$$

ist.

Schreibt man dementsprechend in Abhängigkeit von der zugeordneten Strahlklasse $\mathfrak{k}_\chi$ mod $\mathfrak{f}_\chi$ allgemein

$$S_1^{|\eta \mathfrak{f}_\chi|}(\mathfrak{k}_\chi) = S_1^{|\eta \mathfrak{f}_\chi|}(\nu|\mathfrak{c}) \quad \text{für } \mathfrak{k}_\chi \text{ zu } \mathfrak{K}, \tag{7.14}$$

mit irgendeinem Vertreter $\mathfrak{c}$ aus $\mathfrak{K}$, irgendeinem Zahlvertreter $\nu \cong \frac{\mathfrak{n}\mathfrak{c}}{\mathfrak{f}_\chi}$ zu irgendeinem ganzen Vertreter $\mathfrak{n}$ aus $\mathfrak{k}_\chi$, so ergibt sich abschließend für $L(1|\chi)$ die gliedweise klasseninvariante Formel:

$$L(1|\chi) = \frac{4\,\tau(\chi)}{\mathfrak{N}(\mathfrak{f}_\chi)\sqrt{d}} \sum_{\mathfrak{K}} \sum_{\mathfrak{k}_\chi \text{ zu } \mathfrak{K}} -\bar{\chi}(\mathfrak{k}_\chi) \log S_1^{|\eta \mathfrak{f}_\chi|}(\mathfrak{k}_\chi) . \tag{7.15}$$

§ 8. Die Grenzformel für die L-Funktionen der Strahlklassen mod $\mathfrak{f}\mathfrak{p}_\infty$ in einem reell-quadratischen Zahlkörper und Strahlklasseninvarianten mod $\mathfrak{f}\mathfrak{p}_\infty$

1. Es sei Ω ein reell-quadratischer Zahlkörper mit der Diskriminante $d_\Omega = d > 0$, ferner $\bar{\mathfrak{f}} = \mathfrak{f}\,\mathfrak{p}_\infty$ mit $\mathfrak{f} \neq 1$ ein ganzer Divisor von Ω und $\Omega_{\bar{\mathfrak{f}}}$ der *Zahlstrahl* mod $\bar{\mathfrak{f}}$ *in* Ω. $\Omega_{\bar{\mathfrak{f}}}$ besteht aus allen denjenigen (zu $\mathfrak{f}$ primen) Zahlen α aus Ω, deren Kongruenzwert mod $\mathfrak{f}$ gleich 1 und für $\mathfrak{p}_\infty$ positiv ist. Diese Zahlgruppe $\Omega_{\bar{\mathfrak{f}}}$ bildet die Hauptklasse einer Einteilung aller zu $\bar{\mathfrak{f}}$ primen Divisoren von Ω. Diese *Hauptstrahlklasse* mod $\bar{\mathfrak{f}}$ besteht dann also aus allen (zu $\bar{\mathfrak{f}}$ primen) Hauptdivisoren (α) mit der Eigenschaft

$$\alpha \equiv 1 \bmod \mathfrak{f}\,\mathfrak{p}_\infty ,$$

bei geeigneter Normierung von α unter Assoziierten, und die Divisorenklassen nach ihr bilden die *Strahlklassen* mod $\mathfrak{f}\,\mathfrak{p}_\infty$.

Es sei weiter $\chi \neq 1$ ein Charakter der Strahlklassengruppe mod $\tilde{\mathfrak{f}}$ vom Führer $\tilde{\mathfrak{f}}_\chi = \mathfrak{f}_\chi \mathfrak{p}_\infty$ mit $\mathfrak{f}_\chi \neq 1$.

2. Für die anschließend durchzuführende Berechnung des Wertes der eigentlichen L-Reihe zu einem Nicht-Hauptcharakter χ

(8.1) $$L(s|\chi) = \sum_{\substack{\mathfrak{g}\ \text{ganz} \\ (\mathfrak{g},\mathfrak{f})=1}} \frac{\chi(\mathfrak{g})}{\mathfrak{N}(\mathfrak{g})^s}$$

für $s=1$ sei, abweichend von der Bezeichnungsweise in **1**, abkürzend $\tilde{\mathfrak{f}}_\chi = \tilde{\mathfrak{f}} = \mathfrak{f}\mathfrak{p}_\infty$ gesetzt.

Es durchlaufe $\mathfrak{K}$ alle absoluten Divisorenklassen von Ω und jeweils $\mathfrak{k}$ die Strahlklassen mod $\tilde{\mathfrak{f}}$ von Ω, in die $\mathfrak{K}^{-1}$ zerfällt. Dann ergibt sich bei dieser Aufspaltung die Darstellung:

(8.2) $$L(s|\chi) = \sum_{\mathfrak{K}} \sum_{\mathfrak{k}\ \text{in}\ \mathfrak{K}^{-1}} \chi(\mathfrak{k})\,\zeta(s|\mathfrak{k}),$$

wo

(8.3) $$\zeta(s|\mathfrak{k}) = \sum_{\substack{\mathfrak{g}\ \text{ganz} \\ \mathfrak{g}\ \text{in}\ \mathfrak{k}}} \frac{1}{\mathfrak{N}(\mathfrak{g})^s}$$

die *Zetafunktion der Strahlklasse* $\mathfrak{k}$ mod $\mathfrak{f}\mathfrak{p}_\infty$ bedeutet.

Es seien nun gewählt:

In $\mathfrak{K}$ ein beliebiger Vertreter $\mathfrak{c}$; dann sind den ganzen Divisoren $\mathfrak{g}$ aus $\mathfrak{k}$ gemäß $\mathfrak{g}\mathfrak{c} \cong \gamma$ Zahlen $\gamma \equiv 0 \bmod^+ \mathfrak{c}$ aus Ω zugeordnet, die nur bis auf willkürliche Auswahl unter Assoziierten festliegen;

in $\mathfrak{k}$ ein ganzer Vertreter $\mathfrak{r}$, mit zugeordneter Zahl $\mathfrak{r}\mathfrak{c} \cong \varrho$; bei geeigneter Normierung unter Assoziierten sind dann die den ganzen $\mathfrak{g}$ aus $\mathfrak{k}$ zugeordneten γ durch

$$\gamma \equiv \varrho \bmod^+ \mathfrak{c}\,\mathfrak{f}, \quad \operatorname{sgn}\gamma = \operatorname{sgn}\varrho$$

gekennzeichnet, wo der Zahlvertreter ϱ noch zu $\varrho > 0$ normiert werden kann. Hierbei gilt $\varrho \not\equiv 0 \bmod^+ \mathfrak{c}\mathfrak{f}$, da die Bedingung $(\mathfrak{r},\mathfrak{f}) = 1$ besteht und $\mathfrak{f} \neq 1$ vorausgesetzt ist.

Dabei sollen sich hier und im folgenden „sgn“ und „positiv“ (>0) für Zahlen aus Ω stets auf die unendliche Primstelle $\mathfrak{p}_\infty$ beziehen; anders gesagt, es wird für Ω stets diejenige Einbettung in den reellen Zahlkörper zugrunde gelegt, die sich durch Bildung der perfekten Hülle $\Omega_{\mathfrak{p}_\infty}$ ergibt.

Damit ergibt sich für die *Zetafunktion der Strahlklasse* $\mathfrak{k}$ mod $\mathfrak{f}\mathfrak{p}_\infty$ in (8.3) die Darstellung:

(8.4) $$\zeta(s|\mathfrak{k}) = \mathfrak{N}(\mathfrak{c})^s \sum^{*}_{\substack{\gamma \equiv \varrho \bmod^+ \mathfrak{c}\mathfrak{f} \\ \operatorname{sgn}\gamma = \operatorname{sgn}\varrho}} \frac{1}{\mathfrak{N}(\gamma)^s},$$

wo die Summation über ein Vertretersystem nicht-assoziierter γ mit den angegebenen Eigenschaften zu erstrecken ist.

Die Strahlklassen mod $\mathfrak{f}$ seien nun zu Paaren komplementärer $\mathfrak{k}, \hat{\mathfrak{k}}$ zusammengefaßt, die je eine Strahlklasse mod $\mathfrak{f}$ zusammensetzen. Dabei gilt dann

$$\chi(\hat{\mathfrak{k}}) = -\chi(\mathfrak{k}), \quad \zeta(s|\hat{\mathfrak{k}}) = \mathfrak{N}(\mathfrak{c})^s \sum_{\substack{\gamma \equiv \varrho \bmod^+ \mathfrak{cf} \\ \operatorname{sgn}\gamma = -\operatorname{sgn}\varrho}}^{*} \frac{1}{\mathfrak{N}(\gamma)^s}.$$

Folglich liefert ein solches Paar zu $L(s|\chi)$ den Beitrag

$$\chi(\mathfrak{k})\,\zeta(s|\mathfrak{k}) + \chi(\hat{\mathfrak{k}})\,\zeta(s|\hat{\mathfrak{k}}) = \chi(\mathfrak{k})\,L(s|\mathfrak{k}),$$

wo

(8.5) $$L(s|\mathfrak{k}) = \operatorname{sgn}\varrho \cdot \mathfrak{N}(\mathfrak{c})^s \sum_{\gamma \equiv \varrho \bmod^+ \mathfrak{cf}}^{*} \frac{\operatorname{sgn}\gamma}{\mathfrak{N}(\gamma)^s}$$

die *L-Funktion der Strahlklasse* $\mathfrak{k}$ mod $\mathfrak{f}\mathfrak{p}_\infty$ bedeutet. Diese ist eine Invariante der Strahlklasse $\mathfrak{k}$ mit der Eigenschaft

$$L(s|\hat{\mathfrak{k}}) = -L(s|\mathfrak{k}).$$

Somit ergibt sich für $L(s|\chi)$ in (8.2) die Gesamtdarstellung:

(8.6) $$L(s|\chi) = \frac{1}{2} \sum_{\mathfrak{K}} \sum_{\mathfrak{k} \text{ in } \mathfrak{K}^{-1}} \chi(\mathfrak{k})\,L(s|\mathfrak{k}),$$

wo $\mathfrak{K}$ alle absoluten Divisorenklassen von Ω und dann jeweils $\mathfrak{k}$ sämtliche Strahlklassen mod $\mathfrak{f}$ von Ω durchläuft, in die $\mathfrak{K}^{-1}$ zerfällt.

3. Es erweist sich zur Vereinfachung der nachfolgenden Rechnungen als zweckmäßig, eine feste Normierung des Zahlvertreters $\mathfrak{r}\mathfrak{c} \cong \varrho$ unter seinen Assoziierten zu treffen. Wählt man etwa ϱ derart, daß $\operatorname{sgn}\varrho = 1$ ist, so wird einfacher

(8.7) $$L(s|\mathfrak{k}) = \mathfrak{N}(\mathfrak{c})^s \sum_{\gamma \equiv \varrho \bmod^+ \mathfrak{cf}}^{*} \frac{\operatorname{sgn}\gamma}{\mathfrak{N}(\gamma)^s}.$$

Stellt man, ähnlich wie in §§ 6, 7, jeweils ein einzelnes Glied der Reihe

$$\frac{\operatorname{sgn}\gamma}{\mathfrak{N}(\gamma)^s} = \frac{\gamma}{|\gamma|^{s+1}|\gamma'|^s}$$

durch das Γ-Integral dar:

(8.8) $$\frac{\operatorname{sgn}\gamma}{\mathfrak{N}(\gamma)^s} = 2 \cdot \frac{2\,\Gamma\left(s+\frac{1}{2}\right)}{\Gamma\left(\frac{s+1}{2}\right)\Gamma\left(\frac{s}{2}\right)} \int_0^\infty \frac{\gamma x \, d\log x}{\left(\gamma^2 x^2 + \gamma'^2 x^{-2}\right)^{s+\frac{1}{2}}}$$

$$= 2 \cdot \frac{2\,\Gamma\left(s+\frac{1}{2}\right)}{\Gamma\left(\frac{s+1}{2}\right)\Gamma\left(\frac{s}{2}\right)} \mathfrak{N}\left(\int_0^\infty \frac{\gamma(x)\, d\log x}{\mathfrak{N}(\gamma(x))^{s+\frac{1}{2}}}\right),$$

so wird zunächst, bei Beschränkung auf reelle s,

$$(8.9)\qquad L(s|\mathfrak{k}) = 2\cdot\frac{2\,\Gamma\left(s+\frac{1}{2}\right)}{\Gamma\left(\frac{s+1}{2}\right)\Gamma\left(\frac{s}{2}\right)}\,\Re\left(\int_0^{\infty}\mathfrak{N}(\mathfrak{c})^s\sum_{\gamma\equiv\varrho \bmod^+ \mathfrak{c}\mathfrak{f}}^{*}\frac{\gamma(x)}{\mathfrak{N}(\gamma(x))^{s+\frac{1}{2}}}\,d\log x\right).$$

Es sei nun $\eta_{\mathfrak{f}}\equiv 1 \bmod \mathfrak{f}$ die Grundeinheit von $\Omega_{\mathfrak{f}}$. Da $\tilde{\mathfrak{f}}=\mathfrak{f}\mathfrak{p}_\infty$ Führer eines echten Strahlklassencharakters ist, gilt sogar $\eta_{\mathfrak{f}}\equiv 1 \bmod \mathfrak{p}_\infty$, so daß $\eta_{\mathfrak{f}}$ zugleich Grundeinheit des Zahlstrahls mod $\tilde{\mathfrak{f}}$ ist [Hasse (4)]. Gegenüber $\eta_{\mathfrak{f}}^{-1}$ sei $\eta_{\mathfrak{f}}$ durch die Festsetzung $\eta_{\mathfrak{f}}>1$ normiert. Nach dem Heckeschen Verfahren ergibt sich dann, in Analogie zu (7.5), für die *L-Funktion der Strahlklasse* $\mathfrak{k}$ mod $\mathfrak{f}\mathfrak{p}_\infty$ die fundamentale Darstellung:

$$(8.10)\qquad L(s|\mathfrak{k}) = \mathfrak{N}(\mathfrak{c})^s\sum_{\gamma\equiv\varrho \bmod^+ \mathfrak{c}\mathfrak{f}}^{*}\frac{\operatorname{sgn}\gamma}{\mathfrak{N}(\gamma)^s}$$

$$= 2\cdot\frac{2\,\Gamma\left(s+\frac{1}{2}\right)}{\Gamma\left(\frac{s+1}{2}\right)\Gamma\left(\frac{s}{2}\right)}\,\Re\left(\int_1^{\eta_{\mathfrak{f}}}\mathfrak{N}(\mathfrak{c})^s\sum_{\gamma\equiv\varrho \bmod^+ \mathfrak{c}\mathfrak{f}}\frac{\gamma(x)}{\mathfrak{N}(\gamma(x))^{s+\frac{1}{2}}}\,d\log x\right),$$

wo jetzt die letztere Summation über alle Zahlen $\gamma\equiv\varrho$ mod$^+$ $\mathfrak{c}\mathfrak{f}$ zu erstrecken ist. Diese Formel läßt sich wieder so umgestalten, daß statt über die Zahlen einer Restklasse $\gamma\equiv\varrho$ mod$^+$ $\mathfrak{c}\mathfrak{f}$ über alle Zahlen $\gamma\equiv 0$ mod$^+$ $\mathfrak{c}$ (außer 0) summiert wird. Unter Anwendung der Exponentialformel (5.7) wird dann, in Analogie zu (7.6), nach einigen leichten zweckmäßigen Umformungen weiter:

$$(8.11)\qquad L(s|\mathfrak{k}) = \frac{2\,\Gamma\left(s+\frac{1}{2}\right)}{\Gamma\left(\frac{s+1}{2}\right)\Gamma\left(\frac{s}{2}\right)}\cdot\frac{-2\pi i\,\mathfrak{N}(\mathfrak{c})^{s-1}}{\mathfrak{N}(\mathfrak{f})\,\delta}\sum_{\substack{\nu \bmod^+ \mathfrak{c}\\ \nu\equiv 0 \bmod^+ \frac{\mathfrak{c}}{\mathfrak{f}^{\tau}}}}' e^{2\pi i S\left(\frac{\varrho\nu^{\tau}}{\delta(\mathfrak{c})}\right)}\times$$

$$\times\int_1^{\eta_{\mathfrak{f}}}\Im\left(\frac{1}{2\pi i}\sum_{\gamma(x)\equiv 0 \bmod^+ \mathfrak{c}(x)}'\frac{\delta(\mathfrak{c}(x))\cdot\gamma(x)\,e^{2\pi i\mathfrak{S}\left(\frac{\gamma(x)\,\overline{\nu(x)}}{\delta(\mathfrak{c}(x))}\right)}}{\mathfrak{N}(\gamma(x))^{s+\frac{1}{2}}}\right)d\log x,$$

worin nunmehr jeweils die Summation über alle von Null verschiedenen $\gamma(x)\equiv 0$ mod$^+\mathfrak{c}(x)$, d. h. $\gamma\equiv 0$ mod$^+\mathfrak{c}$ zu erstrecken ist.

4. Zur Feststellung des Grenzverhaltens der Funktion $L(s|\mathfrak{k})$ für $s\to 1+$ hat man zunächst das Grenzverhalten eines einzelnen Gliedes in der rechts in (8.11) auftretenden Summe zu ermitteln. Dazu werde zunächst ganz allgemein für einen beliebigen komplexen Modul $\mathfrak{w}$ vom Range 2 und ein beliebiges komplexes Argument $u\not\equiv 0$ mod$^+$ $\mathfrak{w}$ die Eisensteinsche Reihe

$$(8.12)\qquad \varphi_s(u|\mathfrak{w}) = \frac{1}{2\pi i}\sum_{\omega\equiv 0 \bmod^+ \mathfrak{w}}'\frac{\delta(\mathfrak{w})\cdot\omega\, e^{2\pi i\mathfrak{S}\left(\frac{\omega\bar{u}}{\delta(\mathfrak{w})}\right)}}{\mathfrak{N}(\omega)^{s+\frac{1}{2}}}$$

betrachtet, die für $\Re(s) > 1$ absolut konvergiert. Diese Funktion $\varphi_s(u|\mathfrak{w})$ hat offenbar die folgenden formalen Eigenschaften:

1. $\varphi_s(u|\mathfrak{w})$ hängt nur vom Modul $\mathfrak{w}$, nicht aber von einer speziellen Basis des Moduls ab; $\varphi_s(u|\mathfrak{w})$ ist also eine Funktion erster Stufe.
2. $\varphi_s(u|\mathfrak{w})$ hängt nur von der Restklasse $u \bmod^+ \mathfrak{w}$ ab, ist also als Funktion von u doppeltperiodisch mit dem Periodenmodul $\mathfrak{w}$.
   Dies folgt aus der Koordinatendarstellung
$$\mathfrak{S}\left(\frac{\omega\bar{u}}{\delta(\mathfrak{w})}\right) = \begin{vmatrix} m_1 & m_2 \\ u_1 & u_2 \end{vmatrix} \quad \text{für} \quad \left\{\begin{matrix} \omega = m_1\omega_1 + m_2\omega_2 & \text{mit ganzrationalen } m_1, m_2 \\ u = u_1\omega_1 + u_2\omega_2 & \text{mit reellen } u_1, u_2 \end{matrix}\right\}.$$
3. $\varphi_s(u|\mathfrak{w})$ hat als Funktion von u, $\mathfrak{w}$ die Homogenitätseigenschaft:
$$\varphi_s(zu|z\mathfrak{w}) = \frac{z}{|z|^{2s-1}}\varphi_s(u|\mathfrak{w}) \quad \text{für komplexe } z \neq 0\,,$$
   also speziell
$$\varphi_s(tu|t\mathfrak{w}) = \frac{\operatorname{sgn} t}{|t|^{2(s-1)}}\varphi_s(u|\mathfrak{w}) \quad \text{für reelle } t \neq 0\,;$$
   $\varphi_s(u|\mathfrak{w})$ ist also insbesondere eine ungerade Funktion von u.
4. Beim Übergang zum Konjugiert-Komplexen gilt, bei Beschränkung auf reelle s, die Regel:
$$\varphi_s(\bar{u}|\bar{\mathfrak{w}}) = \overline{\varphi_s(u|\mathfrak{w})}\,.$$

Für die rechnerische Ermittlung des Grenzverhaltens der Funktion $\varphi_s(u|\mathfrak{w})$ werde, wie in § 5, 4, eine Basis $\begin{pmatrix}\omega_1\\ \omega_2\end{pmatrix}$ von $\mathfrak{w}$ eingeführt, die einerseits eine positiv-imaginäre Basisdeterminante $\delta(\mathfrak{w}) = \delta\begin{pmatrix}\omega_1\\ \omega_2\end{pmatrix}$ besitzt, andererseits so normiert ist, daß in der Koordinatendarstellung
$$u = u_1\omega_1 + u_2\omega_2 \quad (u_1, u_2 \text{ reell, nicht beide ganzzahlig})$$
die erste Koordinate u_1 nicht ganzzahlig ist. Schließlich können noch wegen der Periodizität der Funktion $\varphi_s(u|\mathfrak{w})$ die beiden Koordinaten u_1, u_2 ohne Einschränkung in den Intervallen
$$0 < u_1 < 1\,, \qquad 0 \leqq u_2 < 1$$
angenommen werden.

Damit ergibt sich dann für $\varphi_s(u|\mathfrak{w})$ die Darstellung in Koordinaten:

$$\varphi_s(u|\mathfrak{w}) = \varphi_s\left(u\,\middle|\,\begin{matrix}\omega_1\\ \omega_2\end{matrix}\right) = \frac{\begin{vmatrix}\omega_1 & \bar{\omega}_1\\ \omega_2 & \bar{\omega}_2\end{vmatrix}}{2\pi i}\sum_{m_1=-\infty}^{\infty}\;{\sum_{m_2=-\infty}^{\infty}}'\frac{(m_1\omega_1+m_2\omega_2)\,e^{2\pi i(m_1u_2-m_2u_1)}}{\Re(m_1\omega_1+m_2\omega_2)^{s+\frac{1}{2}}}. \tag{8.13}$$

Sei wieder, wie in § 5, 4,

$$\varphi_s\left(u\,\middle|\,\begin{matrix}\omega_1\\ \omega_2\end{matrix}\right) = \varphi_s^0\left(u\,\middle|\,\begin{matrix}\omega_1\\ \omega_2\end{matrix}\right) + \varphi_s^*\left(u\,\middle|\,\begin{matrix}\omega_1\\ \omega_2\end{matrix}\right) \tag{8.14}$$

die Zerlegung der Doppelreihe in die Glieder mit $m_1 = 0$ und $m_1 \neq 0$.

Für den ersten Bestandteil hat man unmittelbar:

$$(8.15)\qquad \varphi_s^0\left(u\,\middle|\,\begin{matrix}\omega_1\\ \omega_2\end{matrix}\right)=\frac{\begin{vmatrix}\omega_1 & \bar\omega_1\\ \omega_2 & \bar\omega_2\end{vmatrix}}{2\pi i}\sum_{m_2=-\infty}^{\infty}{}' \frac{m_2\omega_2\, e^{-2\pi i m_2 u_1}}{\Re(m_2\omega_2)^{s+\frac{1}{2}}}$$

$$=\frac{1}{\pi}\,\Im(\omega)\frac{\omega_2}{|\omega_2|}\sum_{m_2=-\infty}^{\infty}{}' \frac{\operatorname{sgn} m_2\cdot e^{-2\pi i m_2 u_1}}{m_2^2}+O(s-1)\,.$$

Für den zweiten Bestandteil erhält man durch Anwendung der Poissonschen Summenformel (3.6) auf die innere Summe, analog zu (5.15):

(8.16)

$$\varphi_s^*\left(u\,\middle|\,\begin{matrix}\omega_1\\ \omega_2\end{matrix}\right)=\frac{\begin{vmatrix}\omega_1 & \bar\omega_1\\ \omega_2 & \bar\omega_2\end{vmatrix}}{2\pi i}\sum_{m_1=-\infty}^{\infty}{}' e^{2\pi i m_1 u_2}\sum_{m_2=-\infty}^{\infty}\int_{-\infty}^{\infty}\frac{(m_1\omega_1-t\omega_2)}{\Re(m_1\omega_1-t\omega_2)^{s+\frac{1}{2}}}\,e^{2\pi i(m_2+u_1)t}\,dt$$

$$=\frac{\begin{vmatrix}\omega_1 & \bar\omega_1\\ \omega_2 & \bar\omega_2\end{vmatrix}}{2\pi i}\cdot\frac{\omega_2}{\Re(\omega_2)^{s+\frac{1}{2}}}\cdot\sum_{m_1=-\infty}^{\infty}{}'\frac{\operatorname{sgn} m_1\cdot e^{2\pi i m_1 u_2}}{|m_1|^{2s-1}}\times$$

$$\times\sum_{m_2=-\infty}^{\infty}\int_{-\infty}^{\infty}\frac{(\omega-t)}{\Re(\omega-t)^{s+\frac{1}{2}}}\,e^{2\pi i m_1(m_2+u_1)t}\,dt\,.$$

Normierungsgemäß sind dabei die in dem letzten Integral jeweils auftretenden Exponenten $m_1(m_2+u_1)$ stets von Null verschieden. Mittels der Substitution $t-\Re(\omega)\to\Im(\omega)\,t$ wird dann weiter

$$(8.17)\qquad \varphi_s^*\left(u\,\middle|\,\begin{matrix}\omega_1\\ \omega_2\end{matrix}\right)=\frac{\begin{vmatrix}\omega_1 & \bar\omega_1\\ \omega_2 & \bar\omega_2\end{vmatrix}}{2\pi i}\cdot\frac{\omega_2}{\Re(\omega_2)^{s+\frac{1}{2}}}\cdot\frac{1}{\Im(\omega)^{2s-1}}\cdot\sum_{m_1=-\infty}^{\infty}{}'\frac{\operatorname{sgn} m_1\cdot e^{2\pi i m_1 u_2}}{|m_1|^{2s-1}}\times$$

$$\times\sum_{m_2=-\infty}^{\infty} e^{2\pi i m_1(m_2+u_1)\Re(\omega)}\,J_s\big(m_1(m_2+u_1)\Im(\omega)\big)\,,$$

mit allgemein

$$(8.18)\qquad J_s(\xi)=\int_{-\infty}^{\infty}\frac{i-t}{(1+t^2)^{s+\frac{1}{2}}}\,e^{2\pi i\xi t}\,dt\,.$$

Man hat nun die Reduktion für reelle $\xi>0$:

$$(8.19)\qquad J_s(\pm\xi)=2i\int_0^{\infty}\frac{\cos 2\pi\xi t}{(1+t^2)^{s+\frac{1}{2}}}\,dt\mp 2i\int_0^{\infty}\frac{\sin 2\pi\xi t}{(1+t^2)^{s+\frac{1}{2}}}\,dt$$

$$=2i\,\frac{\Gamma\left(\frac{1}{2}\right)(\pi\xi)^s}{\Gamma\left(s+\frac{1}{2}\right)}\big(K_s(2\pi\xi)\mp K_{s-1}(2\pi\xi)\big)$$

auf die modifizierte Hankelsche Funktion $K_s(2\pi\xi)$ in (4.19). Demnach ist das in $\varphi_s^*\left(u\middle|\begin{matrix}\omega_1\\ \omega_2\end{matrix}\right)$ auftretende Glied

$$J_s(2\pi m_1(m_2+u_1)\mathfrak{I}(\omega)) =$$

$$= 2i\,\frac{\Gamma\left(\frac{1}{2}\right)(\pi\,\mathfrak{I}(\omega))^s}{\Gamma\left(s+\frac{1}{2}\right)}\,|m_1(m_2+u_1)|^s\,\Big(K_s(2\pi|m_1(m_2+u_1)|\mathfrak{I}(\omega)) -$$

$$-\operatorname{sgn}\big(m_1(m_2+u_1)\big)\,K_{s-1}(2\pi|m_1(m_2+u_1)|\mathfrak{I}(\omega))\Big).$$

Trägt man diesen Ausdruck in die erhaltene Entwicklung von $\varphi_s^*\left(u\middle|\begin{matrix}\omega_1\\ \omega_2\end{matrix}\right)$ ein, so erkennt man aus dem asymptotischen Verhalten von $K_s(2\pi\xi)$ in (4.20) ohne weiteres die absolute und gleichmäßige Konvergenz für $\mathfrak{R}(s) > 1$ und damit die Existenz und Endlichkeit des Grenzwerts für $s \to 1+$:

$$(8.20)\qquad \varphi_s^*\left(u\middle|\begin{matrix}\omega_1\\ \omega_2\end{matrix}\right) = 4i\mathfrak{I}(\omega)\,\frac{\omega_2}{|\omega_2|}\sideset{}{'}\sum_{m_1=-\infty}^{\infty}\frac{e^{2\pi i m_1 u_2}}{m_1}\sum_{m_2=-\infty}^{\infty} e^{2\pi i m_1(m_2+u_1)\mathfrak{R}(\omega)}\times$$

$$\times\,|m_1(m_2+u_1)|\,\Big(K_1(2\pi|m_1(m_2+u_1)|\mathfrak{I}(\omega)) -$$

$$-\operatorname{sgn}\big(m_1(m_2+u_1)\big)\,K_0(2\pi|m_1(m_2+u_1)|\mathfrak{I}(\omega))\Big) + O(s-1).$$

Aus dem Grenzverhalten der Beiträge (8.15), (8.20) folgt damit auch für die Eisensteinsche Reihe $\varphi_s(u|\mathfrak{w})$ selbst in (8.12), (8.13) die Existenz und Endlichkeit des Grenzwerts für $s \to 1+$. Man erhält so für die invariante Bildung $\varphi_s(u|\mathfrak{w})$ die Grenzformel in nicht-invarianter, inhomogener Gestalt:

$$(8.21)\qquad \varphi_s(u|\mathfrak{w}) = \varphi_s\left(u\middle|\begin{matrix}\omega_1\\ \omega_2\end{matrix}\right) = \frac{1}{\pi}\,\mathfrak{I}(\omega)\,\frac{\omega_2}{|\omega_2|}\sideset{}{'}\sum_{m_2=-\infty}^{\infty}\frac{\operatorname{sgn} m_2\cdot e^{-2\pi i m_2 u_1}}{m_2^2} +$$

$$+\,4i\,\mathfrak{I}(\omega)\,\frac{\omega_2}{|\omega_2|}\sideset{}{'}\sum_{m_1=-\infty}^{\infty}\frac{e^{2\pi i m_1 u_2}}{m_1}\sum_{m_2=-\infty}^{\infty} e^{2\pi i m_1(m_2+u_1)\mathfrak{R}(\omega)}\times$$

$$\times\,|m_1(m_2+u_1)|\Big(K_1(2\pi|m_1(m_2+u_1)|\mathfrak{I}(\omega)) -$$

$$-\operatorname{sgn}\big(m_1(m_2+u_1)\big)\,K_0(2\pi|m_1(m_2+u_1)|\mathfrak{I}(\omega))\Big) + O(s-1).$$

Für die Funktion $L(s|\mathfrak{k})$ in (8.5), (8.7) ergibt sich jetzt nach (8.11) unmittelbar die *Kroneckersche Grenzformel für die L-Funktion der Strahlklasse* $\mathfrak{k} \bmod \mathfrak{f}\mathfrak{p}_\infty$ *in einem reell-quadratischen Zahlkörper*:

$$(8.22)\qquad L(s|\mathfrak{k}) = \frac{-2\pi i}{\mathfrak{N}(\mathfrak{f})\delta}\sideset{}{'}\sum_{\substack{\nu \bmod{}^{+}\mathfrak{c}\\ \nu\equiv 0 \bmod{}^{+}\frac{\mathfrak{c}}{\mathfrak{f}\mathfrak{r}}}} e^{2\pi i S\left(\frac{\varrho\nu^{\tau}}{\delta(\mathfrak{c})}\right)}\,\Phi_1^{\eta_{\mathfrak{f}}}(\nu|\mathfrak{c}) + O(s-1)$$

mit

$$(8.23)\qquad \Phi_1^{\eta\mathfrak{f}}(\nu|\mathfrak{c}) = \int\limits_{1}^{\eta\mathfrak{f}} \mathfrak{I}\big(\varphi(\nu(x)|\mathfrak{c}(x))\big)\, d\log x\,,$$

wo allgemein die nach (8.21) existierende Funktion $\varphi(u|\mathfrak{w})$ durch

$$(8.24)\qquad \varphi(u|\mathfrak{w}) = \lim_{s\to 1} \varphi_s(u|\mathfrak{w})$$

erklärt ist.

5. Sei jetzt wieder, wie ursprünglich in **1**, $\bar{\mathfrak{f}} = \bar{\mathfrak{f}}_\chi$ sowie, der Abhängigkeit von χ entsprechend, auch $\mathfrak{k} = \mathfrak{k}_\chi$ gesetzt. Summiert man dann gemäß (8.6) die Kroneckerschen Grenzformeln (8.22) für die einzelnen $L(s|\mathfrak{k}_\chi)$, so erhält man für $L(1|\chi)$ die geschlossene Darstellung:

$$(8.25)\qquad 2L(1|\chi) = \frac{-2\pi i}{\mathfrak{N}(\mathfrak{f}_\chi)\delta} \sum_{\mathfrak{K}} \sum_{\mathfrak{k}_\chi \text{ in } \mathfrak{K}^{-1}} \chi(\mathfrak{k}_\chi) \sum_{\substack{\nu \bmod^+ \mathfrak{c} \\ \nu \equiv 0 \bmod^+ \frac{\mathfrak{c}}{\mathfrak{f}_\chi^\mathfrak{r}}}}' e^{2\pi i S\left(\frac{\varrho\nu\mathfrak{r}}{\delta(\mathfrak{c})}\right)} \Phi_1^{\eta\mathfrak{f}_\chi}(\nu|\mathfrak{c})\,,$$

wo $\mathfrak{K}$, $\mathfrak{k}_\chi$ und dazu jeweils $\mathfrak{c}, \varrho$ die in **2** erklärte Bedeutung haben. Sind die Vertreter $\mathfrak{c}$ aus $\mathfrak{K}$ und $\mathfrak{r}$ (ganz) aus $\mathfrak{k}_\chi$ gewählt, so stehen für die Auswahl der Zahlvertreter $\mathfrak{r}\mathfrak{c} \cong \varrho$ jeweils alle Assoziierten zur Verfügung, für die die getroffene Normierungsvorschrift $\operatorname{sgn}\varrho = 1$ erfüllt ist. Um von der nicht-invarianten Auswahl der Zahlvertreter ϱ unter Assoziierten loszukommen, addiere man die so erhaltenen Formeln für ein volles System $\bmod^+ \mathfrak{c}\mathfrak{f}_\chi$ inkongruenter assoziierter $\mathfrak{r}\mathfrak{c} \cong \varrho$ mit $\operatorname{sgn}\varrho = 1$. So erhält man:

(8.26)

$$w(\mathfrak{f}_\chi) L(1|\chi) = \frac{-2\pi i}{\mathfrak{N}(\mathfrak{f}_\chi)\delta} \sum_{\mathfrak{K}} \sum_{\mathfrak{k}_\chi \text{ in } \mathfrak{K}^{-1}} \chi(\mathfrak{k}_\chi) \sum_{\substack{\varrho \bmod^+ \mathfrak{c}\mathfrak{f}_\chi \\ \varrho \cong \mathfrak{r}\mathfrak{c} \\ \operatorname{sgn}\varrho = 1}} \sum_{\substack{\nu \bmod^+ \mathfrak{c} \\ \nu \equiv 0 \bmod^+ \frac{\mathfrak{c}}{\mathfrak{f}_\chi^\mathfrak{r}}}}' e^{2\pi i S\left(\frac{\varrho\nu\mathfrak{r}}{\delta(\mathfrak{c})}\right)} \Phi_1^{\eta\mathfrak{f}_\chi}(\nu|\mathfrak{c})\,,$$

wo $w(\mathfrak{f}_\chi)$ die Anzahl der mod $\mathfrak{f}_\chi$ (oder, was dasselbe, mod $\bar{\mathfrak{f}}_\chi$) inkongruenten Einheiten aus Ω ist. Dann bedeutet der links hinzugefügte Faktor $\frac{1}{2}\, w(\mathfrak{f}_\chi)$ die Anzahl der mod $\mathfrak{f}_\chi$ inkongruenten Einheiten $\varepsilon \equiv 1 \bmod \mathfrak{p}_\infty$ aus Ω, und in der Tat liefert die Multiplikation eines Vertreters ϱ mit einem solchen Einheitensystem ε gerade ein volles System $\bmod^+ \mathfrak{c}\mathfrak{f}_\chi$ inkongruenter assoziierter $\varepsilon\varrho$ der verlangten Art.

Unter Einführung der allgemeinen Gaußschen Summen, hier zum Charakter χ vom Führer $\mathfrak{f}_\chi \mathfrak{p}_\infty$, läßt sich die letzte Formel auch in der folgenden Gestalt schreiben:

$$(8.27)\qquad w(\mathfrak{f}_\chi)\, L(1|\chi) = \frac{-2\pi i}{\mathfrak{N}(\mathfrak{f}_\chi)\delta} \sum_{\mathfrak{K}} \sum_{\substack{\nu \bmod^+ \mathfrak{c} \\ \nu \equiv 0 \bmod^+ \frac{\mathfrak{c}}{\mathfrak{f}_\chi^\mathfrak{r}}}}' \tau_\nu(\chi|\mathfrak{K})\, \Phi_1^{\eta\mathfrak{f}_\chi}(\nu|\mathfrak{c})\,.$$

Wendet man nun die hier an die Stelle von (5.33) tretende *Reduktionsregel*

$$\tau_\nu(\chi|\mathfrak{K}) = \bar{\chi}(\mathfrak{n}^\tau)\,\mathrm{sgn}\,\nu^\tau \cdot \tau(\chi) \tag{8.28}$$

an, welche die Zurückführung von $\tau_\nu(\chi|\mathfrak{K})$ auf die *normierte eigentliche Gauß-sche Summe zum Charakter* χ *vom Führer* $\mathfrak{f}_\chi\mathfrak{p}_\infty$ [Hasse (6)]

$$\tau(\chi) = \sum_{\substack{\mathfrak{x} \bmod \bar{\mathfrak{f}}_\chi \\ \mathfrak{x}\ \mathrm{ganz} \\ \mathfrak{x}\ \mathrm{in}\ \mathfrak{K}_{\bar{\mathfrak{f}}_\chi}}} \chi(\mathfrak{x}) \sum_{\substack{\xi \bmod^+ \frac{1}{\delta} \\ \xi \cong \frac{\mathfrak{x}}{\mathfrak{f}_\chi\delta} \\ \mathrm{sgn}\,\xi = \mathrm{sgn}\,\delta}} e^{2\pi i S(\xi)} \tag{8.29}$$

leistet, so geht (8.27) über in

$$w(\mathfrak{f}_\chi)\,L(1|\chi) = \frac{-2\pi i\,\tau(\chi)}{\mathfrak{N}(\mathfrak{f}_\chi)\,\delta} \sum_{\mathfrak{K}} \sum_{\substack{\nu \bmod^+ \mathfrak{c} \\ \nu \cong \frac{\mathfrak{n}\mathfrak{c}}{\mathfrak{f}_\chi^\tau} \\ (\mathfrak{n}^\tau, \mathfrak{f}_\chi) = 1}} \bar{\chi}(\mathfrak{n}^\tau)\,\mathrm{sgn}\,\nu^\tau \cdot \Phi_1^{\eta_{\mathfrak{f}_\chi}}(\nu|\mathfrak{c}); \tag{8.30}$$

dabei ist der Quotient $\frac{\tau(\chi)}{\delta}$ von der Normierung von δ unabhängig. Nimmt man hierin noch zur Vereinfachung der Schreibweise die Summationstransformation $\mathfrak{K} \to \mathfrak{K}^\tau = \mathfrak{K}^{-1}$ und entsprechend $\mathfrak{c} \to \mathfrak{c}^\tau$, $\mathfrak{n} \to \mathfrak{n}^\tau$ vor, so wird weiter

$$w(\mathfrak{f}_\chi)\,L(1|\chi) = \frac{-2\pi i\,\tau(\chi)}{\mathfrak{N}(\mathfrak{f}_\chi)\,\delta} \sum_{\mathfrak{K}} \sum_{\substack{\nu \bmod^+ \mathfrak{c} \\ \nu \cong \frac{\mathfrak{n}\mathfrak{c}}{\mathfrak{f}_\chi} \\ (\mathfrak{n}, \mathfrak{f}_\chi) = 1}} \bar{\chi}(\mathfrak{n})\,\mathrm{sgn}\,\nu \cdot \Phi_1^{\eta_{\mathfrak{f}_\chi}}(\nu^\tau|\mathfrak{c}^\tau). \tag{8.31}$$

Zerlegt man schließlich die Summation nach ν in eine solche nach den Divisoren $\mathfrak{n}$, für die es nur auf die durch sie vertretenen Strahlklassen mod $\bar{\mathfrak{f}}_\chi$ ankommt, und nach den jeweils zugeordneten assoziierten Zahlvertretern ν, so schreibt sich die erhaltene Formel (8.31) in der Gestalt:

$$w(\mathfrak{f}_\chi)\,L(1|\chi) = \frac{-2\pi i\,\tau(\chi)}{\mathfrak{N}(\mathfrak{f}_\chi)\,\delta} \sum_{\mathfrak{K}} \sum_{\mathfrak{k}_\chi\ \mathrm{zu}\ \mathfrak{K}} \bar{\chi}(\mathfrak{k}_\chi) \sum_{\substack{\nu \bmod^+ \mathfrak{c} \\ \nu \cong \frac{\mathfrak{n}\mathfrak{c}}{\mathfrak{f}_\chi}}} \mathrm{sgn}\,\nu \cdot \Phi_1^{\eta_{\mathfrak{f}_\chi}}(\nu^\tau|\mathfrak{c}^\tau). \tag{8.32}$$

Darin ist für jede absolute Klasse $\mathfrak{K}$ zunächst $\mathfrak{c}$ ein Vertreter aus $\mathfrak{K}$, sodann für jede Strahlklasse mod $\bar{\mathfrak{f}}_\chi$ „$\mathfrak{k}_\chi$ zu $\mathfrak{K}$" im Sinne der komplexen Multiplikation, d. h. mit $\frac{\mathfrak{k}_\chi\,\mathfrak{K}}{\mathfrak{K}_{\mathfrak{f}_\chi}} = 1$, $\mathfrak{n}$ ein Vertreter aus $\mathfrak{k}_\chi$, und schließlich durchläuft $\nu \cong \frac{\mathfrak{n}\mathfrak{c}}{\mathfrak{f}_\chi}$ jeweils ein volles Vertretersystem $\mathrm{mod}^+\,\mathfrak{c}$ inkongruenter assoziierter Zahlen.

6. Die in (8.32) auftretenden reellen Zahlen $\Phi_1^{\eta_{\mathfrak{f}_\chi}}(\nu^\tau|\mathfrak{c}^\tau)$, welche den durch die Repräsentanten $\mathfrak{n}$ vertretenen Strahlklassen mod $\bar{\mathfrak{f}}_\chi$ vermöge der Definitionsgleichung (8.23), mit dem Modul $\mathfrak{c}^\tau$ und dem Argument $\nu^\tau \cong \frac{\mathfrak{n}^\tau\mathfrak{c}^\tau}{\mathfrak{f}_\chi^\tau}$, zugeordnet sind, besitzen nun die folgenden Invarianzeigenschaften:

1. Der Wert $\Phi_1^{\eta_{\mathfrak{f}_\chi}}(\nu^\tau|\mathfrak{c}^\tau)$ hängt nur vom Ideal $(\mathfrak{c}^\tau)$, nicht aber von einer speziellen Basis des Ideals ab.
Dies ist eine einfache Folge aus dem entsprechenden Invarianzverhalten von $\varphi(u|\mathfrak{w})$.
2. Der Wert $\Phi_1^{\eta_{\mathfrak{f}_\chi}}(\nu^\tau|\mathfrak{c}^\tau)$ hängt nur von der Restklasse $\nu^\tau \bmod^+ \mathfrak{c}^\tau$ ab.
Dies ist eine unmittelbare Folge aus der doppelten Periodizität von $\varphi(u|\mathfrak{w})$.
3. Es ist $\Phi_1^{\eta_{\mathfrak{f}_\chi}}(\lambda^\tau\nu^\tau|\lambda^\tau\mathfrak{c}^\tau) = \operatorname{sgn}\lambda \cdot \Phi_1^{\eta_{\mathfrak{f}_\chi}}(\nu^\tau|\mathfrak{c}^\tau)$ für beliebige Multiplikatoren $\lambda^\tau \neq 0$ aus Ω, so daß speziell gilt:

$$\Phi_1^{\eta_{\mathfrak{f}_\chi}}(\varepsilon^\tau\nu^\tau|\mathfrak{c}^\tau) = \operatorname{sgn}\varepsilon \cdot \Phi_1^{\eta_{\mathfrak{f}_\chi}}(\nu^\tau|\mathfrak{c}^\tau) \text{ für beliebige Einheiten } \varepsilon^\tau \text{ aus } \Omega.$$

Zum Beweis dieser Tatsache sei in geläufiger Weise das Konjugiertenpaar λ^τ, λ der Zahl $\lambda^\tau \neq 0$ aus Ω in der Gestalt

$$\left\{\begin{aligned} \lambda^\tau &= \sqrt{\mathfrak{N}(\lambda^\tau)}\,\lambda_0^\tau \\ \lambda &= \operatorname{sgn}\lambda^\tau\lambda \cdot \sqrt{\mathfrak{N}(\lambda^\tau)}\,\lambda_0^{\tau^{-1}} \end{aligned}\right.$$

angesetzt. Da die Behauptung wegen $\varphi(-u|\mathfrak{w}) = -\varphi(u|\mathfrak{w})$ für den Spezialfall $\lambda^\tau = -1$ sicher richtig ist, kann ohne Einschränkung $\operatorname{sgn}\lambda^\tau = 1$ vorausgesetzt werden, so daß also $\operatorname{sgn}\lambda^\tau\lambda = \operatorname{sgn}\lambda$ ist. Dann hat man

$$(\lambda^\tau\nu^\tau)(x) = \lambda^\tau\nu^\tau \cdot x + \lambda\nu \cdot (ix)^{-1} = \sqrt{\mathfrak{N}(\lambda^\tau)}\,(\nu^\tau \cdot \lambda_0^\tau\, x + \nu \cdot (i_\lambda \lambda_0^\tau x)^{-1})$$
$$\text{mit} \quad i_\lambda = (\operatorname{sgn}\lambda)\, i\,.$$

Daher ist

$$(\lambda^\tau\nu^\tau)(x) = \left\{\begin{matrix} \sqrt{\mathfrak{N}(\lambda^\tau)} \cdot \nu^\tau(\lambda_0^\tau x) & \text{für} & \operatorname{sgn}\lambda = 1 \\ \sqrt{\mathfrak{N}(\lambda^\tau)} \cdot \overline{\nu^\tau(\lambda_0^\tau x)} & \text{für} & \operatorname{sgn}\lambda = -1 \end{matrix}\right\},$$

und entsprechend

$$(\lambda^\tau\mathfrak{c}^\tau)(x) = \left\{\begin{matrix} \sqrt{\mathfrak{N}(\lambda^\tau)} \cdot \mathfrak{c}^\tau(\lambda_0^\tau x) & \text{für} & \operatorname{sgn}\lambda = 1 \\ \sqrt{\mathfrak{N}(\lambda^\tau)} \cdot \overline{\mathfrak{c}^\tau(\lambda_0^\tau x)} & \text{für} & \operatorname{sgn}\lambda = -1 \end{matrix}\right\}.$$

Nach den Eigenschaften von $\varphi(u|\mathfrak{w})$ gilt aber in jedem Fall

$$\mathfrak{J}\big(\varphi((\lambda^\tau\nu^\tau)(x)|(\lambda^\tau\mathfrak{c}^\tau)(x))\big) = \operatorname{sgn}\lambda \cdot \mathfrak{J}\big(\varphi(\nu^\tau(\lambda_0^\tau x)|\mathfrak{c}^\tau(\lambda_0^\tau x))\big),$$

und somit ist

$$\Phi_1^{\eta_{\mathfrak{f}_\chi}}(\lambda^\tau\nu^\tau|\lambda^\tau\mathfrak{c}^\tau) = \operatorname{sgn}\lambda \cdot \int_1^{\eta_{\mathfrak{f}_\chi}} \mathfrak{J}\big(\varphi(\nu^\tau(\lambda_0^\tau x)|\mathfrak{c}^\tau(\lambda_0^\tau x))\big)\, d\log x$$

$$= \operatorname{sgn}\lambda \cdot \int_{\lambda_0^\tau}^{\lambda_0^\tau\eta_{\mathfrak{f}_\chi}} \mathfrak{J}\big(\varphi(\nu^\tau(x)|\mathfrak{c}^\tau(x))\big)\, d\log x\,.$$

Nun gilt aber die weitere Tatsache:

$\mathfrak{J}\big(\varphi(\nu^\tau(x)|\mathfrak{c}^\tau(x))\big)$ ist als Funktion von x bei $x \to \eta_{\mathfrak{f}_\chi} x$ invariant, oder also als Funktion von $\log x$ periodisch mit der Periode $\log \eta_{\mathfrak{f}_\chi}$.

Wegen $\eta_{\mathfrak{f}_\chi} \equiv 1 \bmod \tilde{\mathfrak{f}}_\chi$, also $\eta_{\mathfrak{f}_\chi}^\tau \equiv 1 \bmod \tilde{\mathfrak{f}}_\chi^\tau$ ist nämlich

$$\eta_{\mathfrak{f}_\chi} \equiv \operatorname{sgn} \eta_{\mathfrak{f}_\chi}^\tau \bmod \mathfrak{f}_\chi^\tau .$$

Die Multiplikation dieser Kongruenz mit $\nu^\tau \cong \frac{\mathfrak{n}^\tau \mathfrak{c}^\tau}{\mathfrak{f}_\chi^\tau}$ ergibt weiter

$$\eta_{\mathfrak{f}_\chi} \nu^\tau \equiv (\operatorname{sgn} \eta_{\mathfrak{f}_\chi}^\tau)\, \nu^\tau \bmod^+ \mathfrak{c}^\tau ,$$

was zusammen mit dem vorher Festgestellten (für $\lambda^\tau = \lambda_0^\tau = \eta_{\mathfrak{f}_\chi}$) die behauptete Periodizität des Integranden zur Folge hat. Demnach ist der in den Integrationsgrenzen zuletzt auftretende Zusatzfaktor λ_0^τ irrelevant und damit die fragliche Homogenität bewiesen.

Aus der Homogenitätseigenschaft 3 folgt nun insbesondere, daß in der Darstellung (8.32) für $w(\mathfrak{f}_\chi)\, L(1|\chi)$ alle $w(\mathfrak{f}_\chi)$ Glieder der Summe $\sum\limits_\nu$ einander gleich sind. Ihre Anzahl ist, analog wie in (7.11), die volle Anzahl $w(\mathfrak{f}_\chi)$, da hier keine Vorzeichenbedingung auftritt. Folglich kann rechts die Summation über ν und links der Faktor $w(\mathfrak{f}_\chi)$ fortgelassen werden. Somit ergibt sich für $L(1|\chi)$ der gegenüber (8.32) vereinfachte, geschlossene Ausdruck[1]):

(8.33) $$L(1|\chi) = \frac{-2\pi i\, \tau(\chi)}{\mathfrak{N}(\mathfrak{f}_\chi)\sqrt{d}} \sum_{\mathfrak{K}} \sum_{\mathfrak{k}_\chi \text{ zu } \mathfrak{K}} \bar{\chi}(\mathfrak{k}_\chi) \operatorname{sgn} \nu \cdot \Phi_1^{\eta_{\mathfrak{f}_\chi}}(\nu^\tau|\mathfrak{c}^\tau) .$$

Die in dieser Darstellung auftretenden reellen Zahlen $\operatorname{sgn} \nu \cdot \Phi_1^{\eta_{\mathfrak{f}_\chi}}(\nu^\tau|\mathfrak{c}^\tau)$ sind nun *Strahlklasseninvarianten* mod $\mathfrak{f}_\chi \mathfrak{p}_\infty$ der durch die Repräsentanten $\mathfrak{n}$ vertretenen Strahlklassen mod $\mathfrak{f}_\chi \mathfrak{p}_\infty$. Im einzelnen gilt:

1. Der Wert $\operatorname{sgn} \nu \cdot \Phi_1^{\eta_{\mathfrak{f}_\chi}}(\nu^\tau|\mathfrak{c}^\tau)$ hängt nicht von der Auswahl des Divisors $\mathfrak{c}$ aus seiner absoluten Klasse ab wegen

$$\operatorname{sgn} \lambda\nu \cdot \Phi_1^{\eta_{\mathfrak{f}_\chi}}(\lambda^\tau\nu^\tau|\lambda^\tau\mathfrak{c}^\tau) = \operatorname{sgn} \nu \cdot \Phi_1^{\eta_{\mathfrak{f}_\chi}}(\nu^\tau|\mathfrak{c}^\tau) .$$

2. Der Wert $\operatorname{sgn} \nu \cdot \Phi_1^{\eta_{\mathfrak{f}_\chi}}(\nu^\tau|\mathfrak{c}^\tau)$ hängt nicht von der Auswahl des Zahlrepräsentanten ν unter seinen Assoziierten ab wegen

$$\operatorname{sgn} \nu\varepsilon \cdot \Phi_1^{\eta_{\mathfrak{f}_\chi}}(\varepsilon^\tau\nu^\tau|\mathfrak{c}^\tau) = \operatorname{sgn} \nu\varepsilon \cdot \Phi_1^{\eta_{\mathfrak{f}_\chi}}(\varepsilon^\tau\nu^\tau|\varepsilon^\tau\mathfrak{c}^\tau) = \operatorname{sgn} \nu \cdot \Phi_1^{\eta_{\mathfrak{f}_\chi}}(\nu^\tau|\mathfrak{c}^\tau) .$$

3. Der Wert $\operatorname{sgn} \nu \cdot \Phi_1^{\eta_{\mathfrak{f}_\chi}}(\nu^\tau|\mathfrak{c}^\tau)$ hängt nicht von der Auswahl des Divisors $\mathfrak{n}$ aus seiner Strahlklasse mod $\mathfrak{f}_\chi \mathfrak{p}_\infty$ ab.
Denn aus der Strahläquivalenz:

$$\mathfrak{m} \sim \mathfrak{n} \bmod \mathfrak{f}_\chi \mathfrak{p}_\infty, \text{ d. h. } \mathfrak{m} = (\xi)\mathfrak{n} \text{ mit } \xi \equiv \varepsilon \bmod \mathfrak{f}_\chi \mathfrak{p}_\infty$$

folgt zunächst

$$\xi \equiv \varepsilon \bmod^+ \frac{\mathfrak{f}_\chi}{\mathfrak{n}}, \quad \operatorname{sgn} \xi = \operatorname{sgn} \varepsilon ,$$

und daraus

$$\mu \cong \xi\nu \equiv \varepsilon\nu \bmod^+ \frac{\mathfrak{f}_\chi}{\mathfrak{n}} \cdot \frac{\mathfrak{n}\mathfrak{c}}{\mathfrak{f}_\chi}, \text{ d. h. } \bmod^+ \mathfrak{c} ,$$

---

[1]) Hierin ist jetzt gegenüber (8.32) die feste Normierung $\operatorname{sgn} \delta = \operatorname{sgn} \sqrt{d} > 0$ getroffen und damit auch die Gaußsche Summe $\tau(\chi)$ in (8.29) entsprechend normiert.

so daß in der Tat

$$\operatorname{sgn} \mu \cdot \Phi_1^{\eta \mathfrak{f}_\chi}(\mu^\tau | \mathfrak{c}^\tau) = \operatorname{sgn} (\xi \varepsilon) \operatorname{sgn} \nu \cdot \Phi_1^{\eta \mathfrak{f}_\chi}(\nu^\tau | \mathfrak{c}^\tau) = \operatorname{sgn} \nu \cdot \Phi_1^{\eta \mathfrak{f}_\chi}(\nu^\tau | \mathfrak{c}^\tau)$$

ist.

Schreibt man dementsprechend in Abhängigkeit von der zugeordneten Strahlklasse $\mathfrak{k}_\chi$ mod $\mathfrak{f}_\chi \mathfrak{p}_\infty$ allgemein

$$\Phi_1^{\eta \mathfrak{f}_\chi}(\mathfrak{k}_\chi) = \operatorname{sgn} \nu \cdot \Phi_1^{\eta \mathfrak{f}_\chi}(\nu^\tau | \mathfrak{c}^\tau) \quad \text{für } \mathfrak{k}_\chi \text{ zu } \mathfrak{K}, \tag{8.34}$$

mit irgendeinem Vertreter $\mathfrak{c}$ aus $\mathfrak{K}$, irgendeinem Zahlvertreter $\nu \cong \frac{\mathfrak{n}\mathfrak{c}}{\mathfrak{f}_\chi}$ zu irgendeinem ganzen Vertreter $\mathfrak{n}$ aus $\mathfrak{k}_\chi$, so ergibt sich abschließend für $L(1|\chi)$ die gliedweise klasseninvariante Formel:

$$L(1|\chi) = \frac{-2\pi i\, \tau(\chi)}{\mathfrak{N}(\mathfrak{f}_\chi)\sqrt{d}} \sum_{\mathfrak{K}} \sum_{\mathfrak{k}_\chi \text{ zu } \mathfrak{K}} \bar{\chi}(\mathfrak{k}_\chi)\, \Phi_1^{\eta \mathfrak{f}_\chi}(\mathfrak{k}_\chi). \tag{8.35}$$

§ 9. Die implizite Grenzformel für die L-Funktionen der Ringklassen mod $f p_\infty$ in einem reell-quadratischen Zahlkörper

1. Es sei Ω ein reell-quadratischer Zahlkörper mit der Diskriminante $d_\Omega = d > 0$, ferner f eine natürliche Zahl und, wie in § 4, 1; § 6, 1, Ω_f der Zahlring mod f in Ω mit der Diskriminante $D_f = df^2$. Es bezeichne ferner Ω_{fp_∞} die Gesamtheit aller Zahlen aus Ω_f mit positiver Norm[1]). Die Gruppe der zu f primen Zahlen aus Ω_{fp_∞} bildet die Hauptklasse einer Einteilung aller zu fp_∞ primen Divisoren von Ω. Diese *Hauptringklasse* mod fp_∞ besteht dann also aus allen (zu fp_∞ primen) Hauptdivisoren (α) mit der Eigenschaft

$$\alpha \equiv r \bmod fp_\infty; \quad (r \text{ rational}),$$

bei geeigneter Normierung von α unter Assoziierten, und die Divisorenklassen nach ihr bilden die *Ringklassen* mod fp_∞.

Es sei weiter $\psi \neq 1$ ein Charakter der Ringklassengruppe mod fp_∞ von Ω vom rationalen Führer $\bar{f}_\psi = f_\psi p_\infty$ [Hasse (4)].

2. Für die anschließend durchzuführende Berechnung des Wertes der eigentlichen L-Reihe zu einem Nicht-Hauptcharakter ψ

$$L(s|\psi) = \sum_{\substack{\mathfrak{g} \text{ ganz} \\ (\mathfrak{g}, \bar{f}) = 1}} \frac{\psi(\mathfrak{g})}{\mathfrak{N}(\mathfrak{g})^s} \tag{9.1}$$

für $s = 1$ sei, abweichend von der eingangs eingeführten Bezeichnungsweise, abkürzend $f_\psi = f$, $\bar{f}_\psi = \bar{f} = fp_\infty$ gesetzt. Die Aufspaltung nach Ringklassen $\mathfrak{k}$ mod $\bar{f}$

1) Diese Gesamtheit bildet offenbar keinen Ring.

liefert dann die Darstellung:

(9.2)
$$L(s|\psi) = \sum_{\mathfrak{k}} \psi(\mathfrak{k})\, \zeta^*(s|\mathfrak{k}),$$

wo

(9.3)
$$\zeta^*(s|\mathfrak{k}) = \sum_{\substack{\mathfrak{g} \text{ ganz} \\ \mathfrak{g} \text{ in } \mathfrak{k}}} \frac{1}{\mathfrak{N}(\mathfrak{g})^s}$$

die *Zetafunktion der Ringklasse* $\mathfrak{k}$ mod $f p_\infty$ bedeutet.

Es sei nun $\mathfrak{c}$ jeweils ein fester Vertreter aus der reziproken Ringklasse $\mathfrak{k}^{-1}$. Dann durchläuft das Produkt $\mathfrak{g}\mathfrak{c} \cong \gamma$ mit $\mathfrak{g}$ aus $\mathfrak{k}$ alle durch $\mathfrak{c}$ teilbaren Hauptdivisoren (γ) aus der Hauptringklasse mod $\tilde{f}$, oder also, bei passender Normierung, alle durch $\mathfrak{c}$ teilbaren zu $\tilde{f}$ primen Zahlen aus $\Omega_{\tilde{f}}$, die jeweils nur bis auf willkürliche Auswahl unter durch Einheiten aus Ω_f Assoziierten festliegen. Da $\tilde{f} = f p_\infty$ der Führer des Ringklassencharakters ψ ist, kommen in Ω_f nur Einheiten mit positiver Norm vor [Hasse (4)]. Somit liegen die fraglichen Zahlen γ auch nur bis auf willkürliche Auswahl unter durch Einheiten aus $\Omega_{\tilde{f}}$ Assoziierten fest.

Danach ergibt sich für die *Zetafunktion der Ringklasse* $\mathfrak{k}$ mod $f p_\infty$ in (9.3) die Darstellung:

(9.4)
$$\zeta^*(s|\mathfrak{k}) = \mathfrak{N}(\mathfrak{c})^s \sum^{*}_{\substack{\gamma \equiv 0 \bmod^+ \mathfrak{c} \\ \gamma \text{ in } \Omega_f,\ (\gamma, f) = 1 \\ N(\gamma) > 0}} \frac{1}{\mathfrak{N}(\gamma)^s},$$

wo die Summation über ein volles System nicht durch Einheiten aus Ω_f assoziierter γ mit den angegebenen Eigenschaften zu erstrecken ist.

Die Ringklassen mod $\tilde{f}$ seien nun zu Paaren komplementärer $\mathfrak{k}$, $\hat{\mathfrak{k}}$ zusammengefaßt, die je eine Ringklasse mod f zusammensetzen. Dabei gilt dann

$$\psi(\hat{\mathfrak{k}}) = -\psi(\mathfrak{k}), \quad \zeta^*(s|\hat{\mathfrak{k}}) = \mathfrak{N}(\mathfrak{c})^s \sum^{*}_{\substack{\gamma \equiv 0 \bmod^+ \mathfrak{c} \\ \gamma \text{ in } \Omega_f,\ (\gamma, f) = 1 \\ N(\gamma) < 0}} \frac{1}{\mathfrak{N}(\gamma)^s}.$$

Folglich liefert ein solches Paar zu $L(s|\psi)$ den Beitrag

$$\psi(\mathfrak{k})\, \zeta^*(s|\mathfrak{k}) + \psi(\hat{\mathfrak{k}})\, \zeta^*(s|\hat{\mathfrak{k}}) = \psi(\mathfrak{k})\, L^*(s|\mathfrak{k}),$$

wo

(9.5)
$$L^*(s|\mathfrak{k}) = \mathfrak{N}(\mathfrak{c})^s \sum^{*}_{\substack{\gamma \equiv 0 \bmod^+ \mathfrak{c} \\ \gamma \text{ in } \Omega_f,\ (\gamma, f) = 1}} \frac{\operatorname{sgn} N(\gamma)}{\mathfrak{N}(\gamma)^s}$$

die *L-Funktion der Ringklasse* $\mathfrak{k}$ mod $f p_\infty$ bedeutet. Diese ist eine Invariante der Ringklasse $\mathfrak{k}$ mit der Eigenschaft

$$L^*(s|\hat{\mathfrak{k}}) = -L^*(s|\mathfrak{k}).$$

Somit ergibt sich für $L(s|\psi)$ in (9.2) die Gesamtdarstellung:

$$L(s|\psi) = \frac{1}{2} \sum_{\mathfrak{k}} \psi(\mathfrak{k})\, L^*(s|\mathfrak{k})\,, \tag{9.6}$$

wo $\mathfrak{k}$ sämtliche Ringklassen mod $\tilde{f}$ von Ω durchläuft.

Für die Zwecke der Berechnung von $L(1|\psi)$ braucht man die einschränkende Summationsbedingung $(\gamma, f) = 1$ in (9.5) nicht zu beachten, indem auch, analog zu (4.5), (6.5),

$$L(s|\psi) = \frac{1}{2} \sum_{\mathfrak{k}} \psi(\mathfrak{k})\, L(s|\mathfrak{k}) \tag{9.7}$$

ist, wo

$$L(s|\mathfrak{k}) = \mathfrak{N}(\mathfrak{c})^s \sideset{}{^*}\sum_{\substack{\gamma \equiv 0 \bmod^+ \mathfrak{c} \\ \gamma \text{ in } \Omega_f}} \frac{\operatorname{sgn} N(\gamma)}{\mathfrak{N}(\gamma)^s} \tag{9.8}$$

die *L-Funktion der Ringklasse* $\mathfrak{k}$ mod $f\mathfrak{p}_\infty$ *im erweiterten Sinne* bedeutet.

3. Stellt man, ähnlich wie in §§ 6, 7, 8, jeweils ein einzelnes Glied der Reihe in (9.8)

$$\frac{\operatorname{sgn} N(\gamma)}{\mathfrak{N}(\gamma)^s} = \frac{\gamma}{|\gamma|^{s+1}} \cdot \frac{\gamma'}{|\gamma'|^{s+1}}$$

durch das Γ-Integral dar:

$$\frac{\operatorname{sgn} N(\gamma)}{\mathfrak{N}(\gamma)^s} = \frac{4\,\Gamma(s+1)}{\Gamma\left(\frac{s+1}{2}\right)^2} \int_0^\infty \frac{\gamma\gamma'}{(\gamma^2 x^2 + \gamma'^2 x^{-2})^{s+1}}\, d\log x\,, \tag{9.9}$$

so wird zunächst

$$L(s|\mathfrak{k}) = \frac{4\,\Gamma(s+1)}{\Gamma\left(\frac{s+1}{2}\right)^2} \int_0^\infty \mathfrak{N}(\mathfrak{c})^s \sideset{}{^*}\sum_{\substack{\gamma \equiv 0 \bmod^+ \mathfrak{c} \\ \gamma \text{ in } \Omega_f}} \frac{\gamma\gamma'}{\mathfrak{N}(\gamma(x))^{s+1}}\, d\log x\,. \tag{9.10}$$

Es sei nun $\varepsilon_f > 1$ die Grundeinheit von Ω_f; wie in 2 bemerkt, gilt sogar $\varepsilon_f \equiv 1 \bmod \mathfrak{p}_\infty$, so daß ε_f zugleich die Grundeinheit mod $f\mathfrak{p}_\infty$ ist. Nach dem Heckeschen Verfahren ergibt sich dann, in Analogie zu (6.11), für die *L-Funktion der Ringklasse* $\mathfrak{k}$ mod $f\mathfrak{p}_\infty$ *(im erweiterten Sinne)* die fundamentale Darstellung:

(9.11)

$$L(s|\mathfrak{k}) = \mathfrak{N}(\mathfrak{c})^s \sideset{}{^*}\sum_{\substack{\gamma \equiv 0 \bmod^+ \mathfrak{c} \\ \gamma \text{ in } \Omega_f}} \frac{\operatorname{sgn} N(\gamma)}{\mathfrak{N}(\gamma)^s} = \frac{2\,\Gamma(s+1)}{\Gamma\left(\frac{s+1}{2}\right)^2} \int_1^{\varepsilon_f} \mathfrak{N}(\mathfrak{c})^s \sideset{}{'}\sum_{\substack{\gamma \equiv 0 \bmod^+ \mathfrak{c} \\ \gamma \text{ in } \Omega_f}} \frac{\gamma\gamma'}{\mathfrak{N}(\gamma(x))^{s+1}}\, d\log x\,,$$

und diese Formel schreibt sich, bei Beschränkung auf reelle s, zweckmäßig wieder in der folgenden, zu (4.8), (6.13) analogen, invarianten Gestalt:

$$L(s|\mathfrak{k}) = -\frac{1}{2} \frac{\Gamma(s+1)}{\Gamma\left(\frac{s+1}{2}\right)^2} \cdot \frac{\mathfrak{N}(\mathfrak{c})^{s-1}}{|\delta_f|} \int_1^{\varepsilon_f} \mathfrak{I}\Bigg(\sideset{}{'}\sum_{\gamma(x) \equiv 0 \bmod^+ \mathfrak{c}_f(x)} \frac{|\delta(\mathfrak{c}_f(x))| \cdot \gamma^2(x)}{\mathfrak{N}(\gamma(x))^{s+1}} \Bigg)\, d\log x\,, \tag{9.12}$$

wo $(\mathfrak{c})_f$ das Ideal der Vielfachen von $\mathfrak{c}$ in Ω_f bedeutet.

4. Zur Feststellung des Grenzverhaltens der Funktion $L(s|\mathfrak{k})$ für $s \to 1+$ werde zunächst ganz allgemein für einen beliebigen komplexen Modul $\mathfrak{w}$ vom Range 2 die Eisensteinsche Reihe

$$\psi_s(\mathfrak{w}) = \sum_{\omega \equiv 0 \bmod^+ \mathfrak{w}}' \frac{|\delta(\mathfrak{w})| \cdot \omega^2}{\mathfrak{N}(\omega)^{s+1}} \tag{9.13}$$

betrachtet, die für $\mathfrak{R}(s) > 1$ absolut konvergiert. Diese Funktion $\psi_s(\mathfrak{w})$ hat offenbar die folgenden formalen Eigenschaften:

1. $\psi_s(\mathfrak{w})$ hängt nur vom Modul $\mathfrak{w}$, nicht aber von einer speziellen Basis des Moduls ab, ist also eine Funktion erster Stufe.
2. $\psi_s(\mathfrak{w})$ hat die Homogenitätseigenschaft:

$$\psi_s(z\,\mathfrak{w}) = \frac{z^2}{|z|^{2s}} \psi_s(\mathfrak{w}) \quad \text{für komplexe } z \neq 0\,.$$

3. Beim Übergang zum Konjugiert-Komplexen gilt, bei Beschränkung auf reelle s, die Regel:

$$\psi_s(\overline{\mathfrak{w}}) = \overline{\psi_s(\mathfrak{w})}\,.$$

Für die rechnerische Ermittlung des Grenzverhaltens der Funktion $\psi_s(\mathfrak{w})$ beim Grenzübergang $s \to 1+$ werde eine Basis $\binom{\omega_1}{\omega_2}$ von $\mathfrak{w}$ eingeführt, deren Basisdeterminante $\delta\binom{\omega_1}{\omega_2}$ positiv-imaginär ausfällt. Diese Normierung ist gleichbedeutend damit, daß der Basisquotient $\omega = \frac{\omega_1}{\omega_2}$ einen Imaginärteil $\mathfrak{J}(\omega) > 0$ hat[1]).

Damit ergibt sich dann für $\psi_s(\mathfrak{w})$ die Darstellung in Koordinaten:

$$\psi_s(\mathfrak{w}) = \psi_s\binom{\omega_1}{\omega_2} = \sum_{m_1=-\infty}^{\infty} \sum_{m_2=-\infty}^{\infty}{}' \frac{\left\|\begin{matrix}\omega_1 & \overline{\omega}_1 \\ \omega_2 & \overline{\omega}_2\end{matrix}\right\| (m_1\omega_1 + m_2\omega_2)^2}{\mathfrak{N}(m_1\omega_1 + m_2\omega_2)^{s+1}}\,. \tag{9.14}$$

Man zerlege nun diese Reihe in

$$\psi_s\binom{\omega_1}{\omega_2} = \psi_s^0\binom{\omega_1}{\omega_2} + \psi_s^*\binom{\omega_1}{\omega_2}, \tag{9.15}$$

der Zerlegung der Doppelreihe in die Glieder mit $m_1 = 0$ und $m_1 \neq 0$ entsprechend.

Für den ersten Bestandteil hat man unmittelbar:

$$\begin{aligned}\psi_s^0\binom{\omega_1}{\omega_2} &= \left\|\begin{matrix}\omega_1 & \overline{\omega}_1 \\ \omega_2 & \overline{\omega}_2\end{matrix}\right\| \sum_{m_2=-\infty}^{\infty}{}' \frac{(m_2\omega_2)^2}{\mathfrak{N}(m_2\omega_2)^{s+1}} \\ &= \frac{\left\|\begin{matrix}\omega_1 & \overline{\omega}_1 \\ \omega_2 & \overline{\omega}_2\end{matrix}\right\|}{\mathfrak{N}(\omega_2)^s} \frac{\omega_2}{\overline{\omega}_2} \cdot 2\zeta(2s) = 2\mathfrak{J}(\omega)\frac{\omega_2}{\overline{\omega}_2} \cdot \frac{\pi^2}{3} + O(s-1)\,.\end{aligned} \tag{9.16}$$

[1]) Eine Verwechselung mit dem in (9.13) in anderer Bedeutung verwendeten Zeichen ω ist nicht zu befürchten.

Für den zweiten Bestandteil erhält man durch Anwendung der Poissonschen Summenformel (3.6) auf die innere Summe:

$$(9.17)\quad \psi_s^*\begin{pmatrix}\omega_1\\ \omega_2\end{pmatrix} = \begin{Vmatrix}\omega_1 & \bar\omega_1\\ \omega_2 & \bar\omega_2\end{Vmatrix} \sideset{}{'}\sum_{m_1=-\infty}^{\infty} \sum_{m_2=-\infty}^{\infty} \int_{-\infty}^{\infty} \frac{(m_1\omega_1 + t\omega_2)^2}{\mathfrak{R}(m_1\omega_1 + t\omega_2)^{s+1}} e^{2\pi i m_2 t}\, dt$$

$$= \frac{\begin{Vmatrix}\omega_1 & \bar\omega_1\\ \omega_2 & \bar\omega_2\end{Vmatrix}}{\mathfrak{R}(\omega_2)^s} \frac{\omega_2}{\bar\omega_2} \sideset{}{'}\sum_{m_1=-\infty}^{\infty} \sum_{m_2=-\infty}^{\infty} \int_{-\infty}^{\infty} \frac{\left(t - m_1\frac{\omega_1}{\omega_2}\right)^2}{\mathfrak{R}\left(t - m_1\frac{\omega_1}{\omega_2}\right)^{s+1}} e^{2\pi i m_2 t}\, dt$$

$$= \frac{\begin{Vmatrix}\omega_1 & \bar\omega_1\\ \omega_2 & \bar\omega_2\end{Vmatrix}}{\mathfrak{R}(\omega_2)^s} \frac{\omega_2}{\bar\omega_2} \sideset{}{'}\sum_{m_1=-\infty}^{\infty} \frac{1}{|m_1|^{2s-1}} \sum_{m_2=-\infty}^{\infty} \int_{-\infty}^{\infty} \frac{(t-\omega)^2}{\mathfrak{R}(t-\omega)^{s+1}} e^{2\pi i m_1 m_2 t}\, dt.$$

Bei der Auswertung der Fourierkoeffizienten in (9.17) hat man die Fälle $m_2 = 0$ und $m_2 \neq 0$ zu trennen.

Sei zunächst $m_2 = 0$. Unter Beachtung der Identitäten

$$(t-\omega)^2 = \mathfrak{I}(\omega)^2\left(\frac{t-\mathfrak{R}(\omega)}{\mathfrak{I}(\omega)} - i\right)^2, \qquad \mathfrak{R}(t-\omega) = \left(t - \mathfrak{R}(\omega)\right)^2 + \mathfrak{I}(\omega)^2$$

und der Normierung $\mathfrak{I}(\omega) > 0$ ergibt sich vermöge der Substitution $t - \mathfrak{R}(\omega) \to \mathfrak{I}(\omega)\, t$ nach (4.14) für den Wert des Integrals:

$$(9.18)\quad \int_{-\infty}^{\infty} \frac{(t-\omega)^2\, dt}{\mathfrak{R}(t-\omega)^{s+1}} = \frac{1}{\mathfrak{I}(\omega)^{2s-1}} \int_{-\infty}^{\infty} \frac{(t-i)^2\, dt}{(t^2+1)^{s+1}} = \frac{1}{\mathfrak{I}(\omega)^{2s-1}} \int_{-\infty}^{\infty} \frac{(t^2-1)\, dt}{(t^2+1)^{s+1}}$$

$$= \frac{1}{\mathfrak{I}(\omega)^{2s-1}} \left(\int_{-\infty}^{\infty} \frac{dt}{(t^2+1)^s} - 2\int_{-\infty}^{\infty} \frac{dt}{(t^2+1)^{s+1}} \right)$$

$$= \frac{1}{\mathfrak{I}(\omega)^{2s-1}} \left(\frac{\Gamma\left(\frac{1}{2}\right)\Gamma\left(s-\frac{1}{2}\right)}{\Gamma(s)} - 2\,\frac{\Gamma\left(\frac{1}{2}\right)\Gamma\left(s+\frac{1}{2}\right)}{\Gamma(s+1)} \right)$$

$$= -\frac{1}{\mathfrak{I}(\omega)^{2s-1}} \cdot \frac{\Gamma\left(\frac{1}{2}\right)\Gamma\left(s-\frac{1}{2}\right)}{\Gamma(s+1)} (s-1)\,.$$

Summation über m_1 liefert dann im Fall $m_2 = 0$ den Beitrag

$$(9.19)\quad \sum\nolimits_0 = \frac{\begin{Vmatrix}\omega_1 & \bar\omega_1\\ \omega_2 & \bar\omega_2\end{Vmatrix}}{\mathfrak{R}(\omega_2)^s} \frac{\omega_2}{\bar\omega_2} \cdot \frac{-1}{\mathfrak{I}(\omega)^{2s-1}} \cdot \frac{\Gamma\left(\frac{1}{2}\right)\Gamma\left(s-\frac{1}{2}\right)}{\Gamma(s+1)} (s-1)\cdot 2\zeta(2s-1)$$

$$= -2\pi \frac{\omega_2}{\bar\omega_2} + O(s-1)\,,$$

wobei zuletzt (4.17) benutzt ist.

Im Fall $m_2 \neq 0$ gilt nun, wie sich im einzelnen unter Benutzung von Formeln des Typus (4.19), (4.20); (8.18), (8.19) genau wie früher begründen läßt, analog zu (4.21) die Grenzbeziehung:

$$(9.20)\quad \sum\nolimits_1 = \frac{\begin{Vmatrix}\omega_1 & \overline{\omega}_1 \\ \omega_2 & \overline{\omega}_2\end{Vmatrix}}{\mathfrak{N}(\omega_2)^s}\, \frac{\omega_2}{\overline{\omega}_2} \sum_{m_1=-\infty}^{\infty}{}' \frac{1}{|m_1|^{2s-1}} \sum_{m_2=-\infty}^{\infty}{}' \int_{-\infty}^{\infty} \frac{(t-\omega)^2}{\mathfrak{N}(t-\omega)^{s+1}}\, e^{2\pi i m_1 m_2 t}\, dt$$

$$= \frac{\begin{Vmatrix}\omega_1 & \overline{\omega}_1 \\ \omega_2 & \overline{\omega}_2\end{Vmatrix}}{\mathfrak{N}(\omega_2)}\, \frac{\omega_2}{\overline{\omega}_2} \sum_{m_1=-\infty}^{\infty}{}' \frac{1}{|m_1|} \sum_{m_2=-\infty}^{\infty}{}' \int_{-\infty}^{\infty} \frac{(t-\omega)^2}{\mathfrak{N}(t-\omega)^2}\, e^{2\pi i m_1 m_2 t}\, dt + O(s-1).$$

Die hierin zuletzt auftretenden Integrale lassen sich sofort nach dem Residuensatz auswerten. Man findet

$$(9.21)\quad \int_{-\infty}^{\infty} \frac{(t-\omega)^2}{\mathfrak{N}(t-\omega)^2}\, e^{2\pi i m_1 m_2 t}\, dt =$$

$$= \int_{-\infty}^{\infty} \frac{e^{2\pi i m_1 m_2 t}\, dt}{(t-\overline{\omega})^2} = \begin{Bmatrix} 0 & \text{für} & m_1 m_2 > 0 \\ -2\pi i \cdot 2\pi i m_1 m_2 e^{2\psi i m_1 m_2 \overline{\omega}} & \text{für} & m_1 m_2 < 0 \end{Bmatrix}.$$

Trägt man diese Werte in die Entwicklung (9.20) ein, so wird

$$(9.22)\quad \sum\nolimits_1 = \frac{\begin{Vmatrix}\omega_1 & \overline{\omega}_1 \\ \omega_2 & \overline{\omega}_2\end{Vmatrix}}{\mathfrak{N}(\omega_2)}\, \frac{\omega_2}{\overline{\omega}_2} \cdot 4\pi i \sum_{m_1=1}^{\infty} \sum_{m_2=1}^{\infty} \frac{1}{m_1} (2\pi i m_1 m_2)\, e^{-2\pi i m_1 m_2 \overline{\omega}} + O(s-1)$$

$$= 8\pi i\, \mathfrak{J}(\omega)\, \frac{\omega_2}{\overline{\omega}_2} \cdot \frac{d}{d\overline{\omega}} \log \prod_{m=1}^{\infty} (1 - e^{-2\pi i m \overline{\omega}}) + O(s-1)\,,$$

und somit ergibt sich auch für die Funktion $\psi_s^*\begin{pmatrix}\omega_1 \\ \omega_2\end{pmatrix}$ nach (9.19), (9.22) die Existenz und Endlichkeit des Grenzwerts für $s \to 1+$:

$$(9.23)\quad \psi_s^*\begin{pmatrix}\omega_1 \\ \omega_2\end{pmatrix} = -2\pi \frac{\omega_2}{\overline{\omega}_2} + 8\pi i \mathfrak{J}(\omega) \frac{\omega_2}{\overline{\omega}_2} \cdot \frac{d}{d\overline{\omega}} \log \prod_{m=1}^{\infty} (1 - e^{-2\pi i m \overline{\omega}}) + O(s-1)\,.$$

Aus dem Grenzverhalten der Beiträge (9.16), (9.23) folgt damit auch für die Eisensteinsche Reihe $\psi_s(\mathfrak{w})$ selbst in (9.13), (9.14) die Existenz und Endlichkeit des Grenzwerts für $s \to 1+$. Man erhält so für die invariante Bildung $\psi_s(\mathfrak{w})$ die Grenzformel in nicht-invarianter, inhomogener Gestalt:

$$(9.24)\quad \psi_s(\mathfrak{w}) = \psi_s\begin{pmatrix}\omega_1 \\ \omega_2\end{pmatrix} = \frac{2\pi^2}{3} \mathfrak{J}(\omega) \frac{\omega_2}{\overline{\omega}_2} - 2\pi \frac{\omega_2}{\overline{\omega}_2} +$$

$$+ 8\pi i \mathfrak{J}(\omega) \frac{\omega_2}{\overline{\omega}_2} \cdot \frac{d}{d\overline{\omega}} \log \prod_{m=1}^{\infty} (1 - e^{-2\pi i m \overline{\omega}}) + O(s-1)\,.$$

Für die Funktion $L(s|\mathfrak{k})$ in (9.8), (9.12) ergibt sich danach zunächst:

$$(9.25)\quad L(s|\mathfrak{k}) = -\frac{2\pi}{|\delta_f|}\int_1^{\varepsilon_f}\Im\Big(\frac{\pi}{6}\Im(\gamma(x))\frac{\overline{\gamma_2(x)}}{\gamma_2(x)} - \frac{1}{2}\frac{\overline{\gamma_2(x)}}{\gamma_2(x)} + $$
$$+ 2i\Im(\gamma(x))\frac{\overline{\gamma_2(x)}}{\gamma_2(x)}\cdot\frac{d}{d\overline{\gamma(x)}}\log\prod_{m=1}^{\infty}(1-e^{-2\pi i m\overline{\gamma(x)}})\Big)d\log x + O(s-1),$$

mit den bereits in § 6 eingeführten Bezeichnungen $(\mathfrak{c})_f = \begin{pmatrix}\gamma_1\\ \gamma_2\end{pmatrix}$, $\mathfrak{c}_f(x) = \begin{pmatrix}\gamma_1(x)\\ \gamma_2(x)\end{pmatrix}$, wobei der Basisquotient $\gamma(x) = \frac{\gamma_1(x)}{\gamma_2(x)}$ zu $\Im(\gamma(x)) > 0$ normiert ist. Nun ist einerseits nach (6.9)

$$\Im(\gamma(x))\frac{\overline{\gamma_2(x)}}{\gamma_2(x)} = \frac{\gamma_1(x)\overline{\gamma_2(x)} - \overline{\gamma_1(x)}\,\gamma_2(x)}{2i\gamma_2(x)\,\overline{\gamma_2(x)}}\cdot\frac{\overline{\gamma_2(x)}}{\gamma_2(x)} = \frac{\delta(\mathfrak{c}_f(x))}{2i\gamma_2(x)^2} = \frac{\delta(\mathfrak{c}_f)}{\gamma_2(x)^2},$$

andererseits hat man

$$\frac{d\overline{\gamma(x)}}{d\log x} = x\frac{d}{dx}\left(\frac{\overline{\gamma_1(x)}}{\overline{\gamma_2(x)}}\right) = x\frac{d}{dx}\left(\frac{\gamma_1 x + \gamma_1' i x^{-1}}{\gamma_2 x + \gamma_2' i x^{-1}}\right) = \frac{2i\delta(\mathfrak{c}_f)}{\overline{\gamma_2(x)}^2},$$

so daß also

$$(9.26)\qquad \Im(\gamma(x))\frac{\overline{\gamma_2(x)}}{\gamma_2(x)} = \frac{1}{2i}\frac{d\overline{\gamma(x)}}{d\log x}$$

ist. Damit wird dann weiter

$$(9.27)\quad L(s|\mathfrak{k}) = -\frac{2\pi}{|\delta_f|}\Im\left(\int_1^{\varepsilon_f}\Big(-\frac{2\pi i}{24} + \frac{d}{d\overline{\gamma(x)}}\log\prod_{m=1}^{\infty}(1-e^{-2\pi i m\overline{\gamma(x)}})\Big)d\overline{\gamma(x)}\right) +$$
$$+ \frac{\pi}{|\delta_f|}\Im\left(\int_1^{\varepsilon_f}\frac{\overline{\gamma_2(x)}}{\gamma_2(x)}d\log x\right) + O(s-1)$$
$$= \frac{2\pi}{|\delta_f|}\Im\left(\int_1^{\varepsilon_f}\Big(\frac{2\pi i}{24} + \frac{d}{d\gamma(x)}\log\prod_{m=1}^{\infty}(1-e^{2\pi i m\gamma(x)})\Big)d\gamma(x)\right) -$$
$$- \frac{\pi}{|\delta_f|}\Im\left(\int_1^{\varepsilon_f}\frac{\overline{\gamma_2(x)}}{\gamma_2(x)}d\log x\right) + O(s-1).$$

Hierin lassen sich die Integrationen ausführen. Zunächst ist unmittelbar

$$\int_1^{\varepsilon_f}\Big(\frac{2\pi i}{24} + \frac{d}{d\gamma(x)}\log\prod_{m=1}^{\infty}(1-e^{2\pi i m\gamma(x)})\Big)d\gamma(x) = \log\left(e^{\frac{2\pi i\gamma(x)}{24}}\prod_{m=1}^{\infty}(1-e^{2\pi i m\gamma(x)})\right)\Bigg|_{x=1}^{x=\varepsilon_f}.$$

Ferner ist

$$\int_1^{\varepsilon_f}\frac{\overline{\gamma_2(x)}}{\gamma_2(x)}d\log x = \int_1^{\varepsilon_f}\frac{\gamma_2 x + \gamma_2' i x^{-1}}{\gamma_2 x - \gamma_2' i x^{-1}}\frac{dx}{x} = \int_1^{\varepsilon_f}\frac{\gamma_2 + \gamma_2' i\, x^{-2}}{\gamma_2 x - \gamma_2' i\, x^{-1}}dx$$
$$= \log(\gamma_2 x - \gamma_2' i x^{-1})\Big|_{x=1}^{x=\varepsilon_f} = \log\gamma_2(x)\Big|_{x=1}^{x=\varepsilon_f},$$

wobei die Logarithmen als Hauptwerte, mit Imaginärteil zwischen $-\pi i$ und $+\pi i$, zu nehmen sind.

Zusammengenommen ergibt sich damit gemäß (9.27) für die Funktion $L(s|\mathfrak{k})$ die Grenzformel in nicht-invarianter, inhomogener Gestalt:

$$(9.28)\qquad L(s|\mathfrak{k}) = \frac{2\pi}{\sqrt{D_f}}\,\Im\left[\log\frac{e^{\frac{2\pi i\gamma(x)}{24}}\prod\limits_{m=1}^{\infty}\left(1-e^{2\pi i m\gamma(x)}\right)}{\sqrt{\gamma_2(x)}}\right]_{x=1}^{x=\varepsilon_f} + O(s-1),$$

und hieraus erhält man sofort unter Beachtung von (4.28) die für beliebige Basen $\begin{pmatrix}\gamma_1\\ \gamma_2\end{pmatrix}$ des Ringideals $(\mathfrak{c})_f$ gültige Grenzformel in invarianter, homogener Gestalt:

$$(9.29)\qquad L(s|\mathfrak{k}) = \frac{2\pi}{\sqrt{D_f}}\,\Im\left[\log\sqrt[24]{\Delta\begin{pmatrix}\gamma_1(x)\\ \gamma_2(x)\end{pmatrix}}\right]_{x=1}^{x=\varepsilon_f} + O(s-1)\,.$$

Hierin hängen nun die Argumentwerte für die obere und die untere Integrationsgrenze durch eine Modulsubstitution M der Determinante $+1$ zusammen:

$$\begin{pmatrix}\gamma_1(\varepsilon_f)\\ \gamma_2(\varepsilon_f)\end{pmatrix} = M\begin{pmatrix}\gamma_1(1)\\ \gamma_2(1)\end{pmatrix}.$$

Die ganzzahligen Koeffizienten der unimodularen Matrix $M = \begin{pmatrix}a & b\\ c & \partial\end{pmatrix}$ bestimmen sich dabei aus der Matrizengleichung:

$$\begin{pmatrix}\gamma_1\varepsilon_f & \gamma_1^\tau\varepsilon_f^\tau\\ \gamma_2\varepsilon_f & \gamma_2^\tau\varepsilon_f^\tau\end{pmatrix} = \begin{pmatrix}\gamma_1 & \gamma_1^\tau\\ \gamma_2 & \gamma_2^\tau\end{pmatrix}\begin{pmatrix}\varepsilon_f & 0\\ 0 & \varepsilon_f^\tau\end{pmatrix} = \begin{pmatrix}a & b\\ c & \partial\end{pmatrix}\begin{pmatrix}\gamma_1 & \gamma_1^\tau\\ \gamma_2 & \gamma_2^\tau\end{pmatrix}$$

$$\text{mit } |M| = \begin{vmatrix}a & b\\ c & \partial\end{vmatrix} = N(\varepsilon_f) = +1$$

und haben die expliziten Werte:

$$(9.30)\qquad \left\{\begin{matrix} a = S\left(\frac{\gamma_1\gamma_2^\tau\varepsilon_f}{\delta(\mathfrak{c}_f)}\right) & b = S\left(\frac{\gamma_1\gamma_1^\tau\varepsilon_f^\tau}{\delta(\mathfrak{c}_f)}\right)\\ c = S\left(\frac{\gamma_2\gamma_2^\tau\varepsilon_f}{\delta(\mathfrak{c}_f)}\right) & \partial = S\left(\frac{\gamma_1\gamma_2^\tau\varepsilon_f^\tau}{\delta(\mathfrak{c}_f)}\right)\end{matrix}\right\}.$$

Auf Grund der Tatsache, daß der Quotient $\dfrac{\sqrt[24]{\Delta\left(M\begin{pmatrix}\omega_1\\ \omega_2\end{pmatrix}\right)}}{\sqrt[24]{\Delta\begin{pmatrix}\omega_1\\ \omega_2\end{pmatrix}}}$ sogar bei variablem Argument $\begin{pmatrix}\omega_1\\ \omega_2\end{pmatrix}$ mit $\delta\begin{pmatrix}\omega_1\\ \omega_2\end{pmatrix} \neq 0$, bis auf das durch $\delta\begin{pmatrix}\omega_1\\ \omega_2\end{pmatrix}$ bestimmte Vorzeichen, nicht von $\begin{pmatrix}\omega_1\\ \omega_2\end{pmatrix}$, sondern ausschließlich von der Modulsubstitution M abhängt, ergibt sich nunmehr für die Funktion $L(s|\mathfrak{k})$ in (9.8) die gegenüber

(9.29) formal allgemeinere *implizite Kroneckersche Grenzformel für die L-Funktion der Ringklasse* $\mathfrak{k}$ mod $\mathfrak{f}p_\infty$ *(im erweiterten Sinne) in einem reell-quadratischen Zahlkörper*:

$$(9.31)\qquad L(s|\mathfrak{k}) = \frac{2\pi}{\sqrt{D_f}}\,\Im\left(\log\frac{\sqrt[24]{\Delta\left(M\begin{pmatrix}\omega_1\\\omega_2\end{pmatrix}\right)}}{\sqrt[24]{\Delta\begin{pmatrix}\omega_1\\\omega_2\end{pmatrix}}}\right) + O(s-1)$$

$$\text{mit}\quad \operatorname{sgn}\frac{\delta\begin{pmatrix}\omega_1\\\omega_2\end{pmatrix}}{2i} = \operatorname{sgn}\delta(\mathfrak{c}_f)\,.$$

Um von dieser impliziten Gestalt zur expliziten Gestalt der Kroneckerschen Grenzformel für $L(s|\mathfrak{k})$ zu gelangen, hat man nun noch das Transformationsverhalten der Funktion $\log\sqrt[24]{\Delta\begin{pmatrix}\omega_1\\\omega_2\end{pmatrix}}$ gegenüber Modulsubstitutionen der Determinante $+1$ festzustellen (vgl. § 11, 2).

§ 10. Die implizite Grenzformel für die L-Funktionen der Strahlklassen mod $\mathfrak{f}p_\infty$ in einem reell-quadratischen Zahlkörper

1. Es sei Ω ein reell-quadratischer Zahlkörper mit der Diskriminante $d_\Omega = d > 0$, ferner $\bar{\mathfrak{f}} = \mathfrak{f}p_\infty$ mit $\mathfrak{f} \neq 1$ ein ganzer Divisor von Ω und $\Omega_{\bar{\mathfrak{f}}}$ der *Zahlstrahl* mod $\bar{\mathfrak{f}}$ *in* Ω. $\Omega_{\bar{\mathfrak{f}}}$ besteht aus allen denjenigen (zu $\mathfrak{f}$ primen) Zahlen α aus Ω mit positiver Norm, deren Kongruenzwert mod $\mathfrak{f}$ gleich 1 ist. Diese Zahlgruppe $\Omega_{\bar{\mathfrak{f}}}$ bildet die Hauptklasse einer Einteilung aller zu $\bar{\mathfrak{f}}$ primen Divisoren von Ω. Diese *Hauptstrahlklasse* mod $\bar{\mathfrak{f}}$ besteht dann also aus allen (zu $\bar{\mathfrak{f}}$ primen) Hauptdivisoren (α) mit den Eigenschaften

$$\begin{Bmatrix}\alpha \equiv 1 \bmod \mathfrak{f}\\ \alpha \equiv \pm 1 \bmod p_\infty\end{Bmatrix},$$

bei geeigneter Normierung von α unter Assoziierten, und die Divisorenklassen nach ihr bilden die *Strahlklassen* mod $\mathfrak{f}p_\infty$[1]).

Es sei weiter $\chi \neq 1$ ein (echter) Charakter der Strahlklassengruppe mod $\bar{\mathfrak{f}}$ vom Führer $\bar{\mathfrak{f}}_\chi = \mathfrak{f}_\chi p_\infty$ mit $\mathfrak{f}_\chi \neq 1$.

---

[1]) Diese Begriffserklärung stimmt mit der in der Klassenkörpertheorie sonst üblichen nicht überein, indem dort unter dem Zahlstrahl mod $\mathfrak{f}p_\infty$ die Gruppe aller total-positiven Zahlen $\alpha \equiv 1 \bmod \mathfrak{f}$, d.h. aller $\alpha \equiv 1 \bmod \mathfrak{f}p_\infty$ verstanden wird. Die nach diesem feineren Strahl gebildete Strahlklassengruppe mod $\mathfrak{f}p_\infty$ fällt dann nicht notwendig mit der oben so genannten Divisorenklassengruppe zusammen. Doch kommt es für den hier vorliegenden Zweck der Berechnung von $L(1|\chi)$ auf diese feinstmögliche Divisorklasseneinteilung der Klassenkörpertheorie nicht an.

Für die anschließend durchzuführende Berechnung des Wertes der eigentlichen L-Reihe zu einem Nicht-Hauptcharakter χ

$$L(s|\chi) = \sum_{\substack{\mathfrak{g} \text{ ganz} \\ (\mathfrak{g}, \bar{\mathfrak{f}}) = 1}} \frac{\chi(\mathfrak{g})}{\mathfrak{N}(\mathfrak{g})^s} \tag{10.1}$$

für $s = 1$ sei, abweichend von der soeben eingeführten Bezeichnungsweise, abkürzend $\bar{\mathfrak{f}}_\chi = \bar{\mathfrak{f}} = \mathfrak{f} p_\infty$ gesetzt.

Es durchlaufe $\mathfrak{K}^+$ alle absoluten Divisorenklassen im engeren Sinne von Ω und jeweils $\mathfrak{k}$ die Strahlklassen mod $\bar{\mathfrak{f}}$ von Ω, in die $\mathfrak{K}^{+-1}$ zerfällt. Dann ergibt sich bei dieser Aufspaltung die Darstellung:

$$L(s|\chi) = \sum_{\mathfrak{K}^+} \sum_{\mathfrak{k} \text{ in } \mathfrak{K}^{+-1}} \chi(\mathfrak{k}) \, \zeta(s|\mathfrak{k}) \,, \tag{10.2}$$

wo

$$\zeta(s|\mathfrak{k}) = \sum_{\substack{\mathfrak{g} \text{ ganz} \\ \mathfrak{g} \text{ in } \mathfrak{k}}} \frac{1}{\mathfrak{N}(\mathfrak{g})^s} \,, \tag{10.3}$$

die *Zetafunktion der Strahlklasse* $\mathfrak{k}$ mod $\mathfrak{f} p_\infty$ bedeutet.

Es seien nun gewählt:

In $\mathfrak{K}^+$ ein beliebiger Vertreter $\mathfrak{c}$; dann sind den ganzen Divisoren $\mathfrak{g}$ aus $\mathfrak{k}$ gemäß $\mathfrak{g}\mathfrak{c} \cong \gamma$ Zahlen $\gamma \equiv 0 \bmod^+ \mathfrak{c}$ aus Ω zugeordnet, die nur bis auf willkürliche Auswahl unter Assoziierten festliegen;

in $\mathfrak{k}$ ein ganzer Vertreter $\mathfrak{r}$, mit zugeordneter Zahl $\mathfrak{r}\mathfrak{c} \cong \varrho$; bei geeigneter Normierung unter Assoziierten sind dann die den ganzen $\mathfrak{g}$ aus $\mathfrak{k}$ zugeordneten γ durch

$$\gamma \equiv \varrho \bmod^+ \mathfrak{c}\mathfrak{f} \,, \qquad \operatorname{sgn} N(\gamma) = \operatorname{sgn} N(\varrho)$$

gekennzeichnet, wo der Zahlvertreter ϱ noch zu $N(\varrho) > 0$ normiert werden kann. Hierbei gilt $\varrho \not\equiv 0 \bmod^+ \mathfrak{c}\mathfrak{f}$, da die Bedingung $(\mathfrak{r}, \mathfrak{f}) = 1$ besteht und $\mathfrak{f} \neq 1$ vorausgesetzt ist.

Damit ergibt sich für die Zetafunktion der Strahlklasse $\mathfrak{k}$ mod $\mathfrak{f} p_\infty$ in (10.3), in Analogie zu (8.4), die Darstellung:

$$\zeta(s|\mathfrak{k}) = \mathfrak{N}(\mathfrak{c})^s \sideset{}{^*}\sum_{\substack{\gamma \equiv \varrho \bmod^+ \mathfrak{c}\mathfrak{f} \\ \operatorname{sgn} N(\gamma) = \operatorname{sgn} N(\varrho)}} \frac{1}{\mathfrak{N}(\gamma)^s} \,, \tag{10.4}$$

wo die Summation über ein Vertretersystem nicht-assoziierter γ mit den angegebenen Eigenschaften zu erstrecken ist.

Die Strahlklassen mod $\bar{\mathfrak{f}}$ seien nun zu Paaren komplementärer $\mathfrak{k}, \hat{\mathfrak{k}}$ zusammengefaßt, die je eine Strahlklasse mod $\mathfrak{f}$ zusammensetzen. Dabei gilt dann

$$\chi(\hat{\mathfrak{k}}) = -\chi(\mathfrak{k}) \,, \quad \zeta(s|\hat{\mathfrak{k}}) = \mathfrak{N}(\mathfrak{c})^s \sideset{}{^*}\sum_{\substack{\gamma \equiv \varrho \bmod^+ \mathfrak{c}\mathfrak{f} \\ \operatorname{sgn} N(\gamma) = -\operatorname{sgn} N(\varrho)}} \frac{1}{\mathfrak{N}(\gamma)^s} \,.$$

Folglich liefert ein solches Paar zu $L(s|\chi)$ den Beitrag

$$\chi(\mathfrak{k})\zeta(s|\mathfrak{k}) + \chi(\hat{\mathfrak{k}})\zeta(s|\hat{\mathfrak{k}}) = \chi(\mathfrak{k})L(s|\mathfrak{k}),$$

wo

$$L(s|\mathfrak{k}) = \operatorname{sgn} N(\varrho) \cdot \mathfrak{N}(\mathfrak{c})^s \sum_{\gamma \equiv \varrho \bmod^+ \mathfrak{c}\mathfrak{f}}^{*} \frac{\operatorname{sgn} N(\gamma)}{\mathfrak{N}(\gamma)^s} \tag{10.5}$$

die *L-Funktion der Strahlklasse* $\mathfrak{k}$ mod $\mathfrak{f}p_\infty$ bedeutet. Diese ist eine Invariante der Strahlklasse $\mathfrak{k}$ mit der Eigenschaft

$$L(s|\hat{\mathfrak{k}}) = - L(s|\mathfrak{k}).$$

Somit ergibt sich für $L(s|\chi)$ in (10.2) die Gesamtdarstellung:

$$L(s|\chi) = \frac{1}{2} \sum_{\mathfrak{K}^+} \sum_{\mathfrak{k} \text{ in } \mathfrak{K}^{+-1}} \chi(\mathfrak{k})L(s|\mathfrak{k}), \tag{10.6}$$

wo $\mathfrak{K}^+$ alle absoluten Divisorenklassen im engeren Sinne von Ω und dann jeweils $\mathfrak{k}$ sämtliche Strahlklassen mod $\bar{\mathfrak{f}}$ von Ω durchläuft, in die $\mathfrak{K}^{+-1}$ zerfällt.

2. Es erweist sich zur Vereinfachung der nachfolgenden Rechnungen als zweckmäßig, eine feste Normierung des Zahlvertreters $\mathfrak{r}\mathfrak{c} \cong \varrho$ unter seinen Assoziierten zu treffen. Wählt man etwa ϱ derart, daß $\operatorname{sgn} N(\varrho) = 1$ ist, so wird einfacher

$$L(s|\mathfrak{k}) = \mathfrak{N}(\mathfrak{c})^s \sum_{\gamma \equiv \varrho \bmod^+ \mathfrak{c}\mathfrak{f}}^{*} \frac{\operatorname{sgn} N(\gamma)}{\mathfrak{N}(\gamma)^s}. \tag{10.7}$$

Stellt man wieder jeweils ein einzelnes Glied der Reihe

$$\frac{\operatorname{sgn} N(\gamma)}{\mathfrak{N}(\gamma)^s} = \frac{\gamma}{|\gamma|^{s+1}} \cdot \frac{\gamma'}{|\gamma'|^{s+1}}$$

durch das Γ-Integral dar [Hecke (3)]:

$$\frac{\operatorname{sgn} N(\gamma)}{\mathfrak{N}(\gamma)^s} = \frac{4\,\Gamma(s+1)}{\Gamma\left(\frac{s+1}{2}\right)^2} \int_0^\infty \frac{\gamma\gamma'}{(\gamma^2 x^2 + \gamma'^2 x^{-2})^{s+1}}\, d\log x, \tag{10.8}$$

so wird zunächst

$$L(s|\mathfrak{k}) = \frac{4\,\Gamma(s+1)}{\Gamma\left(\frac{s+1}{2}\right)^2} \int_0^\infty \mathfrak{N}(\mathfrak{c})^s \sum_{\gamma \equiv \varrho \bmod^+ \mathfrak{c}\mathfrak{f}}^{*} \frac{\gamma\gamma'}{\mathfrak{N}(\gamma(x))^{s+1}}\, d\log x. \tag{10.9}$$

Es sei nun $\eta_{\mathfrak{f}} \equiv 1 \bmod \mathfrak{f}$ die Grundeinheit von $\Omega_{\mathfrak{f}}$. Da $\bar{\mathfrak{f}} = \mathfrak{f}p_\infty$ Führer eines e c h t e n Strahlklassencharakters ist, gilt sogar $\pm\eta_{\mathfrak{f}} \equiv 1 \bmod p_\infty$, d.h. $N(\eta_{\mathfrak{f}}) = 1$. Hier ist also $\eta_{\mathfrak{f}}$ zugleich die sogenannte *schwache Grundeinheit* mod $\bar{\mathfrak{f}}$ *von* Ω [Hasse (4)]. Gegenüber $\eta_{\mathfrak{f}}^{-1}$ sei $\eta_{\mathfrak{f}}$ durch die Festsetzung $|\eta_{\mathfrak{f}}| > 1$ normiert. Nach dem Heckeschen Verfahren ergibt sich dann, unter Beachtung von $-1 \not\equiv 1 \bmod \mathfrak{f}$, in Analogie zu (7.5), (8.10), für die *L-Funktion der Strahlklasse* $\mathfrak{k}$ mod $\mathfrak{f}\, p_\infty$ die fundamentale Darstellung:

(10.10)

$$L(s|\mathfrak{k}) = \mathfrak{N}(\mathfrak{c})^s \sum_{\gamma\equiv\varrho \bmod^+\mathfrak{c}\mathfrak{f}}^{*} \frac{\operatorname{sgn} N(\gamma)}{\mathfrak{N}(\gamma)^s} = \frac{4\,\Gamma(s+1)}{\Gamma\left(\frac{s+1}{2}\right)^2} \int_1^{|\eta_{\mathfrak{f}}|} \mathfrak{N}(\mathfrak{c})^s \sum_{\gamma\equiv\varrho \bmod^+\mathfrak{c}\mathfrak{f}} \frac{\gamma\gamma'}{\mathfrak{N}(\gamma(x))^{s+1}}\, d\log x,$$

wo jetzt die letztere Summation über alle Zahlen $\gamma\equiv\varrho \bmod^+ \mathfrak{c}\mathfrak{f}$ zu erstrecken ist. Diese Formel läßt sich wieder so umgestalten, daß statt über die Zahlen einer Restklasse $\gamma\equiv\varrho \bmod^+ \mathfrak{c}\mathfrak{f}$ über alle Zahlen $\gamma\equiv 0 \bmod^+ \mathfrak{c}$ (außer 0) summiert wird. Unter Anwendung der Exponentialformel (5.7) wird dann, in Analogie zu (7.6), (8.11), nach einigen leichten zweckmäßigen Umformungen, bei Beschränkung auf reelle s, weiter:

(10.11)

$$L(s|\mathfrak{k}) = -\frac{\Gamma(s+1)}{\Gamma\left(\frac{s+1}{2}\right)^2}\cdot\frac{\mathfrak{N}(\mathfrak{c})^{s-1}}{\mathfrak{N}(\mathfrak{f})\,|\delta|} \sum_{\substack{\nu \bmod^+ \mathfrak{c} \\ \nu\equiv 0 \bmod^+ \frac{\mathfrak{c}}{\mathfrak{f}^\tau}}}' e^{2\pi i S\left(\frac{\varrho\nu^\tau}{\delta(\mathfrak{c})}\right)} \times$$

$$\times \int_1^{|\eta_{\mathfrak{f}}|} \mathfrak{I}\left(\sum_{\gamma(x)\equiv 0 \bmod^+\mathfrak{c}(x)}' \frac{|\delta(\mathfrak{c}(x))|\cdot\gamma^2(x)\, e^{2\pi i \mathfrak{S}\left(\frac{\gamma(x)\overline{\nu(x)}}{\delta(\mathfrak{c}(x))}\right)}}{\mathfrak{N}(\gamma(x))^{s+1}} - \sum_{\gamma(x)\equiv 0 \bmod^+\mathfrak{c}(x)}' \frac{|\delta(\mathfrak{c}(x))|\cdot\gamma^2(x)}{\mathfrak{N}(\gamma(x))^{s+1}}\right) d\log x,$$

worin nunmehr jeweils die Summation über alle von Null verschiedenen $\gamma(x)\equiv 0 \bmod^+\mathfrak{c}(x)$, d. h. $\gamma\equiv 0 \bmod^+\mathfrak{c}$ zu erstrecken ist.

3. Zur Feststellung des Grenzverhaltens der Funktion $L(s|\mathfrak{k})$ für $s\to 1+$ hat man zunächst das Grenzverhalten eines einzelnen Gliedes in der rechts in (10.11) auftretenden $(\mathfrak{N}(\mathfrak{f})-1)$-gliedrigen Summe zu ermitteln. Dazu werde zunächst in enger Anlehnung an das Vorgehen in § 9,4 ganz allgemein für einen beliebigen komplexen Modul $\mathfrak{w}$ vom Range 2 und ein beliebiges komplexes Argument $u\not\equiv 0 \bmod^+ \mathfrak{w}$ die Differenz zweier für $\mathfrak{R}(s)>1$ absolut-konvergenter Eisensteinscher Reihen

(10.12)

$$\chi_s(u|\mathfrak{w}) = \psi_s(u|\mathfrak{w}) - \psi_s(\mathfrak{w})$$

betrachtet, wo der Minuend durch

(10.13)

$$\psi_s(u|\mathfrak{w}) = \sum_{\omega\equiv 0 \bmod^+\mathfrak{w}}' \frac{|\delta(\mathfrak{w})|\cdot\omega^2\, e^{2\pi i \mathfrak{S}\left(\frac{\omega\bar{u}}{\delta(\mathfrak{w})}\right)}}{\mathfrak{N}(\omega)^{s+1}}$$

erklärt ist, während der Subtrahend die in (9.13) angegebene Bedeutung hat. Diese Funktion $\chi_s(u|\mathfrak{w})$ hat offenbar die folgenden formalen Eigenschaften:

1. $\chi_s(u|\mathfrak{w})$ hängt nur vom Modul $\mathfrak{w}$, nicht aber von einer speziellen Basis des Moduls ab; $\chi_s(u|\mathfrak{w})$ ist also eine Funktion erster Stufe.

2. $\chi_s(u|\mathfrak{w})$ hängt nur von der Restklasse $u \bmod^{+} \mathfrak{w}$ ab, ist also als Funktion von u doppeltperiodisch mit dem Periodenmodul $\mathfrak{w}$.
Dies folgt aus der Koordinatendarstellung

$$\mathfrak{S}\left(\frac{\omega\,\bar{u}}{\delta(\mathfrak{w})}\right) = \begin{vmatrix} m_1 & m_2 \\ u_1 & u_2 \end{vmatrix} \quad \text{für} \quad \left\{\begin{array}{ll} \omega = m_1\omega_1 + m_2\omega_2 & \text{mit ganzrationalen } m_1, m_2 \\ u = u_1\omega_1 + u_2\omega_2 & \text{mit reellen } u_1, u_2 \end{array}\right\}.$$

3. $\chi_s(u|\mathfrak{w})$ hat als Funktion von u, $\mathfrak{w}$ die Homogenitätseigenschaft:

$$\chi_s(zu|z\mathfrak{w}) = \frac{z^2}{|z|^{2s}}\chi_s(u|\mathfrak{w}) \text{ für komplexe } z \neq 0\,.$$

4. Beim Übergang zum Konjugiert-Komplexen gilt, bei Beschränkung auf reelle s, die Regel:

$$\chi_s(\bar{u}|\bar{\mathfrak{w}}) = \overline{\chi_s(u|\mathfrak{w})}\,.$$

Für die rechnerische Ermittlung des Grenzverhaltens der Funktion $\chi_s(u|\mathfrak{w})$ kommt es in Hinblick auf die für $\psi_s(\mathfrak{w})$ bereits in (9.24) gegebene Lösung nur noch auf das Verhalten der Funktion $\psi_s(u|\mathfrak{w})$ beim Grenzübergang $s \to 1+$ an. Hierfür werde eine Basis $\begin{pmatrix}\omega_1\\ \omega_2\end{pmatrix}$ von $\mathfrak{w}$ eingeführt, die, wie in § 5,4; § 8,4, einerseits eine positiv-imaginäre Basisdeterminante $\delta(\mathfrak{w}) = \delta\begin{pmatrix}\omega_1\\ \omega_2\end{pmatrix}$ besitzt, andererseits so normiert ist, daß in der Koordinatendarstellung

$$u = u_1\omega_1 + u_2\omega_2 \quad (u_1,\ u_2 \text{ reell, nicht beide ganzzahlig})$$

die erste Koordinate u_1 nicht ganzzahlig ist. Schließlich können noch wegen der Periodizität der Funktion $\psi_s(u|\mathfrak{w})$ die beiden Koordinaten u_1, u_2 ohne Einschränkung in den Intervallen

$$0 < u_1 < 1, \quad 0 \leqq u_2 < 1$$

angenommen werden.

Damit ergibt sich dann für $\psi_s(u|\mathfrak{w})$ die Darstellung in Koordinaten:

$$\psi_s(u|\mathfrak{w}) = \psi_s\left(u\,\middle|\,\begin{matrix}\omega_1\\ \omega_2\end{matrix}\right) = \sum_{m_1=-\infty}^{\infty}\ \sum_{m_2=-\infty}^{\infty}{}' \frac{\left\|\begin{matrix}\omega_1 & \bar{\omega}_1\\ \omega_2 & \bar{\omega}_2\end{matrix}\right\| (m_1\omega_1+m_2\omega_2)^2\, e^{2\pi i(m_1u_2-m_2u_1)}}{\mathfrak{N}(m_1\omega_1+m_2\omega_2)^{s+1}}\,. \tag{10.14}$$

Sei wieder, wie in § 5, 4; § 8, 4,

$$\psi_s\left(u\,\middle|\,\begin{matrix}\omega_1\\ \omega_2\end{matrix}\right) = \psi_s^0\left(u\,\middle|\,\begin{matrix}\omega_1\\ \omega_2\end{matrix}\right) + \psi_s^*\left(u\,\middle|\,\begin{matrix}\omega_1\\ \omega_2\end{matrix}\right) \tag{10.15}$$

die Zerlegung der Doppelreihe in die Glieder mit $m_1 = 0$ und $m_1 \neq 0$.

Für den ersten Bestandteil hat man unmittelbar:

$$\begin{aligned}
\psi_s^0\left(u\,\middle|\,\begin{matrix}\omega_1\\ \omega_2\end{matrix}\right) &= \left\|\begin{matrix}\omega_1 & \bar{\omega}_1\\ \omega_2 & \bar{\omega}_2\end{matrix}\right\| \sum_{m_2=-\infty}^{\infty}{}' \frac{(m_2\omega_2)^2\, e^{-2\pi i m_2 u_1}}{\mathfrak{N}(m_2\omega_2)^{s+1}} \\
&= \frac{\left\|\begin{matrix}\omega_1 & \bar{\omega}_1\\ \omega_2 & \bar{\omega}_2\end{matrix}\right\|}{\mathfrak{N}(\omega_2)}\,\frac{\omega_2}{\bar{\omega}_2}\cdot 2\sum_{m_2=1}^{\infty}\frac{\cos 2\pi m_2 u_1}{m_2^2} + O(s-1) \\
&= 4\pi^2\mathfrak{J}(\omega)\frac{\omega_2}{\bar{\omega}_2}\left(\frac{1}{6} - u_1 + u_1^2\right) + O(s-1),
\end{aligned} \tag{10.16}$$

wobei zuletzt (5.14) benutzt ist.

Für den zweiten Bestandteil erhält man durch Anwendung der Poissonschen Summenformel (3.6) auf die innere Summe, analog zu (5.15), (8.16):

$$(10.17)\quad \psi_s^*\left(u\middle|\begin{matrix}\omega_1\\ \omega_2\end{matrix}\right) = \left\|\begin{matrix}\omega_1 & \bar{\omega}_1\\ \omega_2 & \bar{\omega}_2\end{matrix}\right\| \sum_{m_1=-\infty}^{\infty}{}' e^{2\pi i m_1 u_2} \sum_{m_2=-\infty}^{\infty} \int_{-\infty}^{\infty} \frac{(m_1\omega_1+t\omega_2)^2}{\mathfrak{N}(m_1\omega_1+t\omega_2)^{s+1}} e^{2\pi i (m_2-u_1)t}\,dt$$

$$= \frac{\left\|\begin{matrix}\omega_1 & \bar{\omega}_1\\ \omega_2 & \bar{\omega}_2\end{matrix}\right\|}{\mathfrak{N}(\omega_2)^s} \frac{\omega_2}{\bar{\omega}_2} \sum_{m_1=-\infty}^{\infty}{}' \frac{e^{2\pi i m_1 u_2}}{|m_1|^{2s-1}} \sum_{m_2=-\infty}^{\infty} \int_{-\infty}^{\infty} \frac{(t-\omega)^2}{\mathfrak{N}(t-\omega)^{s+1}} e^{2\pi i m_1 (m_2+u_1)t}\,dt$$

$$= 2\Im(\omega)\frac{\omega_2}{\bar{\omega}_2} \sum_{m_1=-\infty}^{\infty}{}' \frac{e^{2\pi i m_1 u_2}}{|m_1|} \sum_{m_2=-\infty}^{\infty} \int_{-\infty}^{\infty} \frac{e^{2\pi i m_1 (m_2+u_1)t}\,dt}{(t-\bar{\omega})^2} + O(s-1).$$

Die hierin zuletzt auftretenden Integrale lassen sich sofort nach dem Residuensatz auswerten. Man findet

$$(10.18)\quad \int_{-\infty}^{\infty} \frac{e^{2\pi i m_1 (m_2+u_1)t}\,dt}{(t-\bar{\omega})^2} = \begin{cases} 0 & \text{für } m_1 m_2 \geqq 0 \\ -2\pi i\cdot 2\pi i m_1(m_2+u_1)\, e^{2\pi i m_1(m_2+u_1)\bar{\omega}} & \text{für } m_1 m_2 < 0 \end{cases}.$$

Trägt man diese Werte in die Entwicklung (10.17) ein, so ergibt sich

$$(10.19)\quad \psi_s^*\left(u\middle|\begin{matrix}\omega_1\\ \omega_2\end{matrix}\right) = 4\pi i\Im(\omega)\frac{\omega_2}{\bar{\omega}_2}\Bigg(\sum_{m_1=1}^{\infty}\frac{e^{-2\pi i m_1 u_2}}{m_1}\sum_{m_2=0}^{\infty}\left(2\pi i m_1(m_2+u_1)\right)e^{-2\pi i m_1(m_2+u_1)\bar{\omega}} +$$

$$+ \sum_{m_1=1}^{\infty}\frac{e^{2\pi i m_1 u_2}}{m_1}\sum_{m_2=1}^{\infty}\left(2\pi i m_1(m_2-u_1)\right)e^{-2\pi i m_1(m_2-u_1)\bar{\omega}}\Bigg) + O(s-1)$$

$$= 4\pi i\Im(\omega)\frac{\omega_2}{\bar{\omega}_2}\cdot\frac{d}{d\bar{\omega}}\log\prod_{m=0}^{\infty}\left(1-e^{-2\pi i u_2}e^{-2\pi i(m+u_1)\bar{\omega}}\right)\prod_{m=1}^{\infty}\left(1-e^{2\pi i u_2}e^{-2\pi i(m-u_1)\bar{\omega}}\right)$$

$$+ O(s-1).$$

Aus dem Grenzverhalten der Beiträge (10.16), (10.19) folgt damit auch für die Eisensteinsche Reihe $\psi_s(u|\mathfrak{w})$ selbst in (10.13), (10.14) die Existenz und Endlichkeit des Grenzwerts für $s\to 1+$. Man erhält so für die invariante Bildung $\psi_s(u|\mathfrak{w})$ die Grenzformel in nicht-invarianter, inhomogener Gestalt:

$$(10.20)\quad \psi_s(u|\mathfrak{w}) = \psi_s\left(u\middle|\begin{matrix}\omega_1\\ \omega_2\end{matrix}\right) = 4\pi^2\Im(\omega)\frac{\omega_2}{\bar{\omega}_2}\left(\frac{1}{6}-u_1+u_1^2\right) +$$

$$+ 4\pi i\Im(\omega)\frac{\omega_2}{\bar{\omega}_2}\cdot\frac{d}{d\bar{\omega}}\log\prod_{m=0}^{\infty}\left(1-e^{-2\pi i u_2}e^{-2\pi i(m+u_1)\bar{\omega}}\right)\prod_{m=1}^{\infty}\left(1-e^{2\pi i u_2}e^{-2\pi i(m-u_1)\bar{\omega}}\right)$$

$$+ O(s-1),$$

und damit endlich unter Verwendung von (9.24) für die Funktion $\chi_s(u|\mathfrak{w})$ selbst in (10.12) die Grenzformel:

$$
(10.21)\qquad \chi_s(u|\mathfrak{w}) = \chi_s\left(u\middle|\begin{matrix}\omega_1\\ \omega_2\end{matrix}\right) = 2\pi\frac{\omega_2}{\overline{\omega}_2} - 4\pi^2\Im(\omega)\frac{\omega_2}{\overline{\omega}_2}(u_1 - u_1^2) +
$$

$$
+ 4\pi i\Im(\omega)\frac{\omega_2}{\overline{\omega}_2}\cdot\frac{d}{d\overline{\omega}}\log\frac{\prod\limits_{m=0}^{\infty}\left(1 - e^{-2\pi i u_2}e^{-2\pi i(m+u_1)\overline{\omega}}\right)\prod\limits_{m=1}^{\infty}\left(1 - e^{2\pi i u_2}e^{-2\pi i(m-u_1)\overline{\omega}}\right)}{\prod\limits_{m=1}^{\infty}\left(1 - e^{-2\pi i m\overline{\omega}}\right)^2}
$$

$$
+ O(s-1).
$$

Für die Funktion $L(s|\mathfrak{k})$ in (10.7), (10.11) ergibt sich danach zunächst:

$$
(10.22)\qquad L(s|\mathfrak{k}) = -\frac{2\pi}{\mathfrak{N}(\mathfrak{f})|\delta|}\sum_{\substack{\nu \bmod^+ \mathfrak{c}\\ \nu\equiv 0 \bmod^+ \frac{\mathfrak{c}}{\mathfrak{f}^{\tau}}}}' e^{2\pi i S\left(\frac{\varrho\nu^{\tau}}{\delta(\mathfrak{c})}\right)} \times
$$

$$
\times\int\limits_1^{|\eta_{\mathfrak{f}}|}\Im\left(\frac{\gamma_2(x)}{\overline{\gamma_2(x)}} - 2\pi\Im(\gamma(x))\frac{\gamma_2(x)}{\overline{\gamma_2(x)}}\left(\frac{n_1}{f} - \frac{n_1^2}{f^2}\right) + 2i\Im(\gamma(x))\frac{\gamma_2(x)}{\overline{\gamma_2(x)}}\times\right.
$$

$$
\left.\times\frac{d}{d\overline{\gamma(x)}}\log\frac{\prod\limits_{m=0}^{\infty}\left(1 - e^{-2\pi i\frac{n_2}{f}}e^{-2\pi i\left(m+\frac{n_1}{f}\right)\overline{\gamma(x)}}\right)\prod\limits_{m=1}^{\infty}\left(1 - e^{2\pi i\frac{n_2}{f}}e^{-2\pi i\left(m-\frac{n_1}{f}\right)\overline{\gamma(x)}}\right)}{\prod\limits_{m=1}^{\infty}\left(1 - e^{-2\pi i m\overline{\gamma(x)}}\right)^2}\right)d\log x
$$

$$
+ O(s-1),
$$

mit den Bezeichnungen $(\mathfrak{c}) = \begin{pmatrix}\gamma_1\\ \gamma_2\end{pmatrix}$, $\mathfrak{c}(x) = \begin{pmatrix}\gamma_1(x)\\ \gamma_2(x)\end{pmatrix}$, wobei der Basisquotient $\gamma(x) = \frac{\gamma_1(x)}{\gamma_2(x)}$ zu $\Im(\gamma(x)) > 0$ normiert ist; ferner ist, wie in § 5, 3,

$$
\nu(x) = \frac{n_1}{f}\gamma_1(x) + \frac{n_2^0}{f_0}\gamma_2(x) = \frac{n_1}{f}\gamma_1(x) + \frac{n_2}{f}\gamma_2(x)
$$

angesetzt, wo f das kleinste natürliche Vielfache von $\mathfrak{f}$ und f_0 den größten natürlichen Teiler von $\mathfrak{f}$ bedeuten. Hieraus wird unter Beachtung von (9.26) weiter

$$
(10.23)\qquad L(s|\mathfrak{k}) = \frac{2\pi}{\mathfrak{N}(\mathfrak{f})|\delta|}\sum_{\substack{\nu \bmod^+ \mathfrak{c}\\ \nu\equiv 0 \bmod^+ \frac{\mathfrak{c}}{\mathfrak{f}^{\tau}}}}' e^{2\pi i S\left(\frac{\varrho\nu^{\tau}}{\delta(\mathfrak{c})}\right)} \times
$$

$$
\times\Im\left(\int\limits_1^{|\eta_{\mathfrak{f}}|}\frac{\overline{\gamma_2(x)}}{\gamma_2(x)}d\log x + \int\limits_1^{|\eta_{\mathfrak{f}}|}\left(\pi i\left(\frac{n_1^2}{f^2} - \frac{n_1}{f}\right) + \right.\right.
$$

$$
\left.\left. + \frac{d}{d\gamma(x)}\log\frac{\prod\limits_{m=0}^{\infty}\left(1 - e^{2\pi i\frac{n_2}{f}}e^{2\pi i\left(m+\frac{n_1}{f}\right)\gamma(x)}\right)\prod\limits_{m=1}^{\infty}\left(1 - e^{-2\pi i\frac{n_2}{f}}e^{2\pi i\left(m-\frac{n_1}{f}\right)\gamma(x)}\right)}{\prod\limits_{m=1}^{\infty}\left(1 - e^{2\pi i m\gamma(x)}\right)^2}\right)d\gamma(x)\right)
$$

$$
+ O(s-1).
$$

Zusammengenommen ergibt sich damit nach Ausführung der Integrationen für die Funktion $L(s|\mathfrak{k})$ die Grenzformel in nicht-invarianter, inhomogener Gestalt:

$$L(s|\mathfrak{k}) = \frac{2\pi}{\mathfrak{N}(\mathfrak{f})|\delta|} \sum_{\substack{\nu \bmod^+ \mathfrak{c} \\ \nu \equiv 0 \bmod^+ \frac{\mathfrak{c}}{\mathfrak{f}^\tau}}}' e^{2\pi i S\left(\frac{\varrho\nu^\tau}{\delta(\mathfrak{c})}\right)} \times \tag{10.24}$$

$$\times \Im\left[\log \gamma_2(x) \frac{e^{\pi i \frac{n_1}{f}\left(\frac{n_1}{f}-1\right)\gamma(x)} \prod\limits_{m=0}^{\infty}\left(1-e^{2\pi i \frac{n_2}{f}} e^{2\pi i\left(m+\frac{n_1}{f}\right)\gamma(x)}\right) \prod\limits_{m=1}^{\infty}\left(1-e^{-2\pi i \frac{n_2}{f}} e^{2\pi i\left(m-\frac{n_1}{f}\right)\gamma(x)}\right)}{\prod\limits_{m=1}^{\infty}\left(1-e^{2\pi i m\gamma(x)}\right)^2}\right]_{x=1}^{x=|\eta_{\mathfrak{f}}|}$$

$$+ O(s-1),$$

und hieraus erhält man sofort nach (5.24) die für beliebige Basen $\begin{pmatrix}\gamma_1\\ \gamma_2\end{pmatrix}$ des Ideals $(\mathfrak{c})$ gültige Grenzformel in invarianter, homogener Gestalt:

$$L(s|\mathfrak{k}) = \frac{2\pi}{\mathfrak{N}(\mathfrak{f})|\delta|} \sum_{\substack{\nu \bmod^+ \mathfrak{c} \\ \nu \equiv 0 \bmod^+ \frac{\mathfrak{c}}{\mathfrak{f}^\tau}}}' e^{2\pi i S\left(\frac{\varrho\nu^\tau}{\delta(\mathfrak{c})}\right)} \Im\left[\log \sigma^*\left(\nu(x) \middle| \begin{matrix}\gamma_1(x)\\ \gamma_2(x)\end{matrix}\right)\right]_{x=1}^{x=|\eta_{\mathfrak{f}}|} \tag{10.25}$$

$$+ O(s-1).$$

Hierin hängen nun die Argumentwerte für die obere und die untere Integrationsgrenze durch eine Modulsubstitution $\pm M$ der Determinante $+1$ zusammen:

$$\begin{pmatrix}\gamma_1(|\eta_{\mathfrak{f}}|)\\ \gamma_2(|\eta_{\mathfrak{f}}|)\end{pmatrix} = \operatorname{sgn} \eta_{\mathfrak{f}} \begin{pmatrix}\gamma_1(\eta_{\mathfrak{f}})\\ \gamma_2(\eta_{\mathfrak{f}})\end{pmatrix} = \pm M \begin{pmatrix}\gamma_1(1)\\ \gamma_2(1)\end{pmatrix},$$

wobei das zu M hinzutretende Vorzeichen durch $\operatorname{sgn} \eta_{\mathfrak{f}}$ gegeben ist. Die ganzzahligen Koeffizienten der unimodularen Matrix $M = \begin{pmatrix}a & b\\ c & \partial\end{pmatrix}$ bestimmen sich dabei aus der Matrizengleichung:

$$\begin{pmatrix}\gamma_1\eta_{\mathfrak{f}} & \gamma_1^\tau\eta_{\mathfrak{f}}^\tau\\ \gamma_2\eta_{\mathfrak{f}} & \gamma_2^\tau\eta_{\mathfrak{f}}^\tau\end{pmatrix} = \begin{pmatrix}\gamma_1 & \gamma_1^\tau\\ \gamma_2 & \gamma_2^\tau\end{pmatrix}\begin{pmatrix}\eta_{\mathfrak{f}} & 0\\ 0 & \eta_{\mathfrak{f}}^\tau\end{pmatrix} = \begin{pmatrix}a & b\\ c & \partial\end{pmatrix}\begin{pmatrix}\gamma_1 & \gamma_1^\tau\\ \gamma_2 & \gamma_2^\tau\end{pmatrix}$$

$$\text{mit } |M| = \begin{vmatrix}a & b\\ c & \partial\end{vmatrix} = N(\eta_{\mathfrak{f}}) = +1$$

und haben die expliziten Werte:

$$\left\{\begin{matrix} a = S\left(\dfrac{\gamma_1\gamma_2^\tau\eta_{\mathfrak{f}}}{\delta(\mathfrak{c})}\right) & b = S\left(\dfrac{\gamma_1\gamma_1^\tau\eta_{\mathfrak{f}}^\tau}{\delta(\mathfrak{c})}\right) \\ c = S\left(\dfrac{\gamma_2\gamma_2^\tau\eta_{\mathfrak{f}}}{\delta(\mathfrak{c})}\right) & \partial = S\left(\dfrac{\gamma_1\gamma_2^\tau\eta_{\mathfrak{f}}^\tau}{\delta(\mathfrak{c})}\right)\end{matrix}\right\}. \tag{10.26}$$

Im Fall $(\mathfrak{f}, \sqrt{d}) = 1$ entnimmt man unter Beachtung von $S\left(\frac{\eta_\mathfrak{f}}{\sqrt{d}}\right) \equiv 0 \bmod \mathfrak{f}$, d. h. mod f, hieraus, daß

$$M = \begin{pmatrix} a & b \\ c & \partial \end{pmatrix} \equiv \begin{pmatrix} 1 & 0 \\ 0 & 1 \end{pmatrix} \bmod \mathfrak{f}\,, \text{ d. h. } \bmod f \tag{10.27}$$

gilt, wenn $f \neq 1$ das kleinste natürliche Multiplum von $\mathfrak{f}$ bedeutet. Hier gehört also dann die oben auftretende Modulsubstitution $\pm M$ zur Hauptkongruenzgruppe f-ter Stufe.

Im Fall $(\mathfrak{f}, \sqrt{d}) \neq 1$ dagegen kann man lediglich bei passender Wahl der Basis von $(\mathfrak{c})$ auf die Kongruenz

$$M = \begin{pmatrix} a & b \\ c & \partial \end{pmatrix} \equiv \begin{pmatrix} 1 & 0 \\ c & 1 \end{pmatrix} \bmod \mathfrak{f}\,, \text{ d. h. } \bmod f, \text{ mit } c \equiv 0 \bmod f_0, \tag{10.28}$$

schließen, wenn $f \neq 1$, wie eben, das kleinste natürliche Vielfache und f_0 mit $f_0 | f$ den größten natürlichen Teiler von $\mathfrak{f}$ bedeuten. Hier gehört also dann die oben auftretende Modulsubstitution $\pm M$ zu einer Obergruppe der Hauptkongruenzgruppe f-ter Stufe, bzw. läßt sich durch Transformation mit einer unimodularen Matrix auf diese Gestalt bringen.

Zum Nachweis dieser letzteren Tatsache sei, wie in § 5, 3, $\begin{pmatrix} \gamma_1 \\ \gamma_2 \end{pmatrix}$ eine spezielle Basis von $(\mathfrak{c})$ derart, daß $\begin{pmatrix} \frac{1}{f}\gamma_1 \\ \frac{1}{f_0}\gamma_2 \end{pmatrix}$ eine Basis von $\left(\frac{\mathfrak{c}}{\mathfrak{f}^\tau}\right)$ ist. Aus $\eta_\mathfrak{f} \equiv 1 \bmod \mathfrak{f}$ folgt nun wegen $N(\eta_\mathfrak{f}) = 1$ zunächst

$$\eta_\mathfrak{f} \equiv 1 \bmod \mathfrak{f}^\tau,$$

und durch Multiplikation dieser Kongruenz mit $\nu \cong \frac{\mathfrak{n}\mathfrak{c}}{\mathfrak{f}^\tau}$ ergibt sich somit

$$\eta_\mathfrak{f}\nu \equiv \nu \bmod^+ \mathfrak{c}\,.$$

Stellt man dann den f-ten Teilwert $\nu(1)$ und den transformierten f-ten Teilwert $\nu(|\eta_\mathfrak{f}|)$ mittels der genannten Basis in Koordinaten dar:

$$\left\{\begin{aligned} \nu(1) &= \frac{n_1}{f}\,\gamma_1(1) + \frac{n_2^0}{f_0}\gamma_2(1) = \frac{n_1\gamma_1(1) + n_2\gamma_2(1)}{f} \\ \nu(|\eta_\mathfrak{f}|) &= \operatorname{sgn}\eta_\mathfrak{f}\cdot\nu(\eta_\mathfrak{f}) = \operatorname{sgn}\eta_\mathfrak{f}\cdot\left(\frac{n_1'}{f}\gamma_1(1) + \frac{n_2^{0\prime}}{f_0}\gamma_2(1)\right) = \operatorname{sgn}\eta_\mathfrak{f}\cdot\frac{n_1'\gamma_1(1) + n_2'\gamma_2(1)}{f} \end{aligned}\right\},$$

so drückt sich die letzte Kongruenz $\bmod^+ \mathfrak{c}$ in Ω als rationale Kongruenz mod f zwischen den ursprünglichen und den transformierten Koordinaten aus:

$$(n_1', n_2') \equiv (n_1, n_2) \bmod f.$$

Die transformierten Koordinaten berechnen sich aus der Matrizengleichung

$$(n_1', n_2') = (n_1, n_2)\begin{pmatrix} a & b \\ c & \partial \end{pmatrix} = (an_1 + cn_2\,,\; bn_1 + \partial n_2), \tag{10.29}$$

und somit bestehen die Kongruenzen:

$$\left\{\begin{aligned} (a-1)n_1 + cn_2 &\equiv 0 \bmod f \\ bn_1 + (\partial - 1)n_2 &\equiv 0 \bmod f \end{aligned}\right\}.$$

Diese Kongruenzen müssen für alle in Betracht kommenden Zahlenpaare $(n_1, n_2) \not\equiv (0, 0) \bmod f$ erfüllt sein. Setzt man hierin die wegen $f \neq 1$ zulässigen Werte $n_1 = 1$, $n_2^0 = 0$, also auch $n_2 = 0$, ein, so folgt $a \equiv 1 \bmod f$, $b \equiv 0 \bmod f$ und somit, wegen $a\partial - bc = 1$, $\partial \equiv 1 \bmod f$. Setzt man ferner die für $f_0 \neq 1$ zulässigen Werte $n_1 = 0$, $n_2^0 = 1$, also $n_2 = \frac{f}{f_0}$, ein, so folgt weiter $c \equiv 0 \bmod f_0$, und diese Kongruenz gilt trivialerweise auch für $f_0 = 1$.

Danach gehört in diesem zweiten Fall die Matrix M in der Tat der in (10.28) beschriebenen Kongruenzgruppe mod f an. Die in (10.27), (10.28) durch Kongruenzen mod f charakterisierten Typen von Modulsubstitutionen M sind demnach von der Art, daß sie jeweils einen f-ten Teilwert in einen modulo den Perioden kongruenten Teilwert überführen. In jedem Fall läßt sich also insbesondere auch das Bestehen der Teilbarkeitsrelation

$$(10.30) \qquad f \mid c n_2 \quad \text{für alle } n_2 \equiv 0 \bmod \frac{f}{f_0}$$

erreichen, was für die nachfolgende Rechnung von Wichtigkeit ist.

Auf Grund der Tatsache, daß der Quotient $\dfrac{\sigma^*\left(\frac{1}{f}(n_1, n_2)\cdot \pm M\begin{pmatrix}\omega_1\\ \omega_2\end{pmatrix} \Big| \pm M\begin{pmatrix}\omega_1\\ \omega_2\end{pmatrix}\right)}{\sigma^*\left(\frac{1}{f}(n_1, n_2)\begin{pmatrix}\omega_1\\ \omega_2\end{pmatrix} \Big| \begin{pmatrix}\omega_1\\ \omega_2\end{pmatrix}\right)}$ sogar bei variablem Argument $\begin{pmatrix}\omega_1\\ \omega_2\end{pmatrix}$ mit $\delta\begin{pmatrix}\omega_1\\ \omega_2\end{pmatrix} \neq 0$, bis auf das durch $\delta\begin{pmatrix}\omega_1\\ \omega_2\end{pmatrix}$ bestimmte Vorzeichen, nicht von $\begin{pmatrix}\omega_1\\ \omega_2\end{pmatrix}$, sondern ausschließlich von der Modulsubstitution $\pm M$ abhängt, ergibt sich nunmehr für die Funktion $L(s|\mathfrak{k})$ in (10.7), (10.11) die gegenüber (10.25) formal allgemeinere *implizite Kroneckersche Grenzformel für die L-Funktion der Strahlklasse* $\mathfrak{k} \bmod \mathfrak{f} p_\infty$ *in einem reell-quadratischen Zahlkörper*:

$$(10.31) \quad L(s|\mathfrak{k}) = \frac{2\pi}{\mathfrak{N}(\mathfrak{f})\sqrt{d}} \sum_{\substack{\nu \bmod^+ \mathfrak{c} \\ \nu \equiv 0 \bmod^+ \frac{\mathfrak{c}}{\mathfrak{f}^\tau}}}' e^{2\pi i S\left(\frac{\varrho \nu^\tau}{\delta(\mathfrak{c})}\right)} \,\mathfrak{J}\left(\log \frac{\sigma_{n_1, n_2}\left(\pm M\begin{pmatrix}\omega_1\\ \omega_2\end{pmatrix}\right)}{\sigma_{n_1, n_2}\begin{pmatrix}\omega_1\\ \omega_2\end{pmatrix}}\right) + O(s-1)$$

$$\text{mit} \quad \operatorname{sgn} \frac{\delta\begin{pmatrix}\omega_1\\ \omega_2\end{pmatrix}}{2i} = \operatorname{sgn} \delta(\mathfrak{c});$$

dabei ist noch abkürzend $\sigma^*\left(\frac{n_1\omega_1 + n_2\omega_2}{f} \Big| \begin{matrix}\omega_1\\ \omega_2\end{matrix}\right) = \sigma_{n_1, n_2}\begin{pmatrix}\omega_1\\ \omega_2\end{pmatrix}$ gesetzt.

Um von dieser impliziten Gestalt zur expliziten Gestalt der Kroneckerschen Grenzformel für $L(s|\mathfrak{k})$ zu gelangen, hat man nun noch das Transformationsverhalten der Funktionen $\log \sigma_{n_1, n_2}\begin{pmatrix}\omega_1\\ \omega_2\end{pmatrix}$ gegenüber Modulsubstitutionen der Determinante $+1$ des in (10.27), (10.28) gekennzeichneten Typus festzustellen.

§ 11. Die Transformationsformel für die Funktionen $\log \sigma_{gh}\binom{\omega_1}{\omega_2}$ bei Modulsubstitutionen aus der Hauptkongruenzgruppe f-ter Stufe und die Transformationsformel für die Funktion $\log \sqrt[24]{\Delta\binom{\omega_1}{\omega_2}}$ bei Modulsubstitutionen

1. Bei der im folgenden zu gebenden Herleitung der Transformationsformel für die Funktionen $\log \sigma_{gh}\binom{\omega_1}{\omega_2}$ bei Modulsubstitutionen $\pm M$ des in (10.27), (10.28) mit der Eigenschaft (10.30) betrachteten Typus, die übrigens die Transformationsformel für die Funktion $\log \sqrt[24]{\Delta\binom{\omega_1}{\omega_2}}$ bei beliebigen Modulsubstitutionen miteinbegreift, ist es zweckmäßig, für die dafür benötigte umfangreiche analytische Rechnung einige diese Rechnung vereinfachende Absprachen vorwegzunehmen.

Zunächst kann man sich dabei offenbar in Hinblick auf die nachstehend gegebene Definition der f-ten Teilwerte $\sigma_{gh}\binom{\omega_1}{\omega_2}$ auf Modulsubstitutionen $+M$ beschränken, weil danach die Transformationsformel für $-M$ unmittelbar aus der für $+M$ folgt. Sodann stellt sich im Verlauf der Rechnung heraus, daß man lediglich Modulsubstitutionen M des Typus (10.27), also Substitutionen aus der Hauptkongruenzgruppe f-ter Stufe zu betrachten braucht, da nämlich die hierfür erhaltene Transformationsformel sich auch für Modulsubstitutionen M des Typus (10.28) mit der Eigenschaft (10.30) als gültig erweist. Ferner kann man das den f-ten Teilpunkt fixierende ganzzahlige Paar (g, h) mit $(g, h) \neq (0, 0)$ jeweils auf das Intervall $0 \leq g < f$, $0 \leq h < f$ beschränken, da zu kongruenten Teilpunkten Funktionswerte gehören, die sich nur um einen von den Perioden $\binom{\omega_1}{\omega_2}$ unabhängigen Einheitswurzelfaktor voneinander unterscheiden, wie in der tabellarischen Übersicht in § 5,4 gezeigt ist. Schließlich sei noch für die Rechnung die Normierung der Perioden $\binom{\omega_1}{\omega_2}$ so getroffen, daß der Periodenquotient $\omega = \frac{\omega_1}{\omega_2}$ einen Imaginärteil $\mathfrak{J}(\omega) > 0$ hat; dies ist gleichbedeutend damit, daß $\operatorname{sgn} \frac{\delta\binom{\omega_1}{\omega_2}}{2i} = +1$ ausfällt.

Für die solcherart normierten Kleinschen σ-Teilwerte zum Teilungsgrad f gilt dann nach (5.24) im Unendlichen die Entwicklung [Klein-Fricke (1)]:

(11.1)

$$\sigma_{gh}\binom{\omega_1}{\omega_2} = \frac{\omega_2}{2\pi i} e^{\frac{\pi i h(g-f)}{f^2}} e^{\frac{\pi i g(g-f)\omega}{f^2}} \cdot \frac{\prod_{m=0}^{\infty}\left(1-e^{\frac{2\pi i h}{f}} e^{2\pi i\left(m+\frac{g}{f}\right)\omega}\right) \prod_{m=1}^{\infty}\left(1-e^{-\frac{2\pi i h}{f}} e^{2\pi i\left(m-\frac{g}{f}\right)\omega}\right)}{\prod_{m=1}^{\infty}\left(1-e^{2\pi i m\omega}\right)^2}.$$

Es sei nun

$$(11.2)\qquad M=\begin{pmatrix}a & b\\ c & \partial\end{pmatrix}\equiv\begin{pmatrix}1 & 0\\ 0 & 1\end{pmatrix}\ \mathrm{mod}\, f \quad \text{mit} \quad |M|=+1$$

eine unimodulare Matrix aus der Hauptkongruenzgruppe f-ter Stufe Γ_f und

$$M(\omega)=\frac{a\,\omega+b}{c\,\omega+\partial}$$

die zugeordnete linear-gebrochene, inhomogene Modulsubstitution in der Variablen ω, deren Variabilitätsbereich auf Grund der obigen Normierung die obere ω-Halbebene ist. Dann läßt sich die Differenz

$$\log\sigma_{gh}\begin{pmatrix}a\,\omega_1+b\,\omega_2\\ c\,\omega_1+\partial\,\omega_2\end{pmatrix}-\log\sigma_{gh}\begin{pmatrix}\omega_1\\ \omega_2\end{pmatrix}=\log\frac{\sigma_{gh}\left(M\begin{pmatrix}\omega_1\\ \omega_2\end{pmatrix}\right)}{\sigma_{gh}\begin{pmatrix}\omega_1\\ \omega_2\end{pmatrix}}$$

als in der oberen ω-Halbebene eindeutige, reguläre Funktion der einen komplexen Variablen ω erklären durch die Gleichung[1]):

$$(11.3)\quad \log\frac{\sigma_{gh}\left(M\begin{pmatrix}\omega_1\\ \omega_2\end{pmatrix}\right)}{\sigma_{gh}\begin{pmatrix}\omega_1\\ \omega_2\end{pmatrix}}=\log(c\omega+\partial)+\frac{\pi i g\,(g-f)}{f^2}\left(\frac{a\,\omega+b}{c\,\omega+\partial}-\omega\right)-$$

$$-\sum_{m=0}^{\infty}\sum_{n=1}^{\infty}\frac{1}{n}\left(e^{\frac{2\pi i h}{f}}e^{2\pi i\left(m+\frac{g}{f}\right)\omega}\right)^n\Bigg|_{\omega}^{M(\omega)}-\sum_{m=1}^{\infty}\sum_{n=1}^{\infty}\frac{1}{n}\left(e^{-\frac{2\pi i h}{f}}e^{2\pi i\left(m-\frac{g}{f}\right)\omega}\right)^n\Bigg|_{\omega}^{M(\omega)}+$$

$$+2\sum_{m=1}^{\infty}\sum_{n=1}^{\infty}\frac{1}{n}e^{2\pi i m n\omega}\Bigg|_{\omega}^{M(\omega)}.$$

Hierin bedeutet $\log(c\,\omega+\partial)$ den Hauptwert des Logarithmus mit

$$(11.4)\quad \left\{\begin{array}{lll} -\pi<\Im\left(\log(c\,\omega+\partial)\right)<\pi & & \text{für}\ \ c\neq 0\\ \log(c\,\omega+\partial)=\begin{cases}\log 1=0\\ \log(-1)=\pi i\end{cases} & & \begin{array}{l}\text{für}\ \ c=0\\ \text{und dann}\ \ a=\partial=\pm 1\end{array}\end{array}\right\}.$$

Zur Feststellung des Transformationsverhaltens von $\log\sigma_{gh}\begin{pmatrix}\omega_1\\ \omega_2\end{pmatrix}$ kommt es nach (11.3) vor allem auf das Transformationsverhalten der drei logarithmischen Reihen an. Zweckmäßigerweise schreibt man die Summe der beiden ersten Reihen $\Sigma_1(\omega)+\Sigma_2(\omega)=\Sigma(\omega)$ in der Gestalt:

$$(11.5)\qquad \sum(\omega)=\frac{1}{f}\sum_{\varkappa\,\mathrm{mod}\,f}e^{\frac{2\pi i g}{f}\varkappa}\sum_{m=1}^{\infty}\sum_{n=1}^{\infty}\frac{1}{n}\left(e^{\frac{2\pi i}{f}(hn-\varkappa m)}+e^{-\frac{2\pi i}{f}(hn-\varkappa m)}\right)e^{\frac{2\pi i m n\omega}{f}}.$$

Sei nun im folgenden zunächst der nicht-triviale Fall $c\neq 0$ vorausgesetzt. Dann ergibt sich weiter unter Beachtung von

$$(11.6)\qquad \frac{a\,\omega+b}{c\,\omega+\partial}=\frac{a}{c}-\frac{1}{c\,(c\,\omega+\partial)}$$

für die transformierte Summe die Darstellung:

(11.7)

$$\sum\left(\frac{a\omega+b}{c\,\omega+\partial}\right)=\frac{1}{f}\sum_{\varkappa\,\mathrm{mod}\,f}e^{\frac{2\pi i g}{f}\varkappa}\sum_{m=1}^{\infty}\sum_{n=1}^{\infty}\frac{1}{n}\left(e^{\frac{2\pi i}{f}(hn-\varkappa m)}+e^{-\frac{2\pi i}{f}(hn-\varkappa m)}\right)e^{\frac{2\pi i m n}{fc}\left(a-\frac{1}{c\omega+\partial}\right)}.$$

[1]) Hier und im folgenden ist abkürzend $F(\omega)\big|_{\omega}^{M(\omega)}=F(M(\omega))-F(\omega)$ geschrieben.

Hierdurch wird nahegelegt, die Summation nach m und n modulo fc anzusetzen. Nimmt man dabei noch, lediglich zur Vereinheitlichung der nachfolgenden Rechnung, die ganze Zahl $c>0$ an, so hat man:

$$\left\{\begin{array}{llll} m = q\cdot fc+\mu & \text{mit} & q=0,1,2,\ldots; & \mu=1,2,\ldots,fc \\ n=r\cdot fc+\nu & \text{mit} & r=0,1,2,\ldots; & \nu=1,2,\ldots,fc \end{array}\right\}.$$

Damit wird dann

$$(11.8)\quad \sum\left(\frac{a\,\omega+b}{c\,\omega+\partial}\right)=\frac{1}{f}\sum_{\varkappa \bmod f} e^{\frac{2\pi i g}{f}\varkappa}\sum_{\mu=1}^{fc}\sum_{\nu=1}^{fc}\left(e^{\frac{2\pi i}{f}(h\nu-\varkappa\mu)}+e^{-\frac{2\pi i}{f}(h\nu-\varkappa\mu)}\right)e^{\frac{2\pi i a}{fc}\mu\nu}\times$$
$$\times\sum_{q=0}^{\infty}\sum_{r=0}^{\infty}\frac{1}{r\cdot fc+\nu}\,e^{-2\pi i\left(q+\frac{\mu}{fc}\right)\left(r+\frac{\nu}{fc}\right)\frac{fc}{c\omega+\partial}},$$

und hierfür ergibt sich unter Anwendung der Mellinschen Formel für die Exponentialfunktion:

$$(11.9)\quad e^{-z}=\frac{1}{2\pi i}\int_{\frac{3}{2}-i\infty}^{\frac{3}{2}+i\infty} z^{-s}\,\Gamma(s)\,ds \quad\text{mit}\quad z^{-s}=e^{-s\log z},\ |\Im(\log z)|<\frac{\pi}{2},$$

weiterhin die Darstellung [Mellin (1)], [Rademacher (1)]:

$$(11.10)\quad \sum\left(\frac{a\,\omega+b}{c\,\omega+\partial}\right)=\frac{1}{f}\sum_{\varkappa \bmod f} e^{\frac{2\pi i g}{f}\varkappa}\sum_{\mu=1}^{fc}\sum_{\nu=1}^{fc}\left(e^{\frac{2\pi i}{f}(h\nu-\varkappa\mu)}+e^{-\frac{2\pi i}{f}(h\nu-\varkappa\mu)}\right)e^{\frac{2\pi i a}{fc}\mu\nu}\times$$
$$\times\frac{1}{2\pi i fc}\int_{\frac{3}{2}-i\infty}^{\frac{3}{2}+i\infty}\left(\frac{c\omega+\partial}{2\pi i fc}\right)^{s}\Gamma(s)\,\zeta\left(s,\frac{\mu}{fc}\right)\zeta\left(1+s,\frac{\nu}{fc}\right)ds.$$

Hierin bedeutet allgemein $\zeta(s,\alpha)$ die Hurwitzsche Verallgemeinerung der Riemannschen Zetafunktion [Hurwitz (1)], [Whittaker-Watson (1)]:

$$(11.11)\quad \zeta(s,\alpha)=\sum_{n=0}^{\infty}\frac{1}{(n+\alpha)^{s}}\quad\text{mit}\quad 0<\alpha\leqq 1,\quad \Re(s)>1.$$

Diese Funktion besitzt analoge funktionentheoretische Eigenschaften wie die Riemannsche Funktion $\zeta(s)=\zeta(s,1)$. Sie erweist sich als meromorph und hat als einzige Singularität im Endlichen an der Stelle $s=1$ einen Pol erster Ordnung mit dem Residuum 1. Ihre Laurentsche Entwicklung dortselbst beginnt mit

$$(11.12)\quad \zeta(s,\alpha)=\frac{1}{s-1}-\frac{\Gamma'(\alpha)}{\Gamma(\alpha)}+O(s-1).$$

Ferner gilt nach Hurwitz die funktionale Beziehung

$$(11.13)\quad \zeta(s,\alpha)=\frac{1}{i}\,\frac{\Gamma(1-s)}{(2\pi)^{1-s}}\left(e^{\frac{\pi i s}{2}}\sum_{n=1}^{\infty}\frac{e^{2\pi i n\alpha}}{n^{1-s}}-e^{-\frac{\pi i s}{2}}\sum_{n=1}^{\infty}\frac{e^{-2\pi i n\alpha}}{n^{1-s}}\right)\ \text{für}\ \Re(s)<0,$$

die im Spezialfall eines rationalen $0 < \alpha = \frac{\mu}{fc} \leqq 1$ in eine echte Funktionalgleichung übergeht:

$$(11.14) \quad \zeta\left(s, \frac{\mu}{fc}\right) = \frac{1}{i} \frac{\Gamma(1-s)}{(2\pi fc)^{1-s}} \left(e^{\frac{\pi i s}{2}} \sum_{\lambda=1}^{fc} e^{\frac{2\pi i \mu}{fc}\lambda} \zeta\left(1-s, \frac{\lambda}{fc}\right) - e^{-\frac{\pi i s}{2}} \sum_{\lambda=1}^{fc} e^{-\frac{2\pi i \mu}{fc}\lambda} \zeta\left(1-s, \frac{\lambda}{fc}\right) \right).$$

Aus (11.13) kann man für $0<\alpha<1$ unter Anwendung des Abelschen Grenzwertsatzes für Dirichletsche Reihen den dann auch für $\alpha = 1$ richtigen Wert

$$(11.15) \quad \zeta(0, \alpha) = \frac{1}{2} - \alpha \quad \text{für} \quad 0<\alpha \leqq 1$$

entnehmen.

Unter Heranziehung der Funktionalgleichung (11.14) geht jetzt (11.10) über in

$$(11.16) \quad \sum \left(\frac{a\omega + b}{c\omega + \partial} \right) =$$

$$= -\frac{1}{f} \cdot \frac{1}{(2\pi fc)^2} \sum_{\varkappa \bmod f} e^{\frac{2\pi i g}{f}\varkappa} \sum_{\mu=1}^{fc} \sum_{\nu=1}^{fc} \left(e^{\frac{2\pi i}{f}(h\nu - \varkappa\mu)} + e^{-\frac{2\pi i}{f}(h\nu-\varkappa\mu)} \right) e^{\frac{2\pi i a}{fc}\mu\nu} \times$$

$$\times \int_{\frac{3}{2}-i\infty}^{\frac{3}{2}+i\infty} \left(\frac{c\omega+\partial}{2\pi i fc} \right)^s \left(e^{\frac{\pi i s}{2}} \sum_{\lambda=1}^{fc} e^{\frac{2\pi i \mu}{fc}\lambda} \zeta\left(1-s, \frac{\lambda}{fc}\right) - e^{-\frac{\pi i s}{2}} \sum_{\lambda=1}^{fc} e^{-\frac{2\pi i \mu}{fc}\lambda} \zeta\left(1-s, \frac{\lambda}{fc}\right) \right) \times$$

$$\times \zeta\left(1+s, \frac{\nu}{fc}\right) \Gamma(s)\Gamma(1-s)(2\pi fc)^s\, ds,$$

und hierfür ergibt sich endlich nach Ausführung der Summation über $\varkappa \bmod f$, unter Anwendung des Ergänzungssatzes für die Γ-Funktion, der Ausdruck:

$$(11.17) \quad \sum \left(\frac{a\omega + b}{c\omega + \partial} \right) =$$

$$= -\frac{1}{4\pi f^2 c^3} \sum_{\lambda=1}^{fc} \sum_{\nu=1}^{fc} \sum_{\mu \bmod c} \left(e^{\frac{2\pi i}{fc}((ag+ch)\nu + g\lambda)} + e^{-\frac{2\pi i}{fc}((ag+ch)\nu+g\lambda)} \right) e^{\frac{2\pi i(a\nu+\lambda)}{c}\mu} \times$$

$$\times \int_{\frac{3}{2}-i\infty}^{\frac{3}{2}+i\infty} \left(\frac{c\omega+\partial}{i} \right)^s \frac{e^{\frac{\pi i s}{2}}}{\sin \pi s} \zeta\left(1-s, \frac{\lambda}{fc}\right) \zeta\left(1+s, \frac{\nu}{fc}\right) ds +$$

$$+ \frac{1}{4\pi f^2 c^3} \sum_{\lambda=1}^{fc} \sum_{\nu=1}^{fc} \sum_{\mu \bmod c} \left(e^{\frac{2\pi i}{fc}((ag+ch)\nu - g\lambda)} + e^{-\frac{2\pi i}{fc}((ag+ch)\nu-g\lambda)} \right) e^{\frac{2\pi i(a\nu-\lambda)}{c}\mu} \times$$

$$\times \int_{\frac{3}{2}-i\infty}^{\frac{3}{2}+i\infty} \left(\frac{c\omega+\partial}{i} \right)^s \frac{e^{-\frac{\pi i s}{2}}}{\sin \pi s} \zeta\left(1-s, \frac{\lambda}{fc}\right) \zeta\left(1+s, \frac{\nu}{fc}\right) ds.$$

Man bestimme nun eine ganze Zahl a' mod fc aus der Kongruenz

$$a\,a' \equiv -1 \bmod fc, \tag{11.18}$$

wobei wegen $a \equiv 1 \bmod f$ die Kongruenz $a' \equiv -1 \bmod f$ gilt. Offenbar kann einfach $a' = -\partial$ genommen werden. Ersetzt man jetzt die Integrationsvariable $s \to -s$, die Summationsvariablen $\lambda \leftrightarrow \nu$, $\mu \to a'\mu$, so erhält man aus (11.17) nach Verschiebung der Integrationslinie in die alte Lage die folgende Darstellung:

$$\sum\left(\frac{a\,\omega+b}{c\,\omega+\partial}\right)= \tag{11.19}$$

$$= -\frac{1}{4\pi f^2c^2}\sum_{\lambda=1}^{fc}\sum_{\nu=1}^{fc}\sum_{\mu \bmod c}\left(e^{\frac{2\pi i}{fc}((ag+ch)\lambda-g\nu)}+e^{-\frac{2\pi i}{fc}((ag+ch)\lambda-g\nu)}\right)e^{\frac{2\pi i(a'\nu+\lambda)}{c}\mu}\times$$

$$\times\int\limits_{\frac{3}{2}-i\infty}^{\frac{3}{2}+i\infty}\left(\frac{c\omega+\partial}{i}\right)^{-s}\frac{e^{\frac{\pi i s}{2}}}{\sin\pi s}\zeta\left(1-s,\frac{\lambda}{fc}\right)\zeta\left(1+s,\frac{\nu}{fc}\right)ds+$$

$$+\frac{1}{4\pi f^2c^2}\sum_{\lambda=1}^{fc}\sum_{\nu=1}^{fc}\sum_{\mu \bmod c}\left(e^{\frac{2\pi i}{fc}((ag+ch)\lambda+g\nu)}+e^{-\frac{2\pi i}{fc}((ag+ch)\lambda+g\nu)}\right)e^{\frac{2\pi i(a'\nu-\lambda)}{c}\mu}\times$$

$$\times\int\limits_{\frac{3}{2}-i\infty}^{\frac{3}{2}+i\infty}\left(\frac{c\omega+\partial}{i}\right)^{-s}\frac{e^{-\frac{\pi i s}{2}}}{\sin\pi s}\zeta\left(1-s,\frac{\lambda}{fc}\right)\zeta\left(1+s,\frac{\nu}{fc}\right)ds+$$

$$+2\pi i(R_1+R_2).$$

Dabei bezeichnen R_1 und R_2 die bei der Verschiebung der Integrationslinie auftretenden Residuensummen:

(11.20)

$$R_1=\frac{1}{4\pi f^2c^2}\sum_{\lambda=1}^{fc}\sum_{\nu=1}^{fc}\left(e^{\frac{2\pi i}{fc}((ag+ch)\lambda-g\nu)}+e^{-\frac{2\pi i}{fc}((ag+ch)\lambda-g\nu)}\right)\sum_{\mu \bmod c}e^{\frac{2\pi i(a\lambda-\nu)}{c}\mu}\times$$

$$\times\sum_{s=-1,1,0}\operatorname{Res}\left(\left(\frac{c\omega+\partial}{i}\right)^{-s}\frac{e^{\frac{\pi i s}{2}}}{\sin\pi s}\zeta\left(1-s,\frac{\lambda}{fc}\right)\zeta\left(1+s,\frac{\nu}{fc}\right)\right),$$

$$R_2=-\frac{1}{4\pi f^2c^2}\sum_{\lambda=1}^{fc}\sum_{\nu=1}^{fc}\left(e^{\frac{2\pi i}{fc}((ag+ch)\lambda+g\nu)}+e^{-\frac{2\pi i}{fc}((ag+ch)\lambda+g\nu)}\right)\sum_{\mu \bmod c}e^{\frac{2\pi i(a\lambda+\nu)}{c}\mu}\times$$

$$\times\sum_{s=-1,1,0}\operatorname{Res}\left(\left(\frac{c\omega+\partial}{i}\right)^{-s}\frac{e^{-\frac{\pi i s}{2}}}{\sin\pi s}\zeta\left(1-s,\frac{\lambda}{fc}\right)\zeta\left(1+s,\frac{\nu}{fc}\right)\right).$$

Zwischen den Darstellungen (11.17) und (11.19) ohne Residuen besteht nun ein unmittelbarer Zusammenhang. Dazu führe man für beliebiges reelles α die Abkürzung ein:

(11.21) $$\{\alpha\} \equiv \alpha \bmod^+ 1 \quad \text{mit} \quad 0 < \{\alpha\} \leq 1,$$

so daß man hat:

$$\{\alpha\} + \{-\alpha\} = \begin{Bmatrix} 1 & \text{für} & \alpha \not\equiv 0 \bmod^+ 1 \\ 2 & \text{für} & \alpha \equiv 0 \bmod^+ 1 \end{Bmatrix}.$$

Dann läßt sich nach Ausführung der Summation bez. μ mod c über die Einheitswurzeln die Gleichung (11.17), d. i. die linke Seite der Gleichung (11.19), in der Form schreiben:

(11.22) $$\left(\sum \left(\frac{a\,\omega + b}{c\,\omega + \partial}\right) = \right) \text{ Linke Seite} =$$

$$= -\frac{1}{4\pi c f^2} \sum_{\varkappa \bmod f} \sum_{\nu=1}^{fc} \left(e^{\frac{2\pi i}{f}(g\varkappa + h\nu)} + e^{-\frac{2\pi i}{f}(g\varkappa + h\nu)}\right) \int\limits_{\frac{3}{2} - i\infty}^{\frac{3}{2} + i\infty} \left(\frac{c\omega + \partial}{i}\right)^s \times$$

$$\times \frac{1}{\sin \pi s} \left(e^{\frac{\pi i s}{2}} \zeta\left(1 - s, \left\{\frac{\varkappa}{f} - \frac{a\nu}{fc}\right\}\right) - e^{-\frac{\pi i s}{2}} \zeta\left(1 - s, \left\{-\frac{\varkappa}{f} + \frac{a\nu}{fc}\right\}\right)\right) \zeta\left(1 + s, \frac{\nu}{fc}\right) ds.$$

Für die rechte Seite der Gleichung (11.19) ohne Residuensummen hat man unter Beachtung von (11.18) dagegen:

(11.23) $$\text{Rechte Seite o. R.} =$$

$$= -\frac{1}{4\pi c f^2} \sum_{\varkappa \bmod f} \sum_{\nu=1}^{fc} \left(e^{\frac{2\pi i}{f}(g\varkappa + h\nu)} + e^{-\frac{2\pi i}{f}(g\varkappa + h\nu)}\right) \int\limits_{\frac{3}{2} - i\infty}^{\frac{3}{2} + i\infty} \left(\frac{c\omega + \partial}{i}\right)^{-s} \times$$

$$\times \frac{1}{\sin \pi s} \left(e^{\frac{\pi i s}{2}} \zeta\left(1 - s, \left\{\frac{\varkappa}{f} - \frac{a'\nu}{fc}\right\}\right) - e^{-\frac{\pi i s}{2}} \zeta\left(1 - s, \left\{-\frac{\varkappa}{f} + \frac{a'\nu}{fc}\right\}\right)\right) \zeta\left(1 + s, \frac{\nu}{fc}\right) ds.$$

Der Vergleich dieser beiden Darstellungen lehrt unmittelbar, daß es sich auch im letzteren Fall um die Summe zweier logarithmischer Reihen handelt, und zwar mit dem Substitutionskoeffizienten a' an Stelle von a und dem Argument $\frac{i}{c\,\omega + \partial}$ an Stelle von $\frac{c\,\omega + \partial}{i}$. Nun ist einerseits die Summe $a' + \partial$ ganzrational, andererseits gilt wegen $a' \equiv -a^{-1} \bmod fc$ und $\partial \equiv a^{-1} \bmod fc$, da $f|b$, die Teilbarkeitsaussage $\frac{a' + \partial}{fc} \equiv 0 \bmod^+ 1$. Danach erhellt aus (11.7), (11.5), daß es sich bei der letzteren Darstellung (11.23) gerade um die n i c h t-transformierte Summe $\Sigma(\omega) = \Sigma_1(\omega) + \Sigma_2(\omega)$ der beiden ersten logarithmischen Reihen in (11.3) handelt. Damit ist dann die Frage nach dem Transformationsverhalten von $\log \sigma_{gh}\binom{\omega_1}{\omega_2}$ bei Modulsubstitutionen aus Γ_f im e r s t e n Schritt auf die Berechnung der Residuensummen in (11.20) zurückgeführt.

Für die auf die Punkte $s = -1$, $s = 1$ bezüglichen beiden Residuensummen zusammen erhält man zunächst:

(11.24) $$\sum_{s=-1,1} \operatorname{Res} =$$

$$= \frac{1}{4\pi f^2 c^2} \sum_{\lambda=1}^{fc} \sum_{\nu=1}^{fc} \left(e^{\frac{2\pi i}{fc}((ag+ch)\lambda - g\nu)} + e^{-\frac{2\pi i}{fc}((ag+ch)\lambda - g\nu)} \right) \times$$

$$\times \sum_{\mu \bmod c} e^{\frac{2\pi i(a\lambda-\nu)}{c}\mu} \left(\frac{c\omega+\partial}{i} \frac{e^{-\frac{\pi i}{2}}}{-\pi} \zeta\left(2, \frac{\lambda}{fc}\right) \zeta\left(0, \frac{\nu}{fc}\right) + \frac{i}{c\omega+\partial} \frac{e^{\frac{\pi i}{2}}}{-\pi} \zeta\left(0, \frac{\lambda}{fc}\right) \zeta\left(2, \frac{\nu}{fc}\right) \right) -$$

$$- \frac{1}{4\pi f^2 c^2} \sum_{\lambda=1}^{fc} \sum_{\nu=1}^{fc} \left(e^{\frac{2\pi i}{fc}((ag+ch)\lambda + g\nu)} + e^{-\frac{2\pi i}{fc}((ag+ch)\lambda + g\nu)} \right) \times$$

$$\times \sum_{\mu \bmod c} e^{\frac{2\pi i(a\lambda+\nu)}{c}\mu} \left(\frac{c\omega+\partial}{i} \frac{e^{\frac{\pi i}{2}}}{-\pi} \zeta\left(2, \frac{\lambda}{fc}\right) \zeta\left(0, \frac{\nu}{fc}\right) + \frac{i}{c\omega+\partial} \frac{e^{-\frac{\pi i}{2}}}{-\pi} \zeta\left(0, \frac{\lambda}{fc}\right) \zeta\left(2, \frac{\nu}{fc}\right) \right).$$

Hierfür ergibt sich weiter nach Ausführung der Summation über $\mu \bmod c$ der einfachere Ausdruck:

(11.25) $$\sum_{s=-1,1} \operatorname{Res} =$$

$$= \frac{1}{4\pi^2 c f^2} \sum_{\varkappa \bmod f} \sum_{\lambda=1}^{fc} \left(e^{\frac{2\pi i}{f}(g\varkappa + h\lambda)} + e^{-\frac{2\pi i}{f}(g\varkappa + h\lambda)} \right) \times$$

$$\times (c\omega+\partial) \zeta\left(2, \frac{\lambda}{fc}\right) \left(\zeta\left(0, \left\{\frac{\varkappa}{f} - \frac{a\lambda}{fc}\right\}\right) + \zeta\left(0, \left\{-\frac{\varkappa}{f} + \frac{a\lambda}{fc}\right\}\right) \right) +$$

$$+ \frac{1}{4\pi^2 c f^2} \sum_{\varkappa \bmod f} \sum_{\nu=1}^{fc} \left(e^{\frac{2\pi i}{f}(g\varkappa + h\nu)} + e^{-\frac{2\pi i}{f}(g\varkappa + h\nu)} \right) \times$$

$$\times \frac{1}{c\omega+\partial} \zeta\left(2, \frac{\nu}{fc}\right) \left(\zeta\left(0, \left\{\frac{\varkappa}{f} - \frac{a'\nu}{fc}\right\}\right) + \zeta\left(0, \left\{-\frac{\varkappa}{f} + \frac{a'\nu}{fc}\right\}\right) \right),$$

und dies läßt sich unter Beachtung von (11.15), (11.21), (5.14) endlich auswerten zu:

(11.26) $$\sum_{s=-1,1} \operatorname{Res} =$$

$$= -\frac{1}{4\pi^2 c f^2} \left(c\omega + \partial + \frac{1}{c\omega+\partial} \right) \sum_{\varrho=1}^{f} \left(e^{\frac{2\pi i g}{f}\varrho} + e^{-\frac{2\pi i g}{f}\varrho} \right) \zeta\left(2, \frac{\varrho}{f}\right)$$

$$= -\frac{1}{2\pi^2 c} \left(c\omega + \partial + \frac{1}{c\omega+\partial} \right) \sum_{n=1}^{\infty} \frac{\cos \frac{2\pi g}{f} n}{n^2}$$

$$= -\frac{1}{2} \left(\omega + \frac{\partial}{c} + \frac{1}{c(c\omega+\partial)} \right) \left(\frac{1}{6} + \frac{g(g-f)}{f^2} \right) = -\frac{1}{2} \left(\omega + \frac{\partial}{c} + \frac{1}{c(c\omega+\partial)} \right) P_2\left(\frac{g}{f}\right).$$

Dabei bedeutet zuletzt allgemein

(11.27) $$P_2(x) = R^2(x) - R(x) + \frac{1}{6} \quad \text{mit} \quad R(x) = x - [x]$$

die bereits in (5.14) eingeführte periodische Funktion, die im Intervall $0 \leqq x < 1$ mit dem zweiten Bernoullischen Polynom $B_2(x)$ übereinstimmt.

Es bleibt nunmehr noch das Residuum der Summe der beiden Ausdrücke in (11.20) im Punkte $s = 0$ zu berechnen. Die Funktionalgleichung (11.14) ermöglicht zunächst die Umformung:

(11.28) $$\operatorname*{Res}_{s=0} = \operatorname*{Res}_{s=0}\Bigg(-\frac{1}{(2\pi f c)^{1+s} i}\left(\frac{c\omega+\partial}{i}\right)^{-s}\Gamma(s) \times$$
$$\times \sum_{\mu \bmod c}\Bigg(\zeta\left(s, \left\{\frac{a\mu}{c} + \frac{ag+ch}{fc}\right\}\right)\sum_{\nu=1}^{fc} e^{-\frac{2\pi i}{fc}(g+f\mu)\nu}\,\zeta\left(1+s, \frac{\nu}{fc}\right) +$$
$$+ \zeta\left(s, \left\{-\frac{a\mu}{c} - \frac{ag+ch}{fc}\right\}\right)\sum_{\nu=1}^{fc} e^{\frac{2\pi i}{fc}(g+f\mu)\nu}\,\zeta\left(1+s, \frac{\nu}{fc}\right)\Bigg)\Bigg).$$

Für $g \neq 0$ und beliebiges h folgt hieraus wegen des Verschwindens der Einheitswurzelsumme nach ν in Hinblick auf (11.12) sofort

(11.29) $$\operatorname*{Res}_{s=0} = -\frac{1}{2\pi i f c}\sum_{\mu \bmod c}\Bigg(\zeta\left(0, \left\{\frac{a\mu}{c} + \frac{ag+ch}{fc}\right\}\right)\sum_{\nu=1}^{fc} e^{-\frac{2\pi i}{fc}(g+f\mu)\nu}\,\gamma\left(\frac{\nu}{fc}\right) +$$
$$+ \zeta\left(0, \left\{-\frac{a\mu}{c} - \frac{ag+ch}{fc}\right\}\right)\sum_{\nu=1}^{fc} e^{\frac{2\pi i}{fc}(g+f\mu)\nu}\,\gamma\left(\frac{\nu}{fc}\right)\Bigg).$$

Dabei ist allgemein zur Abkürzung

(11.30) $$\gamma(\alpha) = -\frac{\Gamma'(\alpha)}{\Gamma(\alpha)}$$

gesetzt. Aus der letzten Darstellung ergibt sich nunmehr bei nochmaliger Anwendung von (11.14) unter Beachtung von (11.15) der geschlossene Ausdruck

(11.31) $$\operatorname*{Res}_{s=0} = \sum_{\mu \bmod c} P_1\left(\frac{a\mu}{c} + \frac{ag+ch}{fc}\right) P_1\left(\frac{\mu}{c} + \frac{g}{fc}\right),$$

wobei die als Argumente auftretenden rationalen Brüche für alle μ echt-gebrochene Zahlen sind. Dabei bedeutet allgemein

(11.32) $$P_1(x) = R(x) - \frac{1}{2} \quad \text{mit} \quad R(x) = x - [x]$$

diejenige periodische unstetige Funktion, die im Intervall $0 \leqq x < 1$ mit dem ersten Bernoullischen Polynom $B_1(x)$ übereinstimmt.

Für $g = 0$ und dann $h \neq 0$ hat man zunächst festzustellen, für welche Werte von μ die Brüche $\frac{\mu}{c}$, $\frac{a\mu}{c} + \frac{ch}{fc}$ ganzrational ausfallen. Das ist genau für $\mu \equiv 0$, $\mu_0 \bmod c$ der Fall, wobei sich der letztere Wert aus der Kongruenz $a\mu_0 + \frac{c}{f}h \equiv 0 \bmod c$ zu

$$\mu_0 \equiv -\partial\frac{c}{f}h \equiv -\frac{c}{f}h \bmod c$$

bestimmt.

Ist zunächst μ mod c von den zuletzt genannten beiden Ausnahmewerten verschieden, so ergibt sich analog zu (11.31) für das fragliche Teilresiduum der geschlossene Ausdruck

$$\underset{\substack{s=0 \\ \mu \not\equiv 0, \mu_0}}{\operatorname{Res}} = \sum_{\mu \bmod c}{}' P_1\left(\frac{a\mu}{c} + \frac{ch}{fc}\right) P_1\left(\frac{\mu}{c}\right), \tag{11.33}$$

wobei, wie in (11.31), die als Argumente auftretenden rationalen Brüche für die vorkommenden μ echt-gebrochene Zahlen sind.

Für den Ausnahmewert $\mu \equiv 0 \bmod c$ dagegen hat man, unter Zugrundelegung des ursprünglichen Ausdrucks (11.20), für das Teilresiduum der Reihe nach:

$$\begin{aligned} \underset{\substack{s=0 \\ \mu \equiv 0}}{\operatorname{Res}} &= \frac{1}{4\pi f^2 c^2} \underset{s=0}{\operatorname{Res}} \left(\left(\frac{c\,\omega + \partial}{i} \right)^{-s} \frac{e^{\frac{\pi i s}{2}} - e^{-\frac{\pi s}{2}}}{\sin \pi s} \times \right. \\ &\qquad \left. \times \sum_{\lambda=1}^{fc} \left(e^{\frac{2\pi i h}{f}\lambda} + e^{-\frac{2\pi i h}{f}\lambda} \right) \zeta\left(1-s, \frac{\lambda}{fc}\right) \cdot \sum_{\nu=1}^{fc} \zeta\left(1+s, \frac{\nu}{fc}\right) \right) \\ &= -\frac{1}{4\pi i f c} \sum_{\lambda=1}^{fc} \left(e^{\frac{2\pi i h}{f}\lambda} + e^{-\frac{2\pi i h}{f}\lambda} \right) \gamma\left(\frac{\lambda}{fc}\right), \end{aligned} \tag{11.34}$$

und die letzte Summe läßt sich vermöge der Reihendarstellung

$$\gamma(\alpha) = -\frac{\Gamma'(\alpha)}{\Gamma(\alpha)} = C + \sum_{n=0}^{\infty} \left(\frac{1}{n+\alpha} - \frac{1}{n+1} \right) \tag{11.35}$$

in geschlossener Form auswerten, so daß man hier einfach erhält:

$$\begin{aligned} \underset{\substack{s=0 \\ \mu \equiv 0}}{\operatorname{Res}} &= -\frac{1}{4\pi i} \left(\sum_{n=1}^{\infty} \frac{e^{\frac{2\pi i h}{f} n}}{n} + \sum_{n=1}^{\infty} \frac{e^{-\frac{2\pi i h}{f} n}}{n} \right) \\ &= \frac{1}{4\pi i} \left(\log\left(1 - e^{\frac{2\pi i h}{f}}\right) + \log\left(1 - e^{-\frac{2\pi i h}{f}}\right) \right) \\ &= \frac{1}{2\pi i} \log 2 \left| \sin \frac{\pi h}{f} \right|. \end{aligned} \tag{11.36}$$

Für den Ausnahmewert $\mu \equiv \mu_0 \bmod c$ hat man ähnlich, hier unter Zugrundelegung des umgeformten Ausdrucks (11.28), für das Teilresiduum der Reihe nach:

$$\begin{aligned} \underset{\substack{s=0 \\ \mu \equiv \mu_0}}{\operatorname{Res}} &= \underset{s=0}{\operatorname{Res}} \left(-\frac{1}{(2\pi f c)^{1+s} i} \left(\frac{c\omega + \partial}{i} \right)^{-s} \Gamma(s)\, \zeta(s) \times \right. \\ &\qquad \left. \times \sum_{\nu=1}^{fc} \left(e^{-\frac{2\pi i \mu_0}{c}\nu} + e^{\frac{2\pi i \mu_0}{c}\nu} \right) \zeta\left(1+s, \frac{\nu}{fc}\right) \right) \\ &= \frac{1}{4\pi i f c} \sum_{\nu=1}^{fc} \left(e^{\frac{2\pi i h}{f}\nu} + e^{-\frac{2\pi i h}{f}\nu} \right) \gamma\left(\frac{\nu}{fc}\right) = -\frac{1}{2\pi i} \log 2 \left| \sin \frac{\pi h}{f} \right|. \end{aligned} \tag{11.37}$$

Zusammengenommen ergibt sich danach in diesem letzteren Fall $g = 0$, $h \neq 0$, daß das Gesamtresiduum bereits durch das Teilresiduum (11.33) gegeben ist. Somit erhält man den endgültigen Ausdruck

(11.38) $$\operatorname*{Res}_{s=0} = \sum_{\mu \bmod c}{}' P_1\left(\frac{a\mu}{c} + \frac{ch}{fc}\right) P_1\left(\frac{\mu}{c}\right),$$

wobei die Summation sinngemäß nur über diejenigen $\mu \bmod c$ zu erstrecken ist, die jeweils echt-gebrochene Argumente in beiden Faktoren liefern[1]).

Faßt man nun die Einzelresultate der durch (11.20) vorgeschriebenen Residuenrechnung in (11.26), (11.31) bzw. (11.38) zusammen, so ist nach (11.19), (11.22), (11.23) das Transformationsverhalten der Summe der beiden ersten logarithmischen Reihen in (11.3) durch die folgende Formel bestimmt:

(11.39)
$$\sum_{m=0}^{\infty}\sum_{n=1}^{\infty} \frac{1}{n}\left(e^{\frac{2\pi i h}{f}} e^{2\pi i\left(m+\frac{g}{f}\right)\omega}\right)^n \Bigg|_{\omega}^{M(\omega)} + \sum_{m=1}^{\infty}\sum_{n=1}^{\infty} \frac{1}{n}\left(e^{-\frac{2\pi i h}{f}} e^{2\pi i\left(m-\frac{g}{f}\right)\omega}\right)^n \Bigg|_{\omega}^{M(\omega)} =$$
$$= -\pi i\left(\omega + \frac{\partial}{c} + \frac{1}{c(c\omega+\partial)}\right) P_2\left(\frac{g}{f}\right) + 2\pi i \sum_{\mu \bmod c}{}' P_1\left(\frac{a\mu}{c} + \frac{ag+ch}{fc}\right) P_1\left(\frac{\mu}{c} + \frac{g}{fc}\right).$$

Dabei deutet der Strich am Summenzeichen an, daß die Summation sinngemäß nur über ein vollständiges System derjenigen $\mu \bmod c$ zu erstrecken ist, die jeweils echt-gebrochene Argumente in beiden Faktoren liefern.

Nach der Definitionsformel (11.3) hat man zur Aufstellung der vollständigen Transformationsformel für die Funktionen $\log \sigma_{gh}\binom{\omega_1}{\omega_2}$ nun noch das Transformationsverhalten der dritten logarithmischen Reihe $\sum_3(\omega)$ zu untersuchen. Sei dazu im folgenden zunächst der nicht-triviale Fall $c \neq 0$ vorausgesetzt und gleich zur Vereinheitlichung der Rechnung die ganze Zahl $c > 0$ angenommen. Dann ergibt sich unter Beachtung von (11.6) für die transformierte Reihe die Darstellung:

(11.40) $$\sum\nolimits_3\left(\frac{a\omega+b}{c\omega+\partial}\right) = \sum_{m=1}^{\infty}\sum_{n=1}^{\infty}\frac{1}{n} e^{\frac{2\pi i m n}{c}\left(a - \frac{1}{c\omega+\partial}\right)}.$$

Hierdurch wird nahegelegt, die Summation nach m und n modulo c anzusetzen. Damit wird dann, analog zu (11.8),

(11.41) $$\sum\nolimits_3\left(\frac{a\omega+b}{c\omega+\partial}\right) = \sum_{\mu=1}^{c}\sum_{\nu=1}^{c} e^{\frac{2\pi i a}{c}\mu\nu} \sum_{q=0}^{\infty}\sum_{r=0}^{\infty} \frac{1}{rc+\nu} e^{-2\pi i\left(q+\frac{\mu}{c}\right)\left(r+\frac{\nu}{c}\right)\frac{c}{c\omega+\partial}},$$

und hierfür ergibt sich unter Anwendung der Mellinschen Formel für die Exponentialfunktion (11.9) weiterhin die zu (11.10) analoge Darstellung:

(11.42)
$$\sum\nolimits_3\left(\frac{a\omega+b}{c\omega+\partial}\right) = \sum_{\mu=1}^{c}\sum_{\nu=1}^{c} e^{\frac{2\pi i a}{c}\mu\nu} \frac{1}{2\pi i c} \int_{\frac{3}{2}-i\infty}^{\frac{3}{2}+i\infty} \left(\frac{c\omega+\partial}{2\pi i c}\right)^s \Gamma(s)\,\zeta\left(s,\frac{\mu}{c}\right)\zeta\left(1+s,\frac{\nu}{c}\right) ds\,.$$

[1]) Man bemerkt jedoch, daß man die Summation auch über ein volles Restsystem $\mu \bmod c$ erstrecken kann, da die beiden Ausnahmewerte für μ sich gegenseitig annullierende Beiträge liefern.

Unter Heranziehung der Funktionalgleichung (11.14) geht jetzt (11.42) über in die zu (11.17) analoge Gestalt:

(11.43) $$\sum\nolimits_3\left(\frac{a\omega+b}{c\omega+\partial}\right)=$$

$$=-\frac{1}{4\pi c^2}\sum_{\lambda=1}^{c}\sum_{\nu=1}^{c}\sum_{\mu \bmod c} e^{\frac{2\pi i(a\nu+\lambda)}{c}\mu}\int\limits_{\frac{3}{2}-i\infty}^{\frac{3}{2}+i\infty}\left(\frac{c\omega+\partial}{i}\right)^{s}\frac{e^{\frac{\pi i s}{2}}}{\sin\pi s}\zeta\left(1-s,\frac{\lambda}{c}\right)\zeta\left(1+s,\frac{\nu}{c}\right)ds+$$

$$+\frac{1}{4\pi c^2}\sum_{\lambda=1}^{c}\sum_{\nu=1}^{c}\sum_{\mu \bmod c} e^{\frac{2\pi i(a\nu-\lambda)}{c}\mu}\int\limits_{\frac{3}{2}-i\infty}^{\frac{3}{2}+i\infty}\left(\frac{c\omega+\partial}{i}\right)^{s}\frac{e^{-\frac{\pi i s}{2}}}{\sin\pi s}\zeta\left(1-s,\frac{\lambda}{c}\right)\zeta\left(1+s,\frac{\nu}{c}\right)ds\,.$$

Man bestimme nun eine ganze Zahl a'' mod c aus der Kongruenz

(11.44) $$a\,a''\equiv -1 \bmod c\,.$$

Offenbar kann einfach $a''=-\partial$ genommen werden. Ersetzt man jetzt die Integrationsvariable $s\to -s$, die Summationsvariablen $\lambda\leftrightarrow\nu$, $\mu\to a''\mu$, so erhält man aus (11.43) nach Verschiebung der Integrationslinie in die alte Lage die folgende, zu (11.19) analoge Darstellung:

(11.45) $$\sum\nolimits_3\left(\frac{a\omega+b}{c\omega+\partial}\right)=$$

$$=-\frac{1}{4\pi c^2}\sum_{\lambda=1}^{c}\sum_{\nu=1}^{c}\sum_{\mu \bmod c} e^{\frac{2\pi i(a''\nu+\lambda)}{c}\mu}\int\limits_{\frac{3}{2}-i\infty}^{\frac{3}{2}+i\infty}\left(\frac{c\omega+\partial}{i}\right)^{-s}\frac{e^{\frac{\pi i s}{2}}}{\sin\pi s}\zeta\left(1-s,\frac{\lambda}{c}\right)\zeta\left(1+s,\frac{\nu}{c}\right)ds+$$

$$+\frac{1}{4\pi c^2}\sum_{\lambda=1}^{c}\sum_{\nu=1}^{c}\sum_{\mu \bmod c} e^{\frac{2\pi i(a''\nu-\lambda)}{c}\mu}\int\limits_{\frac{3}{2}-i\infty}^{\frac{3}{2}+i\infty}\left(\frac{c\omega+\partial}{i}\right)^{-s}\frac{e^{-\frac{\pi i s}{2}}}{\sin\pi s}\zeta\left(1-s,\frac{\lambda}{c}\right)\zeta\left(1+s,\frac{\nu}{c}\right)ds+$$

$$+2\pi i\,(R_1+R_2)\,.$$

Dabei bezeichnen R_1 und R_2 die bei der Verschiebung der Integrationslinie auftretenden Residuensummen:

(11.46) $$R_1=\frac{1}{4\pi c^2}\sum_{\lambda=1}^{c}\sum_{\nu=1}^{c}\sum_{\mu \bmod c} e^{\frac{2\pi i(a\lambda-\nu)}{c}\mu}\times$$

$$\times\sum_{s=-1,1,0}\operatorname{Res}\left(\left(\frac{c\omega+\partial}{i}\right)^{-s}\frac{e^{\frac{\pi i s}{2}}}{\sin\pi s}\zeta\left(1-s,\frac{\lambda}{c}\right)\zeta\left(1+s,\frac{\nu}{c}\right)\right),$$

$$R_2 = -\frac{1}{4\pi c^2} \sum_{\lambda=1}^{c} \sum_{\nu=1}^{c} \sum_{\mu \bmod c} e^{\frac{2\pi i(a\lambda+\nu)}{c}\mu} \times$$

$$\times \sum_{s=-1,1,0} \operatorname{Res}\left(\left(\frac{c\omega+\partial}{i}\right)^{-s} \frac{e^{-\frac{\pi i s}{2}}}{\sin \pi s} \zeta\left(1-s, \frac{\lambda}{c}\right) \zeta\left(1+s, \frac{\nu}{c}\right)\right).$$

Der Vergleich dieser beiden Darstellungen (11.43) und (11.45) ohne Residuen lehrt auch hier wieder unmittelbar, daß es sich im letzteren Fall ebenfalls um eine logarithmische Reihe handelt, und zwar mit dem Substitutionskoeffizienten a'' an Stelle von a und dem Argument $\frac{i}{c\omega+\partial}$ an Stelle von $\frac{c\omega+\partial}{i}$. Nun ist einerseits die Summe $a''+\partial$ ganzrational, andererseits gilt wegen $a'' \equiv -a^{-1} \bmod c$ und $\partial \equiv a^{-1} \bmod c$ die Teilbarkeitsaussage $\frac{a''+\partial}{c} \equiv 0 \bmod {}^{+}1$. Danach erhellt aus (11.40), daß es sich bei der letzteren Darstellung (11.45) ohne Residuen gerade um die nicht-transformierte dritte logarithmische Reihe in (11.3) handelt. Damit ist dann die Frage nach dem Transformationsverhalten von $\log \sigma_{gh}\binom{\omega_1}{\omega_2}$ bei Modulsubstitutionen aus Γ_f im zweiten Schritt auf die Berechnung der Residuensummen in (11.46) zurückgeführt.

Für die auf die Punkte $s=-1$, $s=1$ bezüglichen beiden Residuensummen zusammen erhält man, analog zu (11.24), (11.25), (11.26), der Reihe nach:

$$(11.47) \qquad \sum_{s=-1,1} \operatorname{Res} = \frac{1}{4\pi c^2} \sum_{\lambda=1}^{c} \sum_{\nu=1}^{c} \sum_{\mu \bmod c} e^{\frac{2\pi i(a\lambda-\nu)}{c}\mu} \times$$

$$\times \left(\frac{c\omega+\partial}{i} \frac{e^{-\frac{\pi i}{2}}}{-\pi} \zeta\left(2, \frac{\lambda}{c}\right) \zeta\left(0, \frac{\nu}{c}\right) + \frac{i}{c\omega+\partial} \frac{e^{\frac{\pi i}{2}}}{-\pi} \zeta\left(0, \frac{\lambda}{c}\right) \zeta\left(2, \frac{\nu}{c}\right)\right) -$$

$$-\frac{1}{4\pi c^2} \sum_{\lambda=1}^{c} \sum_{\nu=1}^{c} \sum_{\mu \bmod c} e^{\frac{2\pi i(a\lambda+\nu)}{c}\mu} \times$$

$$\times \left(\frac{c\omega+\partial}{i} \frac{e^{\frac{\pi i}{2}}}{-\pi} \zeta\left(2, \frac{\lambda}{c}\right) \zeta\left(0, \frac{\nu}{c}\right) + \frac{i}{c\omega+\partial} \frac{e^{-\frac{\pi i}{2}}}{-\pi} \zeta\left(0, \frac{\lambda}{c}\right) \zeta\left(2, \frac{\nu}{c}\right)\right)$$

$$= \frac{1}{4\pi^2 c} (c\omega+\partial) \sum_{\lambda=1}^{c} \zeta\left(2, \frac{\lambda}{c}\right) \left(\zeta\left(0, \left\{\frac{a\lambda}{c}\right\}\right) + \zeta\left(0, \left\{-\frac{a\lambda}{c}\right\}\right)\right) +$$

$$+ \frac{1}{4\pi^2 c} \frac{1}{c\omega+\partial} \sum_{\nu=1}^{c} \zeta\left(2, \frac{\nu}{c}\right) \left(\zeta\left(0, \left\{\frac{a''\nu}{c}\right\}\right) + \zeta\left(0, \left\{-\frac{a''\nu}{c}\right\}\right)\right)$$

$$= -\frac{1}{4\pi^2 c}\left(c\omega+\partial+\frac{1}{c\omega+\partial}\right)\zeta(2) = -\frac{1}{24}\left(\omega+\frac{\partial}{c}+\frac{1}{c(c\omega+\partial)}\right),$$

wobei zuletzt $\zeta(2, 1) = \zeta(2) = \frac{\pi^2}{6}$ benutzt ist.

Es bleibt nunmehr noch das Residuum der Summe der beiden Ausdrücke in (11.46) im Punkte $s = 0$ zu berechnen. Für das $\mu \equiv 0 \bmod c$ entsprechende Teilresiduum hat man der Reihe nach zunächst:

(11.48)

$$\operatorname*{Res}_{\substack{s=0\\ \mu\equiv 0}} = \frac{1}{4\pi c^2} \operatorname*{Res}_{s=0} \left(\left(\frac{c\omega+\partial}{i} \right)^{-s} \frac{e^{\frac{\pi i s}{2}} - e^{-\frac{\pi i s}{2}}}{\sin \pi s} \cdot \sum_{\lambda=1}^{c} \zeta\left(1-s, \frac{\lambda}{c}\right) \cdot \sum_{\nu=1}^{c} \zeta\left(1+s, \frac{\nu}{c}\right) \right)$$

$$= \frac{1}{4\pi c^2} \operatorname*{Res}_{s=0} \left(\left(\frac{c\omega+\partial}{i} \right)^{-s} \frac{i}{\cos\frac{\pi s}{2}} \cdot \left(-\frac{c}{s} + \sum_{\lambda=1}^{c} \gamma\left(\frac{\lambda}{c}\right) + O(s) \right) \cdot \left(\frac{c}{s} + \sum_{\nu=1}^{c} \gamma\left(\frac{\nu}{c}\right) + O(s) \right) \right)$$

$$= -\frac{1}{4\pi i} \log \frac{c\omega+\partial}{i} \qquad \text{mit} \qquad \left| \Im\left(\log \frac{c\omega+\partial}{i} \right) \right| < \frac{\pi}{2},$$

$$= -\frac{1}{4\pi i} \left(\log (c\omega+\partial) - \frac{\pi i}{2} \right),$$

wobei dann wegen $c > 0$ zuletzt der Hauptwert des Logarithmus mit

$$0 < \Im(\log (c\omega + \partial)) < \pi$$

zu nehmen ist.

Für $\mu \not\equiv 0 \bmod c$ dagegen erhält man insgesamt, analog zu (11.31) bzw. (11.33), unter zweimaliger Anwendung der Funktionalgleichung (11.14) den geschlossenen Ausdruck:

$$\text{(11.49)} \quad \operatorname*{Res}_{\substack{s=0\\ \mu\not\equiv 0}} = \frac{1}{4\pi^2 c^2} \sum_{\mu \bmod c}{}' \left(\sum_{\lambda=1}^{c} e^{\frac{2\pi i a \mu}{c}\lambda} \gamma\left(\frac{\lambda}{c}\right) \right) \cdot \left(\sum_{\nu=1}^{c} \left(e^{-\frac{2\pi i \mu}{c}\nu} - e^{\frac{2\pi i \mu}{c}\nu} \right) \gamma\left(\frac{\nu}{c}\right) \right)$$

$$= \frac{1}{2} \sum_{\mu \bmod c}{}' P_1\left(\frac{a\mu}{c}\right) P_1\left(\frac{\mu}{c}\right).$$

Faßt man nun die Einzelresultate der durch (11.46) vorgeschriebenen Residuenrechnung in (11.47), (11.48), (11.49) zusammen, so ist nach (11.43), (11.45) das Transformationsverhalten der dritten logarithmischen Reihe in (11.3) durch die folgende Formel bestimmt:

$$\text{(11.50)} \quad \sum_{m=1}^{\infty} \sum_{n=1}^{\infty} \frac{1}{n} e^{2\pi i m n \omega} \Big|_{\omega}^{M(\omega)} =$$

$$= -\frac{1}{2} \log (c\omega + \partial) - \frac{\pi i}{12} \left(\omega + \frac{\partial}{c} + \frac{1}{c(c\omega+\partial)} \right) +$$

$$+ \frac{\pi i}{4} + \pi i \sum_{\mu \bmod c}{}' P_1\left(\frac{a\mu}{c}\right) P_1\left(\frac{\mu}{c}\right).$$

Dabei deutet hier der Strich am Summenzeichen an, daß die Summation über ein vollständiges System der $\mu \not\equiv 0 \bmod c$ zu erstrecken ist, die dann jeweils echt-gebrochene Argumente in beiden Faktoren liefern.

Damit ist die Ausgangsfrage nach dem Transformationsverhalten der Funktionen $\log \sigma_{gh}\binom{\omega_1}{\omega_2}$ bei Modulsubstitutionen M aus Γ_f beantwortet. Durch Zusammenfassung der Formeln (11.39) und (11.50) ergibt sich die, ihrer Herleitung nach jedoch nur für $c > 0$ gültige, Transformationsformel:

$$\log \frac{\sigma_{gh}\left(M\binom{\omega_1}{\omega_2}\right)}{\sigma_{gh}\binom{\omega_1}{\omega_2}} = \tag{11.51}$$

$$= \pi i P_2\left(\frac{g}{f}\right)\frac{a+\partial}{c} - 2\pi i \sum_{\mu \bmod c}{}' P_1\left(\frac{a\mu}{c} + \frac{ag+ch}{fc}\right) P_1\left(\frac{\mu}{c} + \frac{g}{fc}\right) -$$

$$- \pi i \frac{a+\partial}{6c} + \frac{\pi i}{2} + 2\pi i \sum_{\mu \bmod c}{}' P_1\left(\frac{a\mu}{c}\right) P_1\left(\frac{\mu}{c}\right).$$

Ist nun $c < 0$, so braucht man lediglich

$$M(\omega) = \frac{-a\omega - b}{-c\,\omega - \partial}$$

zu schreiben, um auf den vorigen Fall zurückzukommen. Dabei gilt zwar jetzt die Kongruenz

$$\begin{pmatrix} -a & -b \\ -c & -\partial \end{pmatrix} \equiv \begin{pmatrix} -1 & 0 \\ 0 & -1 \end{pmatrix} \bmod f,$$

es zeigt sich aber, daß der zwischen (11.22) und (11.23) aufgedeckte Zusammenhang unverändert auch in diesem Fall gilt; ebenso ist die durch (11.20) und (11.46) vorgeschriebene Residuenrechnung auch hier in derselben Weise durchzuführen. Beachtet man schließlich noch die Gleichung

$$\log (c\omega + \partial) = \log (-c\omega - \partial) - \pi i,$$

so erhält man nach (11.51) unmittelbar auch die Transformationsformel für den Fall $c < 0$.

Somit ergibt sich für den Fall $c \neq 0$ die allgemeingültige Transformationsformel:

$$\log \frac{\sigma_{gh}\left(M\binom{\omega_1}{\omega_2}\right)}{\sigma_{gh}\binom{\omega_1}{\omega_2}} = \tag{11.52}$$

$$= \pi i P_2\left(\frac{g}{f}\right)\frac{a+\partial}{c} - 2\pi i \operatorname{sgn} c \sum_{\mu \bmod c}{}' P_1\left(\frac{a\mu}{c} + \frac{ag+ch}{fc}\right) P_1\left(\frac{\mu}{c} + \frac{g}{fc}\right) -$$

$$- \pi i \frac{a+\partial}{6c} + \frac{\pi i}{2} \operatorname{sgn} c + 2\pi i \operatorname{sgn} c \sum_{\mu \bmod c}{}' P_1\left(\frac{a\mu}{c}\right) P_1\left(\frac{\mu}{c}\right).$$

Endlich läßt sich auch der noch ausstehende Fall $c = 0$ unmittelbar auf Grund der Definition (11.3) erledigen[1]). Dann ist einfach $a = \partial = \pm 1$, also

$$M_0^{\pm} = \begin{pmatrix} \pm 1 & b \\ 0 & \pm 1 \end{pmatrix} \quad \text{mit } f|b ,$$

und es gilt jeweils die Transformationsformel:

$$\text{(11.53)} \qquad \log \frac{\sigma_{gh}\left(M_0^{\pm}\begin{pmatrix}\omega_1\\ \omega_2\end{pmatrix}\right)}{\sigma_{gh}\begin{pmatrix}\omega_1\\ \omega_2\end{pmatrix}} = \begin{cases} \dfrac{\pi i g(g-f)}{f^2} b = \dfrac{2\pi i g(g-f)}{2f}\dfrac{b}{f} & \text{für } M_0^+ \\[2ex] \pi i - \dfrac{\pi i g(g-f)}{f^2} b = \pi i - \dfrac{2\pi i g(g-f)}{2f}\dfrac{b}{f} & \text{für } M_0^- \end{cases} .$$

Um nun auch die Transformationsformel für die Funktionen $\log \sigma_{gh}\begin{pmatrix}\omega_1\\ \omega_2\end{pmatrix}$ bei Modulsubstitutionen $-M$ aus Γ_f zu gewinnen, hat man einfach die Beziehung

$$\log \frac{\sigma_{gh}\left(-M\begin{pmatrix}\omega_1\\ \omega_2\end{pmatrix}\right)}{\sigma_{gh}\begin{pmatrix}\omega_1\\ \omega_2\end{pmatrix}} = \log \frac{\sigma_{gh}\left(M\begin{pmatrix}-\omega_1\\ -\omega_2\end{pmatrix}\right)}{\sigma_{gh}\begin{pmatrix}-\omega_1\\ -\omega_2\end{pmatrix}} - \pi i \operatorname{sgn} c$$

auszunutzen, wonach dann wieder (11.52) anwendbar ist.

Schließlich kann man sich auf Grund der Identität

$$\log \frac{\sigma_{gh}\left(M\begin{pmatrix}\omega_1\\ \omega_2\end{pmatrix}\right)}{\sigma_{gh}\begin{pmatrix}\omega_1\\ \omega_2\end{pmatrix}} = \overline{\log \frac{\sigma_{gh}\left(M\begin{pmatrix}\overline{\omega}_1\\ \overline{\omega}_2\end{pmatrix}\right)}{\sigma_{gh}\begin{pmatrix}\overline{\omega}_1\\ \overline{\omega}_2\end{pmatrix}}} = -\log \frac{\sigma_{gh}\left(M\begin{pmatrix}\overline{\omega}_1\\ \overline{\omega}_2\end{pmatrix}\right)}{\sigma_{gh}\begin{pmatrix}\overline{\omega}_1\\ \overline{\omega}_2\end{pmatrix}}$$

(die rechte Seite von (11.52) ist rein-imaginär!) von der lediglich für die analytische Rechnung eingangs gemachten Normierungsvoraussetzung $\Im\begin{pmatrix}\omega_1\\ \omega_2\end{pmatrix} > 0$ frei machen.

Nach diesen Bemerkungen erhält man endlich im nicht-trivialen Fall $c \neq 0$ die für Modulsubstitutionen $\pm M$ aus Γ_f bei beliebigem nicht-verschwindendem Periodenverhältnis gültige *Transformationsformel*:

$$\text{(11.54)} \qquad \log \frac{\sigma_{gh}\left(\pm M\begin{pmatrix}\omega_1\\ \omega_2\end{pmatrix}\right)}{\sigma_{gh}\begin{pmatrix}\omega_1\\ \omega_2\end{pmatrix}} =$$

$$= \operatorname{sgn} \frac{\delta\begin{pmatrix}\omega_1\\ \omega_2\end{pmatrix}}{2i}\left(\pi i\, P_2\left(\frac{g}{f}\right)\frac{a+\partial}{c} - 2\pi i \operatorname{sgn} c \sum_{\mu \bmod c}{}' P_1\left(\frac{a\mu}{c} + \frac{ag+ch}{fc}\right) P_1\left(\frac{\mu}{c} + \frac{g}{fc}\right) - \right.$$

$$\left. - \pi i\, \frac{a+\partial}{6c} \pm \frac{\pi i}{2} \operatorname{sgn} c + 2\pi i \operatorname{sgn} c \sum_{\mu \bmod c}{}' P_1\left(\frac{a\mu}{c}\right) P_1\left(\frac{\mu}{c}\right)\right).$$

---

[1]) Dieser triviale Fall $c = 0$ kommt allerdings in Hinblick auf (10.26) für die weiteren arithmetischen Anwendungen nicht in Betracht.

Zuletzt hat man noch die anfangs gemachte Behauptung zu begründen, daß nämlich diese Transformationsformel auch für Modulsubstitutionen $\pm M$ des allgemeineren Typus (10.28) mit der Eigenschaft (10.30) gültig ist. Dies folgt nun in der Tat wieder daraus, daß sich die Formeln (11.22) und (11.23) genauso wie früher auch in diesem allgemeineren Fall ausdeuten lassen. Allerdings läßt sich die Tatsache, daß durch (11.23) gerade die nicht-transformierte Summe der beiden ersten logarithmischen Reihen in (11.3) dargestellt wird, nicht in der im Anschluß an (11.23) gezeigten Weise beweisen. Hierzu hat man noch, wie von vornherein klar ist, die feinere Eigenschaft (10.30), die hier $f_{,}ch$ lautet, heranzuziehen. Bei dieser genaueren Argumentation ergibt sich dann aber, zweckmäßig an Hand der Definitionsgleichung (11.3), wieder die wesentliche Behauptung über die Formel (11.23) und damit auch, da die Residuenrechnung in derselben Art wie früher durchzuführen ist, die behauptete Gültigkeit der Transformationsformel (11.54) für Modulsubstitutionen $\pm M$ des allgemeineren Typus (10.28), die zudem noch die Eigenschaft (10.30) haben.

2. Durch die vorstehend durchgeführte analytische Rechnung ist nun auch die Transformationsformel für die Funktion $\log \sqrt[24]{\Delta\begin{pmatrix}\omega_1\\ \omega_2\end{pmatrix}}$ bei beliebigen Modulsubstitutionen der Determinante $+1$ mit abgeleitet worden. Diese Tatsache ergibt sich ohne weiteres, wenn man die explizite Formel für die betrachtete Funktion heranzieht und hierauf die Resultate eines Teils der früheren Rechnung anwendet.

Es sei die Normierung der Perioden $\begin{pmatrix}\omega_1\\ \omega_2\end{pmatrix}$ so getroffen, daß der Periodenquotient $\omega = \frac{\omega_1}{\omega_2}$ einen Imaginärteil $\Im(\omega) > 0$ hat; dies ist gleichbedeutend damit, daß $\operatorname{sgn} \frac{\delta\begin{pmatrix}\omega_1\\ \omega_2\end{pmatrix}}{2i} = +1$ ausfällt. Dann gilt für die so normierte Funktion $\sqrt[24]{\Delta\begin{pmatrix}\omega_1\\ \omega_2\end{pmatrix}}$ nach (4.29), (4.26) im Unendlichen die Entwicklung:

$$\sqrt[24]{\Delta\begin{pmatrix}\omega_1\\ \omega_2\end{pmatrix}} = \left(\frac{2\pi}{\omega_2}\right)^{\frac{1}{2}} e^{\frac{2\pi i\omega}{24}} \prod_{m=1}^{\infty} \left(1 - e^{2\pi i m\omega}\right). \tag{11.55}$$

Es sei nun weiter $M = \begin{pmatrix}a & b\\ c & \partial\end{pmatrix}$ mit $|M| = +1$ eine beliebige unimodulare Matrix und $M(\omega) = \frac{a\omega + b}{c\omega + \partial}$ die zugeordnete linear-gebrochene, inhomogene Modulsubstitution in der Variablen ω. Dann läßt sich die Differenz

$$\log \sqrt[24]{\Delta\left(M\begin{pmatrix}\omega_1\\ \omega_2\end{pmatrix}\right)} - \log \sqrt[24]{\Delta\begin{pmatrix}\omega_1\\ \omega_2\end{pmatrix}} = \log \frac{\sqrt[24]{\Delta\left(M\begin{pmatrix}\omega_1\\ \omega_2\end{pmatrix}\right)}}{\sqrt[24]{\Delta\begin{pmatrix}\omega_1\\ \omega_2\end{pmatrix}}}$$

als in der oberen ω-Halbebene eindeutige, reguläre Funktion der einen komplexen Variablen ω erklären durch die Gleichung:

$$\log \frac{\sqrt[24]{\Delta\left(M\binom{\omega_1}{\omega_2}\right)}}{\sqrt[24]{\Delta\binom{\omega_1}{\omega_2}}} = -\frac{1}{2}\log(c\omega + \partial) + \frac{\pi i}{12}\left(\frac{a\omega + b}{c\omega + \partial} - \omega\right) - \tag{11.56}$$

$$- \sum_{m=1}^{\infty}\sum_{n=1}^{\infty}\frac{1}{n}e^{2\pi i m n \omega}\Big|_{\omega}^{M(\omega)}.$$

Hierin bedeutet, wie in (11.4), $\log(c\omega + \partial)$ den Hauptwert des Logarithmus.

Bedenkt man nun, daß die Identität (11.6) für beliebige Modulsubstitutionen $M(\omega)$ mit $c \neq 0$ gilt, und beachtet man weiter die entscheidende Tatsache, daß in der auf die dritte logarithmische Reihe $\Sigma_3(\omega)$ in (11.3) bezüglichen, ab (11.40) beginnenden Rechnung von dem besonderen Charakter der dort vorgegebenen Modulsubstitution (11.2) kein Gebrauch gemacht wird, so sind jene Ergebnisse, die dann zur Formel (11.50) führen, ohne weiteres auch hier anwendbar.

Nach diesen Bemerkungen erhält man dann im nicht-trivialen Fall $c \neq 0$ die für beliebige unimodulare Matrizen $M = \begin{pmatrix} a & b \\ c & \partial \end{pmatrix}$ bei beliebigem nicht-verschwindendem Periodenverhältnis gültige *Transformationsformel* [DEDEKIND (2)], [TANNERY-MOLK (1)], [MELLIN (1)], [RADEMACHER (1)]:

$$\log \frac{\sqrt[24]{\Delta\left(M\binom{\omega_1}{\omega_2}\right)}}{\sqrt[24]{\Delta\binom{\omega_1}{\omega_2}}} = \tag{11.57}$$

$$= \operatorname{sgn}\frac{\delta\binom{\omega_1}{\omega_2}}{2i}\left(\pi i\,\frac{a+\partial}{12\,c} - \frac{\pi i}{4}\operatorname{sgn} c - \pi i \operatorname{sgn} c \sum_{\mu \bmod c}{}' P_1\left(\frac{a\mu}{c}\right)P_1\left(\frac{\mu}{c}\right)\right).$$

Im trivialen Fall $c = 0$ dagegen ergibt sich wegen $a = \partial = \pm 1$, also

$$M_0^{\pm} = \begin{pmatrix} \pm 1 & b \\ 0 & \pm 1 \end{pmatrix}$$

unmittelbar aus der Definitionsgleichung (11.56) jeweils die Transformationsformel[1]:

$$\log \frac{\sqrt[24]{\Delta\left(M_0^{\pm}\binom{\omega_1}{\omega_2}\right)}}{\sqrt[24]{\Delta\binom{\omega_1}{\omega_2}}} = \begin{Bmatrix} \operatorname{sgn}\dfrac{\delta\binom{\omega_1}{\omega_2}}{2i}\,\dfrac{2\pi i b}{24} & \text{für } M_0^{+} \\ -\operatorname{sgn}\dfrac{\delta\binom{\omega_1}{\omega_2}}{2i}\left(\dfrac{\pi i}{2} + \dfrac{2\pi i b}{24}\right) & \text{für } M_0^{-} \end{Bmatrix}. \tag{11.58}$$

[1]) Dieser triviale Fall $c = 0$ kommt allerdings in Hinblick auf (9.30) für die weiteren arithmetischen Anwendungen nicht in Betracht.

Für die späteren arithmetischen Anwendungen ist noch das Transformationsverhalten der bereits in (5.37) benutzten Funktionen $\log\left(\sqrt[12]{\Delta\binom{\omega_1}{\omega_2}}\,\sigma_{gh}\binom{\omega_1}{\omega_2}\right)$ bei Modulsubstitutionen $\pm M$ des in (10.27) und (10.28), (10.30) betrachteten Typus von Wichtigkeit.

Nach (11.54) und (11.57) erhält man im nicht-trivialen Fall $c \neq 0$ die für unimodulare Matrizen $\pm M = \pm\begin{pmatrix} a & b \\ c & \partial \end{pmatrix}$ der fraglichen Typen bei beliebigem nicht--verschwindendem Periodenverhältnis gültige *Transformationsformel*:

$$(11.59)\qquad \log\frac{\sqrt[12]{\Delta\left(\pm M\binom{\omega_1}{\omega_2}\right)}\,\sigma_{gh}\left(\pm M\binom{\omega_1}{\omega_2}\right)}{\sqrt[12]{\Delta\binom{\omega_1}{\omega_2}}\,\sigma_{gh}\binom{\omega_1}{\omega_2}} =$$

$$= \operatorname{sgn}\frac{\delta\binom{\omega_1}{\omega_2}}{2i}\left(\pi i P_2\left(\frac{g}{f}\right)\frac{a+\partial}{c} - 2\pi i \operatorname{sgn} c \sum_{\mu \bmod c}{}' P_1\left(\frac{a\mu}{c}+\frac{ag+ch}{fc}\right)P_1\left(\frac{\mu}{c}+\frac{g}{fc}\right)\right).$$

Im trivialen Fall $c = 0$ dagegen ergibt sich wegen $a = \partial = \pm 1$, also

$$M_0^{\pm} = \begin{pmatrix} \pm 1 & b \\ 0 & \pm 1 \end{pmatrix} \quad \text{mit } f \mid b$$

nach (11.53) und (11.58) jeweils die Transformationsformel:

$$(11.60)\quad \log\frac{\sqrt[12]{\Delta\left(M_0^{\pm}\binom{\omega_1}{\omega_2}\right)}\,\sigma_{gh}\left(M_0^{\pm}\binom{\omega_1}{\omega_2}\right)}{\sqrt[12]{\Delta\binom{\omega_1}{\omega_2}}\,\sigma_{gh}\binom{\omega_1}{\omega_2}} = \left\{\begin{array}{ll} \operatorname{sgn}\frac{\delta\binom{\omega_1}{\omega_2}}{2i}\,\pi i P_2\left(\frac{g}{f}\right) b & \text{für } M_0^+ \\ -\operatorname{sgn}\frac{\delta\binom{\omega_1}{\omega_2}}{2i}\,\pi i P_2\left(\frac{g}{f}\right) b & \text{für } M_0^- \end{array}\right\}.$$

§ 12. Die explizite Grenzformel für die L-Funktionen der Ringklassen mod $\mathfrak{f}\mathfrak{p}_\infty$ in einem reell-quadratischen Zahlkörper und Ringklasseninvarianten mod $\mathfrak{f}\mathfrak{p}_\infty$

1. Unter Anwendung von (11.57) gelangt man jetzt unmittelbar von der impliziten Gestalt (9.31) zur expliziten Gestalt der Grenzformel für die Funktion $L(s|\mathfrak{f})$ in (9.8). Es empfiehlt sich dabei, der aus funktionentheoretischer Quelle fließenden Transformationsformel (11.57) noch eine arithmetisch zweckmäßigere Form zu geben. Hierzu dienen die Hilfsformeln

$$\sum_{\mu \bmod c}{}' P_1\left(\frac{a\mu}{c}\right) = \sum_{\mu \bmod c}{}' P_1\left(-\frac{a\mu}{c}\right) = -\sum_{\mu \bmod c}{}' P_1\left(\frac{a\mu}{c}\right),$$

also

$$\sum_{\mu \bmod c}{}' P_1\left(\frac{a\mu}{c}\right) = 0,$$

und

$$\sum_{\mu \bmod c}{}' R\left(\frac{\mu}{c}\right) = \sum_{\mu \bmod c}{}' R\left(-\frac{\mu}{c}\right) = \sum_{\mu \bmod c}{}' \left(1 - R\left(\frac{\mu}{c}\right)\right),$$

also

$$\sum_{\mu \bmod c}{}' R\left(\frac{\mu}{c}\right) = \frac{|c| - 1}{2},$$

wobei zu beachten ist, daß die Beziehungen $P_1(-x) = -P_1(x)$ und $R(-x) = 1 - R(x)$ für nicht-ganzes x gelten.

Danach ergeben sich nunmehr die verschiedenen Formen der *expliziten Kroneckerschen Grenzformel für die L-Funktion der Ringklasse* $\mathfrak{k}$ mod $\mathfrak{f}\,\mathfrak{p}_\infty$ *(im erweiterten Sinne) in einem reell-quadratischen Zahlkörper:*

(12.1)

$$\begin{aligned} L(s|\mathfrak{k}) &= -\frac{2\pi^2}{\sqrt{D_\mathfrak{f}}}\operatorname{sgn}\delta(\mathfrak{c}_\mathfrak{f})\left(-\frac{a+\partial}{12c} + \frac{1}{4}\operatorname{sgn}c + \operatorname{sgn}c \sum_{\mu \bmod c}{}' P_1\left(\frac{a\mu}{c}\right)P_1\left(\frac{\mu}{c}\right)\right) + O(s-1) \\ &= -\frac{2\pi^2}{\sqrt{D_\mathfrak{f}}}\operatorname{sgn}\delta(\mathfrak{c}_\mathfrak{f})\left(-\frac{a+\partial}{12c} + \frac{1}{4}\operatorname{sgn}c + \operatorname{sgn}c \sum_{\mu \bmod c} P_1\left(\frac{a\mu}{c}\right)R\left(\frac{\mu}{c}\right)\right) + O(s-1) \\ &= -\frac{2\pi^2}{\sqrt{D_\mathfrak{f}}}\operatorname{sgn}\delta(\mathfrak{c}_\mathfrak{f})\left(-\frac{a+\partial}{12c} - \frac{c}{4} + \frac{1}{2}\operatorname{sgn}c + \operatorname{sgn}c \sum_{\mu \bmod c} R\left(\frac{a\mu}{c}\right)R\left(\frac{\mu}{c}\right)\right) \\ &\quad + O(s-1). \end{aligned}$$

Hierin haben die ganzzahligen Koeffizienten der unimodularen Matrix $\begin{pmatrix} a & b \\ c & \partial \end{pmatrix}$ die in (9.30) bezeichneten expliziten Werte.

2. Sei jetzt wieder, wie ursprünglich in § 9, 1, $\mathfrak{f} = \mathfrak{f}_\psi$ sowie, der Abhängigkeit von ψ entsprechend, auch $\mathfrak{k} = \mathfrak{k}_\psi$ gesetzt. Summiert man dann gemäß (9.7) die Kroneckerschen Grenzformeln (12.1) für die einzelnen $L(s|\mathfrak{k}_\psi)$, so erhält man für $L(1|\psi)$ die geschlossene Darstellung:

(12.2) $$L(1|\psi) = \frac{\pi^2}{\sqrt{D_{\mathfrak{f}_\psi}}} \sum_{\mathfrak{k}_\psi} -\psi(\mathfrak{k}_\psi)\, \Psi_1^{\varepsilon_{\mathfrak{f}_\psi}}(\mathfrak{c}).$$

Hierin durchläuft $\mathfrak{k}_\psi$ alle Ringklassen mod $\mathfrak{f}_\psi\mathfrak{p}_\infty$, und $\mathfrak{c}$ ist jeweils ein beliebiger Vertreter aus $\mathfrak{k}_\psi^{-1}$ mit dem zugehörigen Ringideal $(\mathfrak{c})_{\mathfrak{f}_\psi} = \begin{pmatrix}\gamma_1\\ \gamma_2\end{pmatrix}$. Ferner sind die Zahlen $\Psi_1^{\varepsilon_{\mathfrak{f}_\psi}}(\mathfrak{c})$ durch

(12.3)

$$\Psi_1^{\varepsilon_{\mathfrak{f}_\psi}}(\mathfrak{c}) = \Psi\begin{pmatrix} a & b \\ c & \partial \end{pmatrix} = \operatorname{sgn}\delta(\mathfrak{c}_{\mathfrak{f}_\psi})\left(-\frac{a+\partial}{12c} + \frac{1}{4}\operatorname{sgn}c + \operatorname{sgn}c \sum_{\mu \bmod c}{}' P_1\left(\frac{a\mu}{c}\right)P_1\left(\frac{\mu}{c}\right)\right)$$

bzw. durch die hieraus mittels elementarer Umformung hervorgehenden, auf der rechten Seite von (12.1) angegebenen Ausdrücke erklärt.

Die in (12.2) auftretenden reellen rationalen Zahlen $\Psi_1^{\varepsilon_{f_\psi}}(\mathfrak{c})$ sind nun *Ringklasseninvarianten* mod $f_\psi p_\infty$ der durch die Repräsentanten $\mathfrak{c}$ vertretenen Ringklassen mod $f_\psi p_\infty$. Im einzelnen gilt:

1. Der Wert $\Psi_1^{\varepsilon_{f_\psi}}(\mathfrak{c})$ hängt nur vom Ringideal $(\mathfrak{c})_{f_\psi}$, nicht aber von einer speziellen Basis des Ringideals ab.

   Dies ist in Hinsicht auf das Auftreten dieser Bildung in der Kroneckerschen Grenzformel (12.1) und zufolge der Herleitung dieser Grenzformel für die Funktion $L(s|\mathfrak{k}_\psi)$ aus ihren invarianten Definitionsgleichungen (9.8) und insbesondere (9.12) ohne weiteres klar. Für einen direkten Invarianzbeweis, auf den hier verzichtet werden soll, benötigt man die Theorie der sogenannten Dedekindschen Summen[1]).

2. Der Wert $\Psi_1^{\varepsilon_{f_\psi}}(\mathfrak{c})$ hängt nicht von der Auswahl des Vertreters $\mathfrak{c}$ aus der Ringklasse $\mathfrak{k}_\psi^{-1}$ ab.

   Dies folgt aus der allgemeinen Homogenitätseigenschaft:

   $\Psi_1^{\varepsilon_{f_\psi}}(\lambda\mathfrak{c}) = \operatorname{sgn} N(\lambda)\cdot \Psi_1^{\varepsilon_{f_\psi}}(\mathfrak{c})$ für beliebige Multiplikatoren $\lambda \neq 0$ aus Ω.

   Die letzte Regel ist aber unter Beachtung der Definitionsgleichung (9.30) für die Matrix $\begin{pmatrix} a & b \\ c & \partial \end{pmatrix}$ ohne weiteres klar.

3. Der Wert $\Psi_1^{\varepsilon_{f_\psi}}(\mathfrak{c})$ ist nur von den Paaren konjugierter Ringklassen $\mathfrak{k}_\psi$, $\mathfrak{k}_\psi^\tau = \mathfrak{k}_\psi^{-1}$ abhängig, d. h. es gilt

   $$\Psi_1^{\varepsilon_{f_\psi}}(\mathfrak{c}) = \Psi_1^{\varepsilon_{f_\psi}}(\mathfrak{c}^\tau)\,.$$

   Für die zum konjugierten Vielfachenideal $(\mathfrak{c}^\tau)_{f_\psi} = \begin{pmatrix} \gamma_1^\tau \\ \gamma_2^\tau \end{pmatrix}$ gehörige Matrix gilt nämlich nach (9.30) offenbar

   $$\begin{pmatrix} a^\tau & b^\tau \\ c^\tau & \partial^\tau \end{pmatrix} = \begin{pmatrix} \partial & -b \\ -c & a \end{pmatrix},$$

   und somit ist definitionsgemäß

   $$\Psi_1^{\varepsilon_{f_\psi}}(\mathfrak{c}^\tau) = \operatorname{sgn}\delta(\mathfrak{c}_{f_\psi}^\tau)\left(-\frac{\partial+a}{-12c} - \frac{1}{4}\operatorname{sgn} c - \operatorname{sgn} c \sum_{\mu \bmod c}{}' P_1\left(\frac{\partial\mu}{-c}\right)P_1\left(\frac{\mu}{-c}\right)\right)$$

   $$= \operatorname{sgn}\delta(\mathfrak{c}_{f_\psi})\left(-\frac{a+\partial}{12c} + \frac{1}{4}\operatorname{sgn} c + \operatorname{sgn} c \sum_{\mu \bmod c}{}' P_1\left(\frac{\mu}{c}\right)P_1\left(\frac{a\mu}{c}\right)\right) = \Psi_1^{\varepsilon_{f_\psi}}(\mathfrak{c})\,,$$

   wenn man zuletzt die Summationstransformation $\mu \to a\mu$ vornimmt und dabei $a\partial \equiv 1 \bmod c$ beachtet.

---

[1]) Dieser direkte Invarianzbeweis soll im Rahmen einiger Anwendungen der Theorie der Dedekindschen Summen, insbesondere des Reziprozitätsgesetzes für solche Summen, an anderer Stelle gebracht werden [MEYER (1)].

Schreibt man dementsprechend in Abhängigkeit von der zugeordneten Ringklasse $\mathfrak{k}_\psi$ mod $f_\psi p_\infty$ allgemein

$$\Psi_1^{\varepsilon_{f_\psi}}(\mathfrak{k}_\psi^{-1}) = \Psi_1^{\varepsilon_{f_\psi}}(\mathfrak{c})\,, \tag{12.4}$$

so ergibt sich, wenn man noch durchweg $\mathfrak{k}_\psi$ durch $\mathfrak{k}_\psi^{-1}$ ersetzt, abschließend für $L(1|\psi)$ die gliedweise klasseninvariante Formel:

$$L(1|\psi) = \frac{\pi^2}{\sqrt{D_{f_\psi}}} \sum_{\mathfrak{k}_\psi} -\bar{\psi}(\mathfrak{k}_\psi)\, \Psi_1^{\varepsilon_{f_\psi}}(\mathfrak{k}_\psi)\,. \tag{12.5}$$

§ 13. Die explizite Grenzformel für die L-Funktionen der Strahlklassen mod $\mathfrak{f}p_\infty$ in einem reell-quadratischen Zahlkörper und Strahlklasseninvarianten mod $\mathfrak{f}p_\infty$

1. Unter Anwendung von (11.54) gelangt man jetzt unmittelbar von der impliziten Gestalt (10.31) zur expliziten Gestalt der Grenzformel für die Funktion $L(s|\mathfrak{k})$ in (10.7). Es empfiehlt sich wie im Fall der Ringklassen auch hier, der aus funktionentheoretischer Quelle fließenden Transformationsformel (11.54) noch eine arithmetisch zweckmäßigere Form zu geben. Die hierfür benötigten Hilfsformeln seien gleich vorweggenommen, wobei bis auf $n_1 = g$, $n_2 = h$ dieselben Bezeichnungen wie dort verwendet sind.

Wegen $a\partial \equiv 1 \bmod c$ und in Hinblick auf die nach (10.27), (10.28) mit (10.30) bestehenden weiteren Kongruenzen $a \equiv \partial \equiv 1 \bmod f$, $cn_2 \equiv 0 \bmod f$ erhält man durch einfache Summationstransformation die Umformung

$$\sum_{\mu \bmod c}' R\left(\frac{a\mu}{c} + \frac{an_1 + cn_2}{fc}\right) = \sum_{\mu \bmod c} R\left(\frac{a\partial\mu}{c} + \frac{an_1}{fc} + \frac{\frac{cn_2}{f}}{c}\right) = \sum_{\mu \bmod c} R\left(\frac{\mu}{c} + \frac{n_1}{fc}\right)$$
$$\text{für } n_1 \neq 0\,,$$

bzw.

$$\sum_{\mu \bmod c}' R\left(\frac{a\mu}{c} + \frac{cn_2}{fc}\right) = \sum_{\mu \bmod c} R\left(\frac{a\partial\mu}{c} + \frac{\frac{cn_2}{f}}{c}\right) - R\left(\frac{n_2}{f}\right) = \sum_{\mu \bmod c} R\left(\frac{\mu}{c}\right) - R\left(\frac{n_2}{f}\right)$$
$$\text{für } n_1 = 0\,,\ n_2 \neq 0\,.$$

Demnach hat man zunächst

$$\frac{1}{2}\sum_{\mu \bmod c}' \left(R\left(\frac{a\mu}{c} + \frac{an_1 + cn_2}{fc}\right) + R\left(\frac{\mu}{c} + \frac{n_1}{fc}\right)\right) = \sum_{\mu \bmod c} R\left(\frac{\mu}{c} + \frac{n_1}{fc}\right) \quad \text{für } n_1 \neq 0\,,$$

bzw.

$$\frac{1}{2}\sum_{\substack{\mu \bmod c\\ \mu \neq 0, \mu_0}}' \left(R\left(\frac{a\mu}{c} + \frac{cn_2}{fc}\right) + R\left(\frac{\mu}{c}\right)\right) = \sum_{\mu \bmod c} R\left(\frac{\mu}{c}\right) - \frac{1}{2}\left(R\left(\frac{n_2}{f}\right) + R\left(-\frac{n_2}{f}\right)\right)$$
$$= \sum_{\mu \bmod c} R\left(\frac{\mu}{c}\right) - \frac{1}{2} \quad \text{für } n_1 = 0\,,\ n_2 \neq 0\,,$$

letzteres unter Beachtung von $\frac{\mu_0}{c} \equiv -\frac{\partial n_2}{f} \equiv -\frac{n_2}{f} \bmod^+ 1$ für den Ausnahmewert μ_0, und die zuletzt durchzuführende Summation ist jetzt in beiden Fällen über ein vollständiges Restsystem $\mu \bmod c$ zu erstrecken. Für die verbleibende Summe gilt schließlich einheitlich die Formel

$$\sum_{\mu \bmod c} R\left(\frac{\mu}{c} + \frac{n_1}{fc}\right) = \sum_{\mu \bmod c} R\left(\frac{\mu + R\left(\frac{n_1}{f}\operatorname{sgn} c\right)}{|c|}\right) = \sum_{\mu \bmod c} R\left(\frac{\mu}{c}\right) + \sum_{\mu \bmod c} \frac{R\left(\frac{n_1}{f}\operatorname{sgn} c\right)}{|c|}$$

$$= \frac{|c|-1}{2} + R\left(\frac{n_1}{f}\operatorname{sgn} c\right).$$

Danach ergibt sich nunmehr die *explizite Kroneckersche Grenzformel für die L-Funktion der Strahlklasse* $\mathfrak{k} \bmod \mathfrak{f}\mathfrak{p}_\infty$ *in einem reell-quadratischen Zahlkörper* [HECKE (3)]:

$$(13.1) \qquad L(s|\mathfrak{k}) = -\frac{2\pi^2}{\mathfrak{N}(\mathfrak{f})\sqrt{d}} \sum_{\substack{\nu \bmod^+ \mathfrak{c} \\ \nu \equiv 0 \bmod^+ \frac{\mathfrak{c}}{\mathfrak{f}^\tau}}}' e^{2\pi i S\left(\frac{\varrho\nu^\tau}{\delta(\mathfrak{c})}\right)} \Psi^{*\,|\eta_\mathfrak{f}|}_{\;1}(\nu|\mathfrak{c}) + O(s-1),$$

mit den verschiedenen Formen der Definitionsformel für $\Psi^{*\,|\eta_\mathfrak{f}|}_{\;1}(\nu|\mathfrak{c})$ [1]):

$$(13.2) \quad \Psi^{*\,|\eta_\mathfrak{f}|}_{\;1}(\nu|\mathfrak{c}) = \Psi^*_{n_1, n_2}\begin{pmatrix} \bar a & \bar b \\ \bar c & \bar\partial \end{pmatrix} =$$

$$= \operatorname{sgn}\delta(\mathfrak{c})\left(-P_2\left(\frac{n_1}{f}\right)\frac{\bar a + \bar\partial}{\bar c} + 2\operatorname{sgn}\bar c \sum_{\mu \bmod \bar c}' P_1\left(\frac{\bar a\mu}{\bar c} + \frac{\bar a n_1 + \bar c n_2}{f\bar c}\right) P_1\left(\frac{\mu}{\bar c} + \frac{n_1}{f\bar c}\right) + \right.$$

$$\left. + \frac{\bar a + \bar\partial}{6\bar c} - \frac{1}{2}\operatorname{sgn}\bar c - 2\operatorname{sgn}\bar c \sum_{\mu \bmod \bar c}' P_1\left(\frac{\bar a\mu}{\bar c}\right) P_1\left(\frac{\mu}{\bar c}\right)\right)$$

$$= \operatorname{sgn}\delta(\mathfrak{c})\left(-\left(R^2\left(\frac{n_1}{f}\right) - R\left(\frac{n_1}{f}\right) + \frac{1}{6}\right)\frac{\bar a + \bar\partial}{\bar c} - \frac{\bar c}{2} - 2\operatorname{sgn}\bar c\left(R\left(\frac{n_1}{f}\operatorname{sgn}\bar c\right) - \frac{1}{2}\right) + \right.$$

$$+ 2\operatorname{sgn}\bar c \sum_{\mu \bmod \bar c} R\left(\frac{\bar a\mu}{\bar c} + \frac{\bar a n_1 + \bar c n_2}{f\bar c}\right) R\left(\frac{\mu}{\bar c} + \frac{n_1}{f\bar c}\right) +$$

$$\left. + \frac{\bar a + \bar\partial}{6\bar c} + \frac{\bar c}{2} - \operatorname{sgn}\bar c - 2\operatorname{sgn}\bar c \sum_{\mu \bmod \bar c} R\left(\frac{\bar a\mu}{\bar c}\right) R\left(\frac{\mu}{\bar c}\right)\right)$$

$$= \operatorname{sgn}\delta(\mathfrak{c})\left(-\left(R^2\left(\frac{n_1}{f}\right) - R\left(\frac{n_1}{f}\right)\right)\frac{\bar a + \bar\partial}{\bar c} - 2\operatorname{sgn}\bar c\, R\left(\frac{n_1}{f}\operatorname{sgn}\bar c\right) + \right.$$

$$\left. + 2\operatorname{sgn}\bar c \sum_{\mu \bmod \bar c} R\left(\frac{\bar a\mu}{\bar c} + \frac{\bar a n_1 + \bar c n_2}{f\bar c}\right) R\left(\frac{\mu}{\bar c} + \frac{n_1}{f\bar c}\right) - 2\operatorname{sgn}\bar c \sum_{\mu \bmod \bar c} R\left(\frac{\bar a\mu}{\bar c}\right) R\left(\frac{\mu}{\bar c}\right)\right).$$

---

1) Weitergehende Umformungen und Vereinfachungen dieses Ausdrucks finden sich in der Arbeit von C. MEYER [1] über Dedekindsche Summen.

Hierin ist $\begin{pmatrix} \bar{a} & \bar{b} \\ \bar{c} & \bar{\partial} \end{pmatrix} = \operatorname{sgn} \eta_{\mathfrak{f}} \begin{pmatrix} a & b \\ c & \partial \end{pmatrix}$, wobei die ganzzahligen Koeffizienten der unimodularen Matrix $\begin{pmatrix} a & b \\ c & \partial \end{pmatrix}$ die in (10.26) bezeichneten expliziten Werte haben. Ferner bestimmen sich die ganzen Zahlen n_1, n_2 mod f aus der auf die Basis $\begin{pmatrix} \gamma_1 \\ \gamma_2 \end{pmatrix}$ von $(\mathfrak{c})$ bezogenen Gleichung $\nu = \frac{n_1 \gamma_1 + n_2 \gamma_2}{f}$.

2. Sei jetzt wieder, wie ursprünglich in § 10, 1, $\tilde{\mathfrak{f}} = \tilde{\mathfrak{f}}_\chi = \mathfrak{f}_\chi p_\infty$ sowie, der Abhängigkeit von χ entsprechend, auch $\mathfrak{k} = \mathfrak{k}_\chi$ gesetzt. Summiert man dann gemäß (10.6) die Kroneckerschen Grenzformeln (13.1) für die einzelnen $L(s|\mathfrak{k}_\chi)$, so erhält man für $L(1|\chi)$ die geschlossene Darstellung:

$$(13.3) \quad 2L(1|\chi) = -\frac{2\pi^2}{\mathfrak{N}(\mathfrak{f}_\chi)\sqrt{d}} \sum_{\mathfrak{K}^+} \sum_{\mathfrak{k}_\chi \text{ in } \mathfrak{K}^{+-1}} \chi(\mathfrak{k}_\chi) \sum_{\substack{\nu \bmod^+ \mathfrak{c} \\ \nu \equiv 0 \bmod^+ \frac{\mathfrak{c}}{\mathfrak{f}_\chi^\tau}}}' e^{2\pi i S\left(\frac{\varrho \nu^\tau}{\delta(\mathfrak{c})}\right)} \Psi^{*|\eta_{\mathfrak{f}_\chi}|}_1(\nu|\mathfrak{c}),$$

wo $\mathfrak{K}^+$, $\mathfrak{k}_\chi$ und dazu jeweils $\mathfrak{c}$, ϱ die in § 10, 1 erklärte Bedeutung haben. Sind die Vertreter $\mathfrak{c}$ aus $\mathfrak{K}^+$ und $\mathfrak{r}$ (ganz) aus $\mathfrak{k}_\chi$ gewählt, so stehen für die Auswahl der Zahlvertreter $\varrho \cong \mathfrak{r}\mathfrak{c}$ jeweils alle Assoziierten zur Verfügung, für die die in § 10, 2 getroffene Normierungsvorschrift $\operatorname{sgn} N(\varrho) = 1$ erfüllt ist. Um von der nicht-invarianten Auswahl der Zahlvertreter ϱ unter Assoziierten loszukommen, addiere man die so erhaltenen Formeln für ein volles System $\bmod^+ \mathfrak{c}\mathfrak{f}_\chi$ inkongruenter assoziierter $\varrho \cong \mathfrak{r}\mathfrak{c}$ mit $\operatorname{sgn} N(\varrho) = 1$.

Hat nun die Grundeinheit ε_1 des reell-quadratischen Zahlkörpers Ω die Norm $N(\varepsilon_1) = 1$, so ist $N(\varepsilon) = 1$ für jede Einheit ε aus Ω. In diesem Fall stimmt die Anzahl der mod $\mathfrak{f}_\chi$ inkongruenten normpositiven Einheiten aus Ω mit der Anzahl $w(\mathfrak{f}_\chi)$ der mod $\mathfrak{f}_\chi$ inkongruenten Einheiten aus Ω überein, und die Multiplikation eines Vertreters ϱ mit einem solchen $w(\mathfrak{f}_\chi)$-gliedrigen Einheitensystem ε liefert gerade ein volles System $\bmod^+ \mathfrak{c}\mathfrak{f}_\chi$ inkongruenter assoziierter $\varepsilon\varrho$ der verlangten Art.

Hat dagegen die Grundeinheit ε_1 des reell-quadratischen Zahlkörpers Ω die Norm $N(\varepsilon_1) = -1$, so ist in diesem Fall die Anzahl der mod $\mathfrak{f}_\chi$ inkongruenten normpositiven Einheiten aus Ω genau die Hälfte der Anzahl $w(\mathfrak{f}_\chi)$ der mod $\mathfrak{f}_\chi$ inkongruenten Einheiten aus Ω. Hier liefert die Multiplikation eines Vertreters ϱ mit einem solchen $\frac{1}{2} w(\mathfrak{f}_\chi)$-gliedrigen Einheitensystem ε dann ein volles System $\bmod^+ \mathfrak{c}\mathfrak{f}_\chi$ inkongruenter assoziierter $\varepsilon\varrho$ der verlangten Art.

Bedeuten ferner h_Ω^+, h_Ω die engere bzw. gewöhnliche Klassenzahl von Ω, so ist der Quotient $h_\Omega^+ : h_\Omega = 2$ oder 1, je nachdem $N(\varepsilon_1) = 1$ oder -1 ist.

Demzufolge erhält man nunmehr die allgemeingültige Darstellung:

(13.4) $w(\mathfrak{f}_\chi)\, L(1|\chi) =$

$$= -\frac{\pi^2}{\mathfrak{N}(\mathfrak{f}_\chi)\sqrt{d}} \cdot \frac{2}{h_\Omega^+ : h_\Omega} \sum_{\mathfrak{K}^+} \sum_{\mathfrak{k}_\chi \text{ in } \mathfrak{K}^{+-1}} \chi(\mathfrak{k}_\chi) \sum_{\substack{\varrho \bmod^+ \mathfrak{c}\mathfrak{f}_\chi \\ \varrho \cong \mathfrak{r}\mathfrak{c} \\ \operatorname{sgn} N(\varrho) = 1}} \sum_{\substack{\nu \bmod^+ \mathfrak{c} \\ \nu \equiv 0 \bmod^+ \frac{\mathfrak{c}}{\mathfrak{f}_\chi^\tau}}}{}' e^{2\pi i S\left(\frac{\varrho\nu^\tau}{\delta(\mathfrak{c})}\right)} \Psi^*{}_1^{|\eta_{\mathfrak{f}_\chi}|}(\nu|\mathfrak{c}) .$$

Unter Einführung der allgemeinen Gaußschen Summen, hier zum Charakter χ vom Führer $\mathfrak{f}_\chi p_\infty$, läßt sich die letzte Formel auch in der folgenden Gestalt schreiben:

(13.5) $w(\mathfrak{f}_\chi)\, L(1|\chi) =$

$$= -\frac{\pi^2}{\mathfrak{N}(\mathfrak{f}_\chi)\sqrt{d}} \cdot \frac{2}{h_\Omega^+ : h_\Omega} \sum_{\mathfrak{K}^+} \sum_{\substack{\nu \bmod^+ \mathfrak{c} \\ \nu \equiv 0 \bmod^+ \frac{\mathfrak{c}}{\mathfrak{f}_\chi^\tau}}}{}' \tau_\nu(\chi|\mathfrak{K}^+) \Psi^*{}_1^{|\eta_{\mathfrak{f}_\chi}|}(\nu|\mathfrak{c}) .$$

Wendet man nun die hier an die Stelle von (8.28) tretende *Reduktionsregel*

(13.6) $$\tau_\nu(\chi|\mathfrak{K}^+) = \bar{\chi}(\mathfrak{n}^\tau) \operatorname{sgn} N(\nu) \cdot \tau(\chi)$$

an, welche die Zurückführung von $\tau_\nu(\chi|\mathfrak{K}^+)$ auf die *normierte eigentliche Gaußsche Summe zum Charakter* χ *vom Führer* $\mathfrak{f}_\chi p_\infty$ [HECKE (3)], [HASSE (6)]

(13.7) $$\tau(\chi) = \sum_{\substack{\mathfrak{x} \bmod \bar{\mathfrak{f}}_\chi \\ \mathfrak{x} \text{ ganz} \\ \mathfrak{x} \text{ in } \mathfrak{K}_{\mathfrak{f}_\chi}^+}} \chi(\mathfrak{x}) \sum_{\substack{\xi \bmod^+ \frac{1}{\delta} \\ \xi \cong \frac{\mathfrak{x}}{\mathfrak{f}_\chi \delta} \\ \operatorname{sgn} N(\xi) = 1}} e^{2\pi i S(\xi)}$$

leistet, so geht (13.5) über in

(13.8) $w(\mathfrak{f}_\chi)\, L(1|\chi) =$

$$= -\frac{\pi^2 \tau(\chi)}{\mathfrak{N}(\mathfrak{f}_\chi)\sqrt{d}} \cdot \frac{2}{h_\Omega^+ : h_\Omega} \sum_{\mathfrak{K}^+} \sum_{\substack{\nu \bmod^+ \mathfrak{c} \\ \nu \cong \frac{\mathfrak{n}\mathfrak{c}}{\mathfrak{f}_\chi^\tau} \\ (\mathfrak{n}^\tau, \mathfrak{f}_\chi) = 1}} \bar{\chi}(\mathfrak{n}^\tau) \operatorname{sgn} N(\nu) \cdot \Psi^*{}_1^{|\eta_{\mathfrak{f}_\chi}|}(\nu|\mathfrak{c}) .$$

Nimmt man hierin noch zur Vereinfachung der Schreibweise die Summationstransformation $\mathfrak{K}^+ \to \mathfrak{K}^{+\tau} = \mathfrak{K}^{+-1}$ und entsprechend $\mathfrak{c} \to \mathfrak{c}^\tau$, $\mathfrak{n} \to \mathfrak{n}^\tau$ vor, so wird weiter

(13.9) $w(\mathfrak{f}_\chi)\, L(1|\chi) =$

$$= -\frac{\pi^2 \tau(\chi)}{\mathfrak{N}(\mathfrak{f}_\chi)\sqrt{d}} \cdot \frac{2}{h_\Omega^+ : h_\Omega} \sum_{\mathfrak{K}^+} \sum_{\substack{\nu \bmod^+ \mathfrak{c} \\ \nu \cong \frac{\mathfrak{n}\mathfrak{c}}{\mathfrak{f}_\chi} \\ (\mathfrak{n}, \mathfrak{f}_\chi) = 1}} \bar{\chi}(\mathfrak{n}) \operatorname{sgn} N(\nu) \cdot \Psi^*{}_1^{|\eta_{\mathfrak{f}_\chi}|}(\nu^\tau|\mathfrak{c}^\tau) .$$

Zerlegt man schließlich die Summation nach ν in eine solche nach den Divisoren $\mathfrak{n}$, für die es nur auf die durch sie vertretenen Strahlklassen mod $\bar{\mathfrak{f}}_\chi$

ankommt, und nach den jeweils zugeordneten assoziierten Zahlvertretern ν, so schreibt sich die erhaltene Formel (13.9) in der Gestalt:

$$(13.10)\qquad w(\mathfrak{f}_\chi)\,L(1|\chi) =$$
$$= -\frac{\pi^2\,\tau(\chi)}{\mathfrak{N}(\mathfrak{f}_\chi)\sqrt{d}}\cdot\frac{2}{h_\Omega^+ : h_\Omega}\sum_{\mathfrak{K}^+}\sum_{\mathfrak{k}_\chi \text{ zu } \mathfrak{K}^+}\bar{\chi}(\mathfrak{k}_\chi)\sum_{\substack{\nu \bmod^+ \mathfrak{c}\\ \nu\cong\frac{\mathfrak{n}\mathfrak{c}}{\mathfrak{f}_\chi}}}\operatorname{sgn}N(\nu)\cdot\Psi^{*|\eta\mathfrak{f}_\chi|}_{1}(\nu^\tau|\mathfrak{c}^\tau)\,.$$

Darin ist für jede absolute Klasse im engeren Sinne $\mathfrak{K}^+$ zunächst $\mathfrak{c}$ ein Vertreter aus $\mathfrak{K}^+$, sodann für jede Strahlklasse mod $\bar{\mathfrak{f}}_\chi$ „$\mathfrak{k}_\chi$ zu $\mathfrak{K}^+$" im Sinne der komplexen Multiplikation, d. h. mit $\frac{\mathfrak{k}_\chi\,\mathfrak{K}^+}{\mathfrak{K}^+_{\mathfrak{f}_\chi}} = 1$, $\mathfrak{n}$ ein Vertreter aus $\mathfrak{k}_\chi$, und schließlich durchläuft $\nu \cong \frac{\mathfrak{n}\mathfrak{c}}{\mathfrak{f}_\chi}$ jeweils ein volles Vertretersystem $\bmod^+ \mathfrak{c}$ inkongruenter assoziierter Zahlen.

3. Die letzte Darstellung (13.10) läßt sich noch in eine organischere Gestalt bringen, wenn man die aus der Transformationsformel für die Funktionen $\log\sigma_{gh}\binom{\omega_1}{\omega_2}$ in (11.54) definierte Bildung $\Psi^{*|\eta\mathfrak{f}_\chi|}_{1}(\nu|\mathfrak{c})$ in (13.2) durch die aus der Transformationsformel für die Funktionen $\log\left(\sqrt[12]{\Delta\binom{\omega_1}{\omega_2}}\,\sigma_{gh}\binom{\omega_1}{\omega_2}\right)$ in (11.59) entsprechend definierte Bildung $\Psi^{|\eta\mathfrak{f}_\chi|}_{1}(\nu|\mathfrak{c})$ ersetzt [1]):

$$(13.11)\qquad \Psi^{|\eta\mathfrak{f}_\chi|}_{1}(\nu|\mathfrak{c}) = \Psi_{n_1, n_2}\begin{pmatrix} a & b\\ c & \partial\end{pmatrix} =$$
$$= \operatorname{sgn}\delta(\mathfrak{c})\left(-P_2\left(\frac{n_1}{f}\right)\frac{a+\partial}{c} + 2\operatorname{sgn}c\sum_{\mu \bmod c}{}' P_1\left(\frac{a\mu}{c}+\frac{an_1+cn_2}{fc}\right)P_1\left(\frac{\mu}{c}+\frac{n_1}{fc}\right)\right)$$
$$= \operatorname{sgn}\delta(\mathfrak{c})\left(-\left(R^2\left(\frac{n_1}{f}\right) - R\left(\frac{n_1}{f}\right)+\frac{1}{6}\right)\frac{a+\partial}{c} - \frac{c}{2} - 2\operatorname{sgn}c\left(R\left(\frac{n_1}{f}\operatorname{sgn}c\right)-\frac{1}{2}\right)+\right.$$
$$\left. + 2\operatorname{sgn}c\sum_{\mu \bmod c} R\left(\frac{a\mu}{c}+\frac{an_1+cn_2}{fc}\right)R\left(\frac{\mu}{c}+\frac{n_1}{fc}\right)\right).$$

Hierin haben die ganzzahligen Koeffizienten der unimodularen Matrix $\begin{pmatrix} a & b\\ c & \partial\end{pmatrix}$ die in (10.26) bezeichneten expliziten Werte, und die ganzen Zahlen n_1, n_2 mod f bestimmen sich aus der auf die Basis $\binom{\gamma_1}{\gamma_2}$ von $(\mathfrak{c})$ bezogenen Gleichung $\nu = \frac{n_1\gamma_1 + n_2\gamma_2}{f}$.

[1]) Ausschlaggebend hierfür ist die Tatsache, daß es sich bei $\log\left(\sqrt[12]{\Delta}\,\sigma_{gh}\right)$, im Gegensatz zu $\log\sigma_{gh}$ sowie $\log\sqrt[24]{\Delta}$, um Integrale 3. Gattung mit den Perioden Ψ_{gh} im strengen Sinne dieser Begriffe handelt [Hecke (4)]. — Siehe außerdem die Fußnote auf Seite 42.

Nach der in § 5, 7 benutzten Schlußweise erhält man damit die Formel:

(13.12) $w(\mathfrak{f}_\chi)\, L(1|\chi) =$

$$= -\frac{\pi^2\tau(\chi)}{\mathfrak{N}(\mathfrak{f}_\chi)\sqrt{d}} \cdot \frac{2}{h_\Omega^+ : h_\Omega} \sum_{\mathfrak{K}^+} \sum_{\mathfrak{k}_\chi \text{ zu } \mathfrak{K}^+} \bar{\chi}(\mathfrak{k}_\chi) \sum_{\substack{\nu \bmod^+ \mathfrak{c} \\ \nu \cong \frac{\mathfrak{n}\mathfrak{c}}{\mathfrak{f}_\chi}}} \operatorname{sgn} N(\nu) \cdot \Psi_1^{|\eta\mathfrak{f}_\chi|}(\nu^\tau|\mathfrak{c}^\tau).$$

Die letzte Formel (13.12) gestattet nun eine wesentliche Vereinfachung, wenn man die nachstehend formulierten Invarianzeigenschaften der in (13.12) auftretenden, in (13.11) definierten reellen rationalen Zahlen $\Psi_1^{|\eta\mathfrak{f}_\chi|}(\nu|\mathfrak{c})$ beachtet. Im einzelnen gilt:

1. Der Wert $\Psi_1^{|\eta\mathfrak{f}_\chi|}(\nu|\mathfrak{c})$ hängt nur vom Ideal $(\mathfrak{c})$, nicht aber von einer speziellen Basis des Ideals ab.
   Dies ist in Hinsicht auf das Auftreten dieser Bildung bzw. der hiermit nahe verwandten ursprünglichen Bildung $\Psi_1^{*|\eta\mathfrak{f}_\chi|}(\nu|\mathfrak{c})$ in der Kroneckerschen Grenzformel (13.1) und zufolge der Herleitung dieser Grenzformel für die Funktion $L(s|\mathfrak{k}_\chi)$ aus ihren invarianten Definitionsgleichungen (10.7) und insbesondere (10.11) ohne weiteres klar. Für einen direkten Invarianzbeweis, auf den hier verzichtet werden soll, benötigt man die Theorie der sogenannten Dedekindschen Summen[1]).
2. Der Wert $\Psi_1^{|\eta\mathfrak{f}_\chi|}(\nu|\mathfrak{c})$ hängt nur von der Restklasse $\nu \bmod^+ \mathfrak{c}$ ab.
   Dies folgt unmittelbar aus der Definitionsgleichung (13.11), da die Aussage $\nu \bmod^+ \mathfrak{c}$ mit n_1, $n_2 \bmod f$ gleichbedeutend ist.
3. Es ist $\Psi_1^{|\eta\mathfrak{f}_\chi|}(\lambda\nu|\lambda\mathfrak{c}) = \operatorname{sgn} N(\lambda) \cdot \Psi_1^{|\eta\mathfrak{f}_\chi|}(\nu|\mathfrak{c})$ für beliebige Multiplikatoren $\lambda \neq 0$ aus Ω, so daß speziell gilt:
   $$\Psi_1^{|\eta\mathfrak{f}_\chi|}(\varepsilon\nu|\mathfrak{c}) = \operatorname{sgn} N(\varepsilon) \cdot \Psi_1^{|\eta\mathfrak{f}_\chi|}(\nu|\mathfrak{c})$$
   für beliebige Einheiten ε aus Ω.
   Diese Regel ist unter Beachtung der Definitionsgleichung (10.26) für die Matrix $\begin{pmatrix} a & b \\ c & \partial \end{pmatrix}$ ohne weiteres klar.
4. Konjugierten Zahlen ν, ν^τ und Divisoren $\mathfrak{c}$, $\mathfrak{c}^\tau$ von Ω ist derselbe Wert zugeordnet:
   $$\Psi_1^{|\eta\mathfrak{f}_\chi|}(\nu|\mathfrak{c}) = \Psi_1^{|\eta\mathfrak{f}_\chi|}(\nu^\tau|\mathfrak{c}^\tau).$$
   Für die zum konjugierten Vielfachenideal $(\mathfrak{c}^\tau) = \begin{pmatrix} \gamma_1^\tau \\ \gamma_2^\tau \end{pmatrix}$ gehörige Matrix gilt nämlich nach (10.26) offenbar
   $$\begin{pmatrix} a^\tau & b^\tau \\ c^\tau & \partial^\tau \end{pmatrix} = \begin{pmatrix} \partial & -b \\ -c & a \end{pmatrix},$$

[1]) Dieser direkte Invarianzbeweis soll im Rahmen einiger Anwendungen der Theorie allgemeiner Dedekindscher Summen an anderer Stelle gebracht werden [Meyer (1)].

und somit ist definitionsgemäß

$$\Psi_1^{|\eta \mathfrak{f}_\chi|}(\nu^\tau|\mathfrak{c}^\tau) =$$

$$= \operatorname{sgn}\delta(\mathfrak{c}^\tau)\left(-P_2\left(\frac{n_1}{f}\right)\frac{\partial+a}{-c} - 2\operatorname{sgn} c \sum_{\mu \bmod c}{}' P_1\left(\frac{\partial\mu}{-c} + \frac{\partial n_1 - c n_2}{-fc}\right)P_1\left(\frac{\mu}{-c} + \frac{n_1}{-fc}\right)\right)$$

$$= \operatorname{sgn}\delta(\mathfrak{c})\left(-P_2\left(\frac{n_1}{f}\right)\frac{a+\partial}{c} + 2\operatorname{sgn} c \sum_{\mu \bmod c}{}' P_1\left(\frac{\mu}{c} + \frac{\partial n_1 - c n_2}{fc}\right)P_1\left(\frac{a\mu}{c} + \frac{n_1}{fc}\right)\right)$$

$$= \operatorname{sgn}\delta(\mathfrak{c})\left(-P_2\left(\frac{n_1}{f}\right)\frac{a+\partial}{c} + 2\operatorname{sgn} c \sum_{\mu \bmod c}{}' P_1\left(\frac{\mu}{c} + \frac{n_1}{fc}\right)P_1\left(\frac{a\mu}{c} + \frac{a n_1 + c n_2}{fc}\right)\right)$$

$$= \Psi_1^{|\eta \mathfrak{f}_\chi|}(\nu|\mathfrak{c}) .$$

Dabei ist zuerst die Summationstransformation $\mu \to a\mu$ vorgenommen und die Kongruenz $a\partial \equiv 1 \bmod c$ beachtet, und zuletzt ist noch die nach (10.27), (10.28) und (10.30) zulässige Summationstransformation $\mu \to \mu - \frac{\partial - 1}{f} n_1 + \frac{c n_2}{f}$ vorgenommen und die wieder nach (10.27), (10.28) und (10.30) bestehende Kongruenz

$$\frac{a}{c}\left(-\frac{\partial - 1}{f} n_1 + \frac{c n_2}{f}\right) + \frac{n_1}{fc} \equiv \frac{a n_1}{fc} - \frac{b n_1}{f} + \frac{a n_2}{f} \equiv \frac{a n_1}{f} + \frac{n_2}{f} \equiv \frac{a n_1 + c n_2}{fc} \bmod^+ 1$$

beachtet.

Aus der Homogenitätseigenschaft 3 folgt nun insbesondere, daß in der Darstellung (13.12) für $w(\mathfrak{f}_\chi) L(1|\chi)$ alle Glieder der Summe $\sum_\nu$ einander gleich sind. Ihre Anzahl ist, analog wie in (7.11), (8.32), die volle Anzahl $w(\mathfrak{f}_\chi)$, da hier keine Vorzeichenbedingung auftritt. Folglich kann rechts die Summation über ν und links der Faktor $w(\mathfrak{f}_\chi)$ fortgelassen werden. Beachtet man schließlich noch die Eigenschaft 4, so ergibt sich damit für $L(1|\chi)$ der gegenüber (13.12) vereinfachte, geschlossene Ausdruck:

$$(13.13)\qquad L(1|\chi) = -\frac{\pi^2 \tau(\chi)}{\mathfrak{N}(\mathfrak{f}_\chi)\sqrt{d}} \cdot \frac{2}{h_\Omega^+ : h_\Omega} \sum_{\mathfrak{K}^+} \sum_{\mathfrak{k}_\chi \text{ zu } \mathfrak{K}^+} \bar{\chi}(\mathfrak{k}_\chi) \operatorname{sgn} N(\nu) \cdot \Psi_1^{|\eta \mathfrak{f}_\chi|}(\nu|\mathfrak{c}) .$$

Die in dieser Darstellung auftretenden reellen rationalen Zahlen

$$\operatorname{sgn} N(\nu) \cdot \Psi_1^{|\eta \mathfrak{f}_\chi|}(\nu|\mathfrak{c})$$

sind nun *Strahlklasseninvarianten* mod $\mathfrak{f}_\chi p_\infty$ der durch die Repräsentanten $\mathfrak{n}$ vertretenen Strahlklassen mod $\mathfrak{f}_\chi p_\infty$. Im einzelnen gilt:

1. Der Wert $\operatorname{sgn} N(\nu) \cdot \Psi_1^{|\eta \mathfrak{f}_\chi|}(\nu|\mathfrak{c})$ hängt nicht von der Auswahl des Divisors $\mathfrak{c}$ aus seiner absoluten Klasse (im engeren Sinne) ab wegen

$$\operatorname{sgn} N(\lambda\nu) \cdot \Psi_1^{|\eta \mathfrak{f}_\chi|}(\lambda\nu|\lambda\mathfrak{c}) = \operatorname{sgn} N(\nu) \cdot \Psi_1^{|\eta \mathfrak{f}_\chi|}(\nu|\mathfrak{c}) .$$

2. Der Wert $\operatorname{sgn} N(\nu) \cdot \Psi_1^{|\eta \mathfrak{f}_\chi|}(\nu|\mathfrak{c})$ hängt nicht von der Auswahl des Zahlrepräsentanten ν unter seinen Assoziierten ab wegen

$$\operatorname{sgn} N(\varepsilon\nu) \cdot \Psi_1^{|\eta \mathfrak{f}_\chi|}(\varepsilon\nu|\mathfrak{c}) = \operatorname{sgn} N(\varepsilon\nu) \cdot \Psi_1^{|\eta \mathfrak{f}_\chi|}(\varepsilon\nu|\varepsilon\mathfrak{c}) = \operatorname{sgn} N(\nu) \cdot \Psi_1^{|\eta \mathfrak{f}_\chi|}(\nu|\mathfrak{c}) .$$

3. Der Wert $\operatorname{sgn} N(\nu) \cdot \Psi_1^{|\mathfrak{n}\mathfrak{f}_\chi|}(\nu|\mathfrak{c})$ hängt nicht von der Auswahl des Divisors $\mathfrak{n}$ aus seiner Strahlklasse mod $\mathfrak{f}_\chi p_\infty$ ab.

Denn aus der Strahläquivalenz:

$\mathfrak{m} \sim \mathfrak{n} \bmod \mathfrak{f}_\chi p_\infty$, d. h. $\mathfrak{m} = (\xi)\mathfrak{n}$ mit $\xi \equiv \varepsilon \bmod \mathfrak{f}_\chi$, $\xi \equiv \pm\, \varepsilon \bmod p_\infty$ folgt zunächst

$$\xi \equiv \varepsilon \bmod^+ \frac{\mathfrak{f}_\chi}{\mathfrak{n}}, \quad \operatorname{sgn} N(\xi) = \operatorname{sgn} N(\varepsilon),$$

und daraus

$$\mu \cong \xi\nu \equiv \varepsilon\nu \bmod^+ \frac{\mathfrak{f}_\chi}{\mathfrak{n}} \cdot \frac{\mathfrak{n}\mathfrak{c}}{\mathfrak{f}_\chi}, \quad \text{d. h. } \bmod^+ \mathfrak{c},$$

so daß in der Tat

$$\begin{aligned}\operatorname{sgn} N(\mu) \cdot \Psi_1^{|\mathfrak{n}\mathfrak{f}_\chi|}(\mu|\mathfrak{c}) &= \operatorname{sgn} N(\xi\varepsilon) \operatorname{sgn} N(\nu) \cdot \Psi_1^{|\mathfrak{n}\mathfrak{f}_\chi|}(\nu|\mathfrak{c}) \\ &= \operatorname{sgn} N(\nu) \cdot \Psi_1^{|\mathfrak{n}\mathfrak{f}_\chi|}(\nu|\mathfrak{c})\end{aligned}$$

ist.

Schreibt man dementsprechend in Abhängigkeit von der zugeordneten Strahlklasse $\mathfrak{k}_\chi$ mod $\mathfrak{f}_\chi p_\infty$ allgemein

$$\Psi_1^{|\mathfrak{n}\mathfrak{f}_\chi|}(\mathfrak{k}_\chi) = \operatorname{sgn} N(\nu) \cdot \Psi_1^{|\mathfrak{n}\mathfrak{f}_\chi|}(\nu|\mathfrak{c}) \quad \text{für } \mathfrak{k}_\chi \text{ zu } \mathfrak{K}^+, \tag{13.14}$$

mit irgendeinem Vertreter $\mathfrak{c}$ aus $\mathfrak{K}^+$, irgendeinem Zahlvertreter $\nu \cong \frac{\mathfrak{n}\mathfrak{c}}{\mathfrak{f}_\chi}$ zu irgendeinem ganzen Vertreter $\mathfrak{n}$ aus $\mathfrak{k}_\chi$, so ergibt sich abschließend für $L(1|\chi)$ die gliedweise klasseninvariante Formel[1]):

$$L(1|\chi) = -\frac{\pi^2 \tau(\chi)}{\mathfrak{N}(\mathfrak{f}_\chi)\sqrt{d}} \cdot \frac{2}{h_\Omega^+ : h_\Omega} \sum_{\mathfrak{K}^+} \sum_{\mathfrak{k}_\chi \text{ zu } \mathfrak{K}^+} \bar{\chi}(\mathfrak{k}_\chi)\, \Psi_1^{|\mathfrak{n}\mathfrak{f}_\chi|}(\mathfrak{k}_\chi). \tag{13.15}$$

[1]) Diese Endformel wie auch die vorhergehenden Ausdrücke für $L(1|\chi)$ stimmen mit den von Hecke [3] angegebenen formal nicht genau überein. Das liegt daran, daß bereits die Aufspaltung von $L(s|\chi)$ nach Klassenfunktionen dort anders vorgenommen wird als hier in (10.6). Daher tritt auch genaugenommen die Kroneckersche Grenzformel in der hier in (10.31), (13.10) gegebenen Gestalt bei Hecke nicht auf. Doch läßt sich die Heckesche Fassung in die hier vorliegende auf Grund der bekannten Struktur der Strahleinheitengruppe [Hasse (4)] überführen.

III. Klassenzahlformeln

§ 14. Produktformeln für die Diskriminanten und für die Gaußschen Summen

1. Um nun nach der Berechnung der verschiedenartigen $L(1|\psi)$ und $L(1|\chi)$ die analytischen Klassenzahlformeln (2.14), (2.15) in ihre endgültige arithmetische Gestalt überzuführen, bedarf es zuvor noch einiger wesentlicher Vereinfachungen an diesen Formeln. Hierfür ist es zweckmäßig, zunächst die Realitätsverhältnisse bei den fraglichen Körpern zu klären. Dazu muß man feststellen, wie sich der Automorphismus J vom Exponenten 2, der den Übergang zum Konjugiert-Komplexen bewirkt, in das Gruppenschema aus § 1, 2 einordnet. Kennzeichnet man wieder, wie in § 2, 3, den Realitätscharakter ϱ eines Körpers durch den echten Bruch

$$\varrho = \frac{\text{Anzahl der reellen Konjugierten}}{\text{Körpergrad}},$$

so ergeben sich folgende, in den nachstehenden Tabellen dargelegte mögliche Realitätsverhältnisse:

TYPUS I

K/Ω, K^*/Ω abelsch, K^*/P galoissch

J in	ϱ_K	ϱ_{K_0}	ϱ_Ω	ϱ_Γ
1	1	1	1	1
$\mathfrak{U} - 1$ oder $\mathfrak{U}^\tau - 1$	$\frac{1}{2}$	1	1	0
$\left\{\begin{matrix}\mathfrak{U}\mathfrak{A}^{1-\tau} - \mathfrak{U} \\ \text{und} \\ \mathfrak{U}\mathfrak{A}^{1-\tau} - \mathfrak{U}^\tau\end{matrix}\right\}$	0	1	1	0
$\mathfrak{A} - \mathfrak{U}\mathfrak{A}^{1-\tau}$	0	0	1	0
$\mathfrak{G} - \mathfrak{A}$	0	0	0	0

J in	ϱ_K	ϱ_{K^*}	$\varrho_{K_0^*}$	ϱ_Ω
1	1	1	1	1
$\mathfrak{U} - 1$ oder $\mathfrak{U}^\tau - 1$	$\frac{1}{2}$	1	1	1
$\left\{\begin{matrix}\mathfrak{U}^* - \mathfrak{U} \\ \text{und} \\ \mathfrak{U}^* - \mathfrak{U}^\tau\end{matrix}\right\}$	0	1	1	1
$\mathfrak{U}\mathfrak{A}^{1-\tau}\mathfrak{U}^* - \mathfrak{U}^*$	0	0	1	1
$\mathfrak{A} - \mathfrak{U}\mathfrak{A}^{1-\tau}\mathfrak{U}^*$	0	0	0	1
$\mathfrak{G} - \mathfrak{A}$	0	0	0	0

TYPUS II

K/P nicht-galoissch

J in	ϱ_K	ϱ_{K_0}	ϱ_Ω	ϱ_Γ	ϱ_{Γ_0}
1	1	1	1	1	1
$\mathfrak{A}^{1-\tau} - 1$	0	1	1	0	1
$\mathfrak{A} - \mathfrak{A}^{1-\tau}$	0	0	1	0	0
$T\mathfrak{A}^{1-\tau}$	$\frac{n_0}{n}$	1	0	0	0
$T(\mathfrak{A} - \mathfrak{A}^{1-\tau})$	0	0	0	0	0

J in	ϱ_K	ϱ_{K^*}	$\varrho_{K_0^*}$	ϱ_Ω	ϱ_{Γ^*}	$\varrho_{\Gamma_0^*}$
1	1	1	1	1	1	1
$\mathfrak{A}^{1+\tau} - 1$	0	1	1	1	1	1
$\mathfrak{A}^{1-\tau}\mathfrak{A}^{1+\tau} - \mathfrak{A}^{1+\tau}$	0	0	1	1	0	1
$\mathfrak{A} - \mathfrak{A}^{1-\tau}\mathfrak{A}^{1+\tau}$	0	0	0	1	0	0

2. Für die genannte Vereinfachung der analytischen Klassenzahlformeln setze man nun, was nach den Ergebnissen (4.35), (6.18), (12.5) bzw. (5.41), (7.15), (8.35), (13.15) naheliegt, einen einzelnen Wert $L(1|\psi)$ bzw. $L(1|\chi)$ in der Form an:

(14.1) $$L(1|\psi) = \frac{v_\psi}{\sqrt{\mathfrak{N}(\mathfrak{F}_\psi)}} A(\psi)\,,$$

(14.2) $$L(1|\chi) = \frac{v_\chi T(\chi)}{\sqrt{\mathfrak{N}(\mathfrak{F}_\chi)}} A(\chi)\,.$$

Dabei haben die eingeführten Zeichen jeweils die folgende Bedeutung:

Für die *Stufe der Ringklassencharaktere* ψ ist

$$v_\psi = 2\pi\,, \quad \text{wenn } \Omega \text{ imaginär, also } \varrho_\Omega = 0\,, \quad v_\Omega = 2\pi\,;$$

(14.3) $$v_\psi = \begin{Bmatrix} 2^2 & \text{für} & \tilde{f}_\psi = f_\psi \\ \pi^2 & \text{für} & \tilde{f}_\psi = f_\psi p_\infty \end{Bmatrix}, \quad \text{wenn } \Omega \text{ reell, also } \varrho_\Omega = 1\,,\ v_\Omega = 2^2\,.$$

Für die *Stufe der Strahlklassencharaktere* χ ist

$$v_\chi = 2\pi\,, \quad \text{wenn } \Omega \text{ imaginär, also } \varrho_\Omega = 0\,, \quad v_\Omega = 2\pi\,;$$

(14.4) $$v_\chi = \begin{Bmatrix} 2^2 & \text{für} & \tilde{\mathfrak{f}}_\chi = \mathfrak{f}_\chi \\ 2\pi & \text{für} & \tilde{\mathfrak{f}}_\chi = \mathfrak{f}_\chi \mathfrak{p}_\infty \text{ oder } \mathfrak{f}_\chi \mathfrak{p}_\infty^\tau \\ \pi^2 & \text{für} & \tilde{\mathfrak{f}}_\chi = \mathfrak{f}_\chi \mathfrak{p}_\infty \mathfrak{p}_\infty^\tau = \mathfrak{f}_\chi\, p_\infty \end{Bmatrix}, \quad \text{wenn } \Omega \text{ reell, also } \varrho_\Omega = 1\,,\ v_\Omega = 2^2.$$

Weiter bedeuten, im Sinne von HASSE [7, 8],

(14.5) $$\begin{aligned} \mathfrak{F}_\psi &= f_\psi\, \delta_\Omega \quad \text{mit} \quad \mathfrak{N}(\mathfrak{F}_\psi) = f_\psi^2\, d_\Omega = D_{f_\psi} \\ \mathfrak{F}_\chi &= \mathfrak{f}_\chi\, \delta_\Omega \quad \text{mit} \quad \mathfrak{N}(\mathfrak{F}_\chi) = \mathfrak{N}(\mathfrak{f}_\chi)\, d_\Omega \end{aligned}$$

die mit der Differente δ_Ω von Ω *erweiterten (endlichen) Führer* von ψ und χ.

Schließlich ist

$$T(\chi) = \frac{\tau(\chi)}{i^{e_\chi}\sqrt{\mathfrak{N}(\mathfrak{f}_\chi)}} \tag{14.6}$$

mit

$$e_\chi = 0\,, \quad \text{wenn } \Omega \text{ imaginär;}$$

$$e_\chi = \begin{cases} 0 & \text{für } \tilde{\mathfrak{f}}_\chi = \mathfrak{f}_\chi \\ 1 & \text{für } \tilde{\mathfrak{f}}_\chi = \mathfrak{f}_\chi \mathfrak{p}_\infty \text{ oder } \mathfrak{f}_\chi \mathfrak{p}_\infty^\tau \\ 2 & \text{für } \tilde{\mathfrak{f}}_\chi = \mathfrak{f}_\chi \mathfrak{p}_\infty \mathfrak{p}_\infty^\tau = \mathfrak{f}_\chi p_\infty \end{cases}, \quad \text{wenn } \Omega \text{ reell}. \tag{14.7}$$

Hierfür kann auch einheitlich

$$T(\chi) = \frac{\tau(\chi)}{\sqrt{\mathfrak{N}(\tilde{\mathfrak{f}}_\chi)}} \tag{14.8}$$

geschrieben werden, indem man mit HASSE [7, 8] die Norm der unendlichen Primstellen $\mathfrak{p}_\infty$, $\mathfrak{p}_\infty^\tau$ von Ω durch $\mathfrak{N}(\mathfrak{p}_\infty) = \mathfrak{N}(\mathfrak{p}_\infty^\tau) = p_\infty$ erklärt, dabei die Unbestimmte p_∞, die unendliche Primstelle von P, zu -1 spezialisiert und dann formal $\sqrt{p_\infty} = \sqrt{-1} = i$ setzt.

Mit diesen Abkürzungen schreiben sich dann die analytischen Klassenzahlformeln (2.14) und (2.15) für die Körpertypen I und II in der Gestalt:

$$\frac{v_K h_K R_K}{w_K \sqrt{d_K}} : \frac{v_{K_0} h_{K_0} R_{K_0}}{w_{K_0} \sqrt{d_{K_0}}} = \frac{v_{K^*} h_{K^*} R_{K^*}}{w_{K^*} \sqrt{d_{K^*}}} : \frac{v_{K_0^*} h_{K_0^*} R_{K_0^*}}{w_{K_0^*} \sqrt{d_{K_0^*}}} \times \\ \times \prod_{\substack{\chi \neq \chi_0 \\ \chi \neq \psi}} \frac{v_\chi T(\chi)}{\sqrt{\mathfrak{N}(\mathfrak{F}_\chi)}} \cdot \prod_{\substack{\chi \neq \chi_0 \\ \chi \neq \psi}} A(\chi)\,, \tag{14.9}$$

mit

$$\frac{v_{K^*} h_{K^*} R_{K^*}}{w_{K^*} \sqrt{d_{K^*}}} : \frac{v_{K_0^*} h_{K_0^*} R_{K_0^*}}{w_{K_0^*} \sqrt{d_{K_0^*}}} = \prod_{\psi \neq \psi_0} \frac{v_\psi}{\sqrt{\mathfrak{N}(\mathfrak{F}_\psi)}} \cdot \prod_{\psi \neq \psi_0} A(\psi)\,, \tag{14.10}$$

und

$$\frac{v_K h_K R_K}{w_K \sqrt{d_K}} : \frac{v_{K_0} h_{K_0} R_{K_0}}{w_{K_0} \sqrt{d_{K_0}}} = \frac{v_{K^*} h_{K^*} R_{K^*}}{w_{K^*} \sqrt{d_{K^*}}} : \frac{v_{K_0^*} h_{K_0^*} R_{K_0^*}}{w_{K_0^*} \sqrt{d_{K_0^*}}} \times \\ \times \prod_{\substack{\chi \neq \chi_0 \\ \chi \neq \psi}}' \frac{v_\chi T(\chi)}{\sqrt{\mathfrak{N}(\mathfrak{F}_\chi)}} \cdot \prod_{\substack{\chi \neq \chi_0 \\ \chi \neq \psi}}' A(\chi)\,, \tag{14.11}$$

mit

$$\frac{v_{K^*} h_{K^*} R_{K^*}}{w_{K^*} \sqrt{d_{K^*}}} : \frac{v_{K_0^*} h_{K_0^*} R_{K_0^*}}{w_{K_0^*} \sqrt{d_{K_0^*}}} = \prod_{\psi \neq \psi_0}' \frac{v_\psi}{\sqrt{\mathfrak{N}(\mathfrak{F}_\psi)}} \cdot \prod_{\psi \neq \psi_0}' A(\psi)\,. \tag{14.12}$$

Diese Formeln vereinfachen sich nun wesentlich, wie im folgenden begründet wird, durch Herausfallen der akzessorischen Glieder. Man erhält so für den *Typus I*:

$$\frac{h_K R_K}{h_{K_0} R_{K_0}} = \frac{h_{K^*} R_{K^*}}{h_{K_0^*} R_{K_0^*}} \cdot \prod_{\substack{\chi \neq \chi_0 \\ \chi \neq \psi}} A(\chi)\,, \tag{14.13}$$

mit

$$\frac{h_{K^*} R_{K^*}}{h_{K_0^*} R_{K_0^*}} = \prod_{\psi \neq \psi_0} A(\psi)\,, \tag{14.14}$$

und für den *Typus II*:

$$\frac{h_K R_K}{h_{K_0} R_{K_0}} = \frac{h_{K^*} R_{K^*}}{h_{K_0^*} R_{K_0^*}} \cdot \prod_{\substack{\chi \neq \chi_0 \\ \chi \neq \psi}}' A(\chi)\,, \tag{14.15}$$

mit

$$\frac{h_{K^*} R_{K^*}}{h_{K_0^*} R_{K_0^*}} = \prod_{\psi \neq \psi_0}' A(\psi)\,. \tag{14.16}$$

Zunächst ist nämlich für beide Körpertypen $w_K = w_{K_0}$, $w_{K^*} = w_{K_0^*}$. Dies folgt aus der Tatsache, daß K_0, K_0^* als absolut-abelsche Zahlkörper Einheitswurzelkörper sind und somit wegen ihrer Maximalitätseigenschaft dieselben Einheitswurzeln wie die Erweiterungskörper K, K^* enthalten.

Weiter gelten jeweils die folgenden Gruppen von Produktformeln:

TYPUS I

$$\frac{v_K}{v_{K_0}} = \frac{v_{K^*}}{v_{K_0^*}} \cdot \prod_{\substack{\chi \neq \chi_0 \\ \chi \neq \psi}} v_\chi\,, \tag{14.17}$$

mit

$$\frac{v_{K^*}}{v_{K_0^*}} = \prod_{\psi \neq \psi_0} v_\psi\,; \tag{14.18}$$

$$\frac{d_K}{d_{K_0}} = \frac{d_{K^*}}{d_{K_0^*}} \cdot \prod_{\substack{\chi \neq \chi_0 \\ \chi \neq \psi}} \mathfrak{N}(\mathfrak{F}_\chi)\,, \tag{14.19}$$

mit

$$\frac{d_{K^*}}{d_{K_0^*}} = \prod_{\psi \neq \psi_0} \mathfrak{N}(\mathfrak{F}_\psi)\,; \tag{14.20}$$

$$1 = \prod_{\substack{\chi \neq \chi_0 \\ \chi \neq \psi}} T(\chi)\,. \tag{14.21}$$

TYPUS II

$$\frac{v_K}{v_{K_0}} = \frac{v_{K^*}}{v_{K_0^*}} \cdot \prod_{\substack{\chi \neq \chi_0 \\ \chi \neq \psi}}' v_\chi\,, \tag{14.22}$$

mit

$$\frac{v_{K^*}}{v_{K_0^*}} = \prod_{\psi \neq \psi_0}' v_\psi\,; \tag{14.23}$$

$$\frac{d_K}{d_{K_0}} = \frac{d_{K^*}}{d_{K_0^*}} \cdot \prod_{\substack{\chi \neq \chi_0 \\ \chi \neq \psi}}' \mathfrak{N}(\mathfrak{F}_\chi)\,, \tag{14.24}$$

mit

$$\frac{d_{K^*}}{d_{K_0^*}} = \prod_{\psi \neq \psi_0}' \mathfrak{N}(\mathfrak{F}_\psi)\ ; \tag{14.25}$$

$$1 = \prod_{\substack{\chi \neq \chi_0 \\ \chi \neq \psi}}' T(\chi)\ . \tag{14.26}$$

3. Die Beweise für alle diese Produktformeln lassen sich nach dem Vorgang von HECKE [1, 3, 5], [HASSE (3)] auf analytischem Wege erbringen, indem man die Funktionalgleichung für die Zetafunktion der fraglichen Körper mit den Funktionalgleichungen der diesen vermöge der Produktdarstellung jeweils zugehörigen abelschen L-Funktionen über Ω kombiniert. Bei dieser Methode ergeben sich zugleich, wenn man die von ARTIN [2] und HASSE [7, 8] gegebene Form der Funktionalgleichungen zugrunde legt, genauere, durch die Charaktere beschreibbare Aussagen darüber, welche Beiträge der verschiedenartigen $L(1|\psi)$ bzw. $L(1|\chi)$ in die endgültigen Klassenzahlformeln jeweils aufzunehmen sind.

Es sei K ein beliebiger algebraischer Zahlkörper vom Grad n_K und Realitätscharakter ϱ_K. Es werde ferner die Funktion

$$\gamma(s) = \int_0^\infty e^{-\pi t^2} t^s \, d \log t = \frac{1}{2} \pi^{-\frac{s}{2}} \Gamma\left(\frac{s}{2}\right) \tag{14.27}$$

gebildet.

Dann besagt die Funktionalgleichung für $\zeta_K(s)$, daß bei $s \to 1-s$ die Funktion

$$d_K^{\frac{s}{2}} \left(\gamma(s)^{1+\varrho_K} \gamma(s+1)^{1-\varrho_K}\right)^{\frac{n_K}{2}} \zeta_K(s) \quad \text{den Faktor 1} \tag{14.28}$$

annimmt (invariant ist).

Es sei Ω ein quadratischer Zahlkörper vom Realitätscharakter $\varrho_\Omega = 0$ oder 1. Dann besagt die Funktionalgleichung für $L(s|\chi)$, daß bei $s \to 1-s$ und $\chi \to \bar{\chi}$ die Funktion

$$\mathfrak{N}(\mathfrak{F}_\chi)^{\frac{s}{2}} \gamma(s) \gamma(s+1) L(s|\chi), \text{ wenn } \Omega \text{ imaginär, den Faktor } T(\chi) \text{ (vom Betrag 1)} \tag{14.29}$$

annimmt, bzw. die Funktion

$$\mathfrak{N}(\mathfrak{F}_\chi)^{\frac{s}{2}} \gamma(s)^{\frac{\chi(1)+\chi(z_1)}{2} + \frac{\chi(1)+\chi(z_2)}{2}} \gamma(s+1)^{\frac{\chi(1)-\chi(z_1)}{2} + \frac{\chi(1)-\chi(z_2)}{2}} L(s|\chi), \text{ wenn } \Omega \text{ reell,} \tag{14.30}$$

$$= \left\{\begin{array}{ll} \mathfrak{N}(\mathfrak{F}_\chi)^{\frac{s}{2}} \gamma(s)^2 L(s|\chi) & \text{für } \bar{\mathfrak{f}}_\chi = \mathfrak{f}_\chi \\ \mathfrak{N}(\mathfrak{F}_\chi)^{\frac{s}{2}} \gamma(s) \gamma(s+1) L(s|\chi) & \text{für } \bar{\mathfrak{f}}_\chi = \mathfrak{f}_\chi \mathfrak{p}_\infty \text{ oder } \mathfrak{f}_\chi \mathfrak{p}_\infty^\tau \\ \mathfrak{N}(\mathfrak{F}_\chi)^{\frac{s}{2}} \gamma(s+1)^2 L(s|\chi) & \text{für } \bar{\mathfrak{f}}_\chi = \mathfrak{f}_\chi \mathfrak{p}_\infty \mathfrak{p}_\infty^\tau = \mathfrak{f}_\chi p_\infty \end{array}\right\} \begin{array}{l}\text{den Faktor } T(\chi) \\ \text{(vom Betrag 1)}\end{array}$$

annimmt.

Dabei bedeuten in (14.30) z_1, z_2 die *Erzeugenden der Zerlegungsgruppen bez. der unendlichen Primstellen* $\mathfrak{p}_\infty$, $\mathfrak{p}_\infty^\tau$ *von* Ω aus der galoisschen Relativgruppe desjenigen Klassenkörpers über Ω, zu dem die fraglichen L-Funktionen jeweils gehören, und der Charakter χ ist hierin als Charakter dieser abelschen Gruppe aufgefaßt. Da z_1, z_2 in jedem Fall den Exponenten 2 haben, sind $\chi(z_1)$, $\chi(z_2)$ nur der Werte $\chi(z_1) = \pm 1$, $\chi(z_2) = \pm 1$ fähig. Mittels dieser Charakterwerte läßt sich auch der in der Definitionsformel (14.6) auftretende Exponent e_χ einheitlich als

$$e_\chi = \frac{\chi(1) - \chi(z_1)}{2} + \frac{\chi(1) - \chi(z_2)}{2} \tag{14.31}$$

schreiben, was offenbar mit der ursprünglichen Definition in (14.7) übereinstimmt.

Handelt es sich endlich um L-Funktionen zu Ringklassencharakteren ψ, so hat man an Stelle der für L-Funktionen zu Strahlklassencharakteren χ in (14.29) bzw. (14.30) ausgesprochenen Funktionaleigenschaften die folgenden einfacheren Invarianzeigenschaften.

Es sei Ω ein quadratischer Zahlkörper vom Realitätscharakter $\varrho_\Omega = 0$ oder 1. Es sei ferner $\gamma(s)$ die in (14.27) eingeführte Funktion. Dann besagt die Funktionalgleichung für $L(s|\psi)$, daß bei $s \to 1 - s$ die Funktion

$$\mathfrak{N}(\mathfrak{F}_\psi)^{\frac{s}{2}}\, \gamma(s)\, \gamma(s+1)\, L(s|\psi)\,, \quad \text{wenn } \Omega \text{ imaginär, den Faktor 1} \tag{14.32}$$

annimmt (invariant ist), bzw. die Funktion

$$\mathfrak{N}(\mathfrak{F}_\psi)^{\frac{s}{2}}\, \gamma(s)^{\psi(1)+\psi(z)}\, \gamma(s+1)^{\psi(1)-\psi(z)}\, L(s|\psi)\,, \quad \text{wenn } \Omega \text{ reell,} \tag{14.33}$$

$$= \left\{ \begin{matrix} \mathfrak{N}(\mathfrak{F}_\psi)^{\frac{s}{2}}\, \gamma(s)^2\, L(s|\psi) & \text{für } \bar{\mathfrak{f}}_\psi = \mathfrak{f}_\psi \\ \mathfrak{N}(\mathfrak{F}_\psi)^{\frac{s}{2}}\, \gamma(s+1)^2\, L(s|\psi) & \text{für } \bar{\mathfrak{f}}_\psi = \mathfrak{f}_\psi\, p_\infty \end{matrix} \right\} \text{ den Faktor 1}$$

annimmt (invariant ist). Dabei ist hier $z_1 = z_2 = z$, $\psi(z_1) = \psi(z_2) = \psi(z)$.

Da die Aussagen in (14.29) bzw. (14.30) für **beliebige**, nicht nur für echte Strahlklassencharaktere gelten, sind sie auch für Ringklassencharaktere ψ, die a fortiori Strahlklassencharaktere sind, gültig. Durch Vergleich der Funktionalgleichungen (14.29) und (14.32) bzw. (14.30) und (14.33) folgt dann unmittelbar, unter Beachtung von $L(s|\psi) = L(s|\overline{\psi})$,

$$T(\psi) = 1\,, \tag{14.34}$$

und daraus ergibt sich gemäß (14.6) mit (14.7) bzw. (14.8) für die mit einem Ringklassencharakter ψ vom Führer $\mathfrak{f}_\psi$ gebildete Gaußsche Summe der explizite Wert:

$$\begin{aligned} \tau(\psi) &= \sqrt{\mathfrak{N}(\mathfrak{f}_\psi)} = \mathfrak{f}_\psi\,, \quad \text{wenn } \Omega \text{ imaginär,} \\ \tau(\psi) &= \sqrt{\mathfrak{N}(\bar{\mathfrak{f}}_\psi)} = \left\{ \begin{matrix} \mathfrak{f}_\psi & \text{für } \bar{\mathfrak{f}}_\psi = \mathfrak{f}_\psi \\ -\mathfrak{f}_\psi & \text{für } \bar{\mathfrak{f}}_\psi = \mathfrak{f}_\psi\, p_\infty \end{matrix} \right\}, \quad \text{wenn } \Omega \text{ reell.} \end{aligned} \tag{14.35}$$

4. Beim Typus I sind der Körper K sowie seine Teilkörper K_0 und K^*, K_0^* sämtlich Klassenkörper über Ω. Aus der klassenkörpertheoretischen Identität (2.1) für $\zeta_K(s)$ folgt durch Division

$$\frac{\zeta_K(1-s)}{\zeta_K(s)} = \frac{\prod_\chi L(1-s|\chi)}{\prod_\chi L(s|\chi)} = \prod_\chi \frac{L(1-s|\bar{\chi})}{L(s|\chi)},$$

und hieraus erhält man unter Anwendung von (14.28) und (14.29) bzw. (14.30) die weiteren Identitäten:

$$d_K^{s-\frac{1}{2}} = \prod_\chi \mathfrak{N}(\mathfrak{F}_\chi)^{s-\frac{1}{2}} \cdot \prod_\chi \frac{1}{T(\chi)}, \quad \text{wenn } \Omega \text{ imaginär,} \tag{14.36}$$

bzw.

$$d_K^{s-\frac{1}{2}} \cdot \left(\frac{\gamma(s)}{\gamma(1-s)}\right)^{(1+\varrho_K)\frac{n_K}{2}} \left(\frac{\gamma(s+1)}{\gamma(2-s)}\right)^{(1-\varrho_K)\frac{n_K}{2}} = \tag{14.37}$$

$$= \prod_\chi \mathfrak{N}(\mathfrak{F}_\chi)^{s-\frac{1}{2}} \cdot \prod_\chi \frac{1}{T(\chi)} \cdot \left(\frac{\gamma(s)}{\gamma(1-s)}\right)^{\sum_\chi \left(\frac{\chi(1)+\chi(z_1)}{2} + \frac{\chi(1)+\chi(z_2)}{2}\right)} \times$$

$$\times \left(\frac{\gamma(s+1)}{\gamma(2-s)}\right)^{\sum_\chi \left(\frac{\chi(1)-\chi(z_1)}{2} + \frac{\chi(1)-\chi(z_2)}{2}\right)}, \quad \text{wenn } \Omega \text{ reell.}$$

Aus der letzteren Identität ergeben sich durch Vergleich der Nullstellen (oder Pole) auf beiden Seiten unmittelbar die miteinander gleichbedeutenden Relationen:

$$(1 \pm \varrho_K)\frac{n_K}{2} = \sum_\chi \left(\frac{\chi(1) \pm \chi(z_1)}{2} + \frac{\chi(1) \pm \chi(z_2)}{2}\right),$$

also

$$\varrho_K n_K = \sum_\chi (\chi(z_1) + \chi(z_2)) \quad \left(\varrho_\Omega = 1;\ \varrho_K = 1, \frac{1}{2}, 0\right). \tag{14.38}$$

Weiter schließt man sodann aus der nach Herausfallen der γ-Faktoren verbleibenden, mit (14.36) gleichlautenden Identität auf die für beide Fälle gültigen Formeln:

$$d_K = \prod_\chi \mathfrak{N}(\mathfrak{F}_\chi) = d_\Omega^{\frac{n_K}{2}} \prod_\chi \mathfrak{N}(\mathfrak{f}_\chi), \tag{14.39}$$

$$1 = \prod_\chi T(\chi), \tag{14.40}$$

woraus schließlich, unter Beachtung von (14.6), (14.31), gemäß (14.38) folgt:

(14.41)
$$\prod_{\chi}\tau(\chi)=\prod_{\chi}\sqrt{\mathfrak{N}(\mathfrak{f}_{\chi})}=\left(\frac{d_K}{d_\Omega^{\frac{n_K}{2}}}\right)^{\frac{1}{2}},\quad \text{wenn } \Omega \text{ imaginär},$$
$$\prod_{\chi}\tau(\chi)=\prod_{\chi}\sqrt{\mathfrak{N}(\bar{\mathfrak{f}}_{\chi})}=i^{(1-\varrho_K)\frac{n_K}{2}}\left(\frac{d_K}{d_\Omega^{\frac{n_K}{2}}}\right)^{\frac{1}{2}},\quad \text{wenn } \Omega \text{ reell}.$$

Für den Klassenkörper K_0/Ω lauten die analogen Formeln:

(14.42)
$$\varrho_{K_0}n_{K_0}=\sum_{\chi_0}\left(\chi_0(z_1)+\chi_0(z_2)\right)\quad (\varrho_\Omega=1;\ \varrho_{K_0}=1,0),$$

(14.43)
$$d_{K_0}=\prod_{\chi_0}\mathfrak{N}(\mathfrak{F}_{\chi_0})=d_\Omega^{\frac{n_{K_0}}{2}}\prod_{\chi_0}\mathfrak{N}(\mathfrak{f}_{\chi_0}),$$

(14.44)
$$1=\prod_{\chi_0}T(\chi_0),$$

woraus zuletzt wieder die Produktformeln

(14.45)
$$\prod_{\chi_0}\tau(\chi_0)=\prod_{\chi_0}\sqrt{\mathfrak{N}(\mathfrak{f}_{\chi_0})}=\left(\frac{d_{K_0}}{d_\Omega^{\frac{n_{K_0}}{2}}}\right)^{\frac{1}{2}},\quad \text{wenn } \Omega \text{ imaginär},$$
$$\prod_{\chi_0}\tau(\chi_0)=\prod_{\chi_0}\sqrt{\mathfrak{N}(\bar{\mathfrak{f}}_{\chi_0})}=i^{(1-\varrho_{K_0})\frac{n_{K_0}}{2}}\left(\frac{d_{K_0}}{d_\Omega^{\frac{n_{K_0}}{2}}}\right)^{\frac{1}{2}},\quad \text{wenn } \Omega \text{ reell},$$

folgen.

Für den Ringklassenkörper K^*/Ω verläuft die analytische Methode wie folgt. Aus der klassenkörpertheoretischen Identität (2.3) für $\zeta_{K^*}(s)$ folgt durch Division

$$\frac{\zeta_{K^*}(1-s)}{\zeta_{K^*}(s)}=\prod_{\psi}\frac{L(1-s|\psi)}{L(s|\psi)},$$

und hieraus erhält man unter Anwendung von (14.28) und (14.32) bzw. (14.33) die weiteren Identitäten:

(14.46)
$$d_{K^*}^{\,s-\frac{1}{2}}=\prod_{\psi}\mathfrak{N}(\mathfrak{F}_\psi)^{s-\frac{1}{2}},\quad \text{wenn } \Omega \text{ imaginär},$$

bzw.

(14.47)
$$d_{K^*}^{\,s-\frac{1}{2}}\cdot\left(\frac{\gamma(s)}{\gamma(1-s)}\right)^{(1+\varrho_{K^*})\frac{n_{K^*}}{2}}\left(\frac{\gamma(s+1)}{\gamma(2-s)}\right)^{(1-\varrho_{K^*})\frac{n_{K^*}}{2}}=$$
$$=\prod_{\psi}\mathfrak{N}(\mathfrak{F}_\psi)^{s-\frac{1}{2}}\cdot\left(\frac{\gamma(s)}{\gamma(1-s)}\right)^{\sum_{\psi}(1+\psi(z))}\left(\frac{\gamma(s+1)}{\gamma(2-s)}\right)^{\sum_{\psi}(1-\psi(z))},\quad \text{wenn } \Omega \text{ reell}.$$

Aus der letzteren Identität ergeben sich durch Vergleich der Nullstellen (oder Pole) auf beiden Seiten unmittelbar die miteinander gleichbedeutenden Relationen:

$$(1 \pm \varrho_{K^*}) \frac{n_{K^*}}{2} = \sum_{\psi} (1 \pm \psi(z)) ,$$

also

(14.48) $$\varrho_{K^*} n_{K^*} = 2 \sum_{\psi} \psi(z) \quad (\varrho_{\Omega} = 1; \ \varrho_{K^*} = 1, 0).$$

Sodann schließt man aus der nach Herausfallen der γ-Faktoren verbleibenden, mit (14.46) gleichlautenden Identität auf die für beide Fälle gültige Diskriminantenformel

(14.49) $$d_{K^*} = \prod_{\psi} \mathfrak{N}(\mathfrak{F}_{\psi}) = \prod_{\psi} D_{f_{\psi}} = d_{\Omega}^{\frac{n_{K^*}}{2}} \prod_{\psi} f_{\psi}^2 .$$

Für den Ringklassenkörper K_0^*/Ω lauten die analogen Formeln:

(14.50) $$\varrho_{K_0^*} n_{K_0^*} = 2 \sum_{\psi_0} \psi_0(z) \quad (\varrho_{\Omega} = 1; \ \varrho_{K_0^*} = 1, 0),$$

(14.51) $$d_{K_0^*} = \prod_{\psi_0} \mathfrak{N}(\mathfrak{F}_{\psi_0}) = \prod_{\psi_0} D_{f_{\psi_0}} = d_{\Omega}^{\frac{n_{K_0^*}}{2}} \prod_{\psi_0} f_{\psi_0}^2 .$$

Auf Grund der hergeleiteten Produktformeln für die Diskriminanten (14.39), (14.43) sowie (14.49), (14.51) und für die Gaußschen Summen (14.40), (14.44), einschließlich der Formel (14.34), erkennt man jetzt unmittelbar die Richtigkeit der für den Körpertypus I behaupteten Produktformeln (14.19), (14.20) und (14.21). Somit bleibt nur noch die Gültigkeit der beiden Formeln (14.17), (14.18) nachzuweisen.

Zum Beweis der letztgenannten Produktformeln hat man im Fall eines reell-quadratischen Grundkörpers Ω die noch nicht benutzten Relationen (14.38), (14.42) sowie (14.48), (14.50), die, wie sich zeigt, gerade das Zerlegungsgesetz für die unendlichen Primstellen $\mathfrak{p}_{\infty}$, $\mathfrak{p}_{\infty}^{\tau}$ von Ω im jeweiligen Klassenkörper ausdrücken, heranzuziehen und arithmetisch auszudeuten.

Ist $\varrho_K = 1$, so ist

$$n_K = \sum_{\chi} (\chi(z_1) + \chi(z_2)).$$

Daraus folgt: $\chi(z_1) = \chi(z_2) = 1$ für alle χ, also $z_1 = z_2 = 1$.

Somit gilt:

$$\varrho_K = 1 \longleftrightarrow \left\{ \begin{matrix} \mathfrak{p}_{\infty} \text{ in keinem } \tilde{\mathfrak{f}}_{\chi} \\ \mathfrak{p}_{\infty}^{\tau} \text{ in keinem } \tilde{\mathfrak{f}}_{\chi} \end{matrix} \right\}.$$

Ist $\varrho_K = \frac{1}{2}$, so ist

$$\frac{n_K}{2} = \sum_{\chi} (\chi(z_1) + \chi(z_2)).$$

Daraus folgt: etwa $\sum_{\chi} \chi(z_1) = 0, \quad \sum_{\chi} \chi(z_2) = \frac{n_K}{2}$, also $z_1 \neq 1, \quad z_2 = 1.$

Somit gilt:

$$\varrho_K = \frac{1}{2} \longleftrightarrow \left\{ \begin{array}{l} \text{etwa } \mathfrak{p}_\infty \text{ in einer gewissen Hälfte aller } \tilde{\mathfrak{f}}_\chi \\ \text{und dann } \mathfrak{p}_\infty^\tau \text{ in keinem } \tilde{\mathfrak{f}}_\chi \end{array} \right\}.$$

Ist $\varrho_K = 0$, so ist

$$0 = \sum_{\chi} \left(\chi(z_1) + \chi(z_2) \right).$$

Daraus folgt: $\sum_{\chi} \chi(z_1) = 0, \quad \sum_{\chi} \chi(z_2) = 0$, also $z_1 \neq 1, \ z_2 \neq 1.$

Somit gilt:

$$\varrho_K = 0 \longleftrightarrow \left\{ \begin{array}{l} \mathfrak{p}_\infty \text{ in einer gewissen Hälfte aller } \tilde{\mathfrak{f}}_\chi \\ \mathfrak{p}_\infty^\tau \text{ in einer gewissen Hälfte aller } \tilde{\mathfrak{f}}_\chi \end{array} \right\}.$$

Nunmehr ist es möglich, die der Formel (14.17) zur Seite tretende, für imaginäre und reelle quadratische Körper Ω gültige Produktformel

$$v_K = \prod_{\chi} v_\chi \tag{14.52}$$

zu beweisen.

Ist zunächst Ω imaginär, also K total-imaginär, so ist $v_K = (2\pi)^{\frac{n_K}{2}}$, während auf der rechten Seite von (14.52) ebenfalls $\frac{n_K}{2}$ Faktoren $v_\chi = 2\pi$ auftreten.

Ist hingegen Ω reell, so folgt die Richtigkeit von (14.52) jeweils aus den vorangehenden Ergebnissen. Dies läßt sich auch unmittelbar einsehen. Für die Bildungen v_χ in (14.4) gilt nämlich, analog zu (14.31), die einheitliche Darstellung

$$v_\chi = 2^{\frac{\chi(1)+\chi(z_1)}{2} + \frac{\chi(1)+\chi(z_2)}{2}} \pi^{\frac{\chi(1)-\chi(z_1)}{2} + \frac{\chi(1)-\chi(z_2)}{2}},$$

und somit folgt unter Beachtung von (14.38)

$$\prod_{\chi} v_\chi = 2^{(1+\varrho_K)\frac{n_K}{2}} \pi^{(1-\varrho_K)\frac{n_K}{2}} = v_K,$$

wie oben behauptet.

Für den Klassenkörper K_0/Ω erhält man entsprechend

$$v_{K_0} = \prod_{\chi_0} v_{\chi_0}. \tag{14.53}$$

Um für den Ringklassenkörper K^*/Ω die zu (14.52) analoge Formel zu gewinnen, hat man im Fall eines reell-quadratischen Grundkörpers zunächst hier an die Relation (14.48) anzuknüpfen.

Ist $\varrho_{K^*} = 1$, so ist

$$n_{K^*} = 2 \sum_{\psi} \psi(z).$$

Daraus folgt: $\psi(z) = 1$ für alle ψ, also $z = 1$.

Somit gilt:

$$\varrho_{K^*} = 1 \longleftrightarrow p_\infty \text{ in keinem } \tilde{f}_\psi .$$

Ist $\varrho_{K^*} = 0$, so ist

$$0 = 2 \sum_\psi \psi(z) .$$

Daraus folgt: $\sum_\psi \psi(z) = 0$, also $z \neq 1$.

Somit gilt:

$$\varrho_{K^*} = 0 \longleftrightarrow p_\infty \text{ in der Hälfte aller } \tilde{f}_\psi .$$

Nunmehr ist es möglich, die der Formel (14.18) zur Seite tretende, für imaginäre und reelle quadratische Körper Ω gültige Produktformel

$$v_{K^*} = \prod_\psi v_\psi \tag{14.54}$$

zu beweisen.

Ist zunächst Ω imaginär, also K^* total-imaginär, so ist $v_{K^*} = (2\pi)^{\frac{n_{K^*}}{2}}$, während auf der rechten Seite von (14.54) ebenfalls $\frac{n_{K^*}}{2}$ Faktoren $v_\psi = 2\pi$ auftreten.

Ist hingegen Ω reell, so folgt die Richtigkeit von (14.54) jeweils aus den vorangehenden Ergebnissen. Dies läßt sich auch unmittelbar einsehen. Für die Bildungen v_ψ in (14.3) gilt nämlich die einheitliche Darstellung

$$v_\psi = 2^{1+\psi(z)} \pi^{1-\psi(z)} ,$$

und somit folgt unter Beachtung von (14.48)

$$\prod_\psi v_\psi = 2^{(1+\varrho_{K^*})\frac{n_{K^*}}{2}} \pi^{(1-\varrho_{K^*})\frac{n_{K^*}}{2}} = v_{K^*} ,$$

wie oben behauptet.

Für den Klassenkörper K_0^*/Ω erhält man entsprechend

$$v_{K_0^*} = \prod_{\psi_0} v_{\psi_0} . \tag{14.55}$$

Aus (14.52), (14.53) und (14.54), (14.55) folgert man jetzt unmittelbar die Richtigkeit der beiden Formeln (14.17) und (14.18).

5. Zum Beweis der entsprechenden Produktformeln für den Typus II hat man von der Identität (2.12) auszugehen. Daraus folgt durch Division

$$\frac{\zeta_K(1-s)}{\zeta_K(s)} : \frac{\zeta_{K_0}(1-s)}{\zeta_{K_0}(s)} = \frac{\zeta_{K^*}(1-s)}{\zeta_{K^*}(s)} : \frac{\zeta_{K_0^*}(1-s)}{\zeta_{K_0^*}(s)} \cdot \prod_{\substack{\chi \neq \chi_0 \\ \chi \neq \psi}}' \frac{L(1-s|\bar{\chi})}{L(s|\chi)}$$

mit

$$\frac{\zeta_{K^*}(1-s)}{\zeta_{K^*}(s)} : \frac{\zeta_{K_0^*}(1-s)}{\zeta_{K_0^*}(s)} = \prod_{\psi \neq \psi_0}' \frac{L(1-s|\psi)}{L(s|\psi)} ,$$

und hieraus erhält man unter Anwendung von (14.28) und (14.29) bzw. (14.30) sowie (14.32) bzw. (14.33) die weiteren Identitäten:

(14.56) $$\left(\frac{d_K}{d_{K_0}}\right)^{s-\frac{1}{2}} = \left(\frac{d_{K^*}}{d_{K_0^*}}\right)^{s-\frac{1}{2}} \cdot \prod_{\substack{\chi \neq \chi_0 \\ \chi \neq \psi}}' \mathfrak{N}(\mathfrak{F}_\chi)^{s-\frac{1}{2}} \cdot \prod_{\substack{\chi \neq \chi_0 \\ \chi \neq \psi}}' \frac{1}{T(\chi)}$$

mit

(14.57) $$\left(\frac{d_{K^*}}{d_{K_0^*}}\right)^{s-\frac{1}{2}} = \prod_{\psi \neq \psi_0}' \mathfrak{N}(\mathfrak{F}_\psi)^{s-\frac{1}{2}}, \quad \text{wenn } \Omega \text{ imaginär,}$$

bzw.

(14.58) $$\left(\frac{d_K}{d_{K_0}}\right)^{s-\frac{1}{2}} \left(\frac{\gamma(s)}{\gamma(1-s)}\right)^{(1+\varrho_K)\frac{n_K}{2} - (1+\varrho_{K_0})\frac{n_{K_0}}{2}} \left(\frac{\gamma(s+1)}{\gamma(2-s)}\right)^{(1-\varrho_K)\frac{n_K}{2} - (1-\varrho_{K_0})\frac{n_{K_0}}{2}} =$$

$$= \left(\frac{d_{K^*}}{d_{K_0^*}}\right)^{s-\frac{1}{2}} \left(\frac{\gamma(s)}{\gamma(1-s)}\right)^{(1+\varrho_{K^*})\frac{n_{K^*}}{2} - (1+\varrho_{K_0^*})\frac{n_{K_0^*}}{2}} \left(\frac{\gamma(s+1)}{\gamma(2-s)}\right)^{(1-\varrho_{K^*})\frac{n_{K^*}}{2} - (1-\varrho_{K_0^*})\frac{n_{K_0^*}}{2}} \times$$

$$\times \prod_{\substack{\chi \neq \chi_0 \\ \chi \neq \psi}}' \mathfrak{N}(\mathfrak{F}_\chi)^{s-\frac{1}{2}} \cdot \prod_{\substack{\chi \neq \chi_0 \\ \chi \neq \psi}}' \frac{1}{T(\chi)} \times$$

$$\times \left(\frac{\gamma(s)}{\gamma(1-s)}\right)^{\sum\limits_{\substack{\chi \neq \chi_0 \\ \chi \neq \psi}}' \left(\frac{\chi(1)+\chi(z_1)}{2} + \frac{\chi(1)+\chi(z_2)}{2}\right)} \left(\frac{\gamma(s+1)}{\gamma(2-s)}\right)^{\sum\limits_{\substack{\chi \neq \chi_0 \\ \chi \neq \psi}}' \left(\frac{\chi(1)-\chi(z_1)}{2} + \frac{\chi(1)-\chi(z_2)}{2}\right)}$$

mit

(14.59)

$$\left(\frac{d_{K^*}}{d_{K_0^*}}\right)^{s-\frac{1}{2}} \left(\frac{\gamma(s)}{\gamma(1-s)}\right)^{(1+\varrho_{K^*})\frac{n_{K^*}}{2} - (1+\varrho_{K_0^*})\frac{n_{K_0^*}}{2}} \left(\frac{\gamma(s+1)}{\gamma(2-s)}\right)^{(1-\varrho_{K^*})\frac{n_{K^*}}{2} - (1-\varrho_{K_0^*})\frac{n_{K_0^*}}{2}} =$$

$$= \prod_{\psi \neq \psi_0}' \mathfrak{N}(\mathfrak{F}_\psi)^{s-\frac{1}{2}} \left(\frac{\gamma(s)}{\gamma(1-s)}\right)^{\sum\limits_{\psi \neq \psi_0}' (1+\psi(z))} \left(\frac{\gamma(s+1)}{\gamma(2-s)}\right)^{\sum\limits_{\psi \neq \psi_0}' (1-\psi(z))}, \quad \text{wenn } \Omega \text{ reell.}$$

Aus den beiden letzten Identitäten ergeben sich durch Vergleich der Nullstellen (oder Pole) auf beiden Seiten unmittelbar die miteinander gleichbedeutenden Relationen:

(14.60) $$(1 \pm \varrho_K)\frac{n_K}{2} - (1 \pm \varrho_{K_0})\frac{n_{K_0}}{2} = (1 \pm \varrho_{K^*})\frac{n_{K^*}}{2} - (1 \pm \varrho_{K_0^*})\frac{n_{K_0^*}}{2} + $$
$$+ \sum_{\substack{\chi \neq \chi_0 \\ \chi \neq \psi}}' \left(\frac{\chi(1) \pm \chi(z_1)}{2} + \frac{\chi(1) \pm \chi(z_2)}{2}\right)$$

mit

(14.61) $$(1 \pm \varrho_{K^*})\frac{n_{K^*}}{2} - (1 \pm \varrho_{K_0^*})\frac{n_{K_0^*}}{2} = \sum_{\psi \neq \psi_0}' (1 \pm \psi(z)) .$$

Weiter schließt man sodann aus den nach Herausfallen der γ-Faktoren verbleibenden, mit (14.56) und (14.57) gleichlautenden Identitäten auf die für beide Fälle gültigen, gemäß (14.24), (14.25), (14.26) gerade zu beweisenden Formeln

$$\frac{d_K}{d_{K_0}} = \frac{d_{K^*}}{d_{K_0^*}} \cdot \prod_{\substack{\chi \neq \chi_0 \\ \chi \neq \psi}}' \mathfrak{N}(\mathfrak{F}_\chi),$$

mit

$$\frac{d_{K^*}}{d_{K_0^*}} = \prod_{\psi \neq \psi_0}' \mathfrak{N}(\mathfrak{F}_\psi);$$

$$1 = \prod_{\substack{\chi \neq \chi_0 \\ \chi \neq \psi}}' T(\chi).$$

Zum Beweis der Produktformeln (14.22) und (14.23) schließlich führen, ähnlich wie beim Typus I, die noch nicht benutzten Relationen (14.60) und (14.61). Danach ist

$$\frac{v_{K^*}}{v_{K_0^*}} \cdot \prod_{\substack{\chi \neq \chi_0 \\ \chi \neq \psi}}' v_\chi = 2^{(1+\varrho_{K^*})\frac{n_{K^*}}{2} - (1+\varrho_{K_0^*})\frac{n_{K_0^*}}{2}} \pi^{(1-\varrho_{K^*})\frac{n_{K^*}}{2} - (1-\varrho_{K_0^*})\frac{n_{K_0^*}}{2}} \times$$

$$\times 2^{\sum\limits_{\substack{\chi \neq \chi_0 \\ \chi \neq \psi}}' \left(\frac{\chi(1)+\chi(z_1)}{2} + \frac{\chi(1)+\chi(z_2)}{2}\right)} \pi^{\sum\limits_{\substack{\chi \neq \chi_0 \\ \chi \neq \psi}}' \left(\frac{\chi(1)-\chi(z_1)}{2} + \frac{\chi(1)-\chi(z_2)}{2}\right)} = \frac{v_K}{v_{K_0}}$$

und

$$\prod_{\psi \neq \psi_0}' v_\psi = 2^{\sum\limits_{\psi \neq \psi_0}'(1+\psi(z))} \pi^{\sum\limits_{\psi \neq \psi_0}'(1-\psi(z))} = \frac{v_{K^*}}{v_{K_0^*}},$$

wie behauptet.

Damit sind nun die Klassenzahlformeln für den Typus I in (14.13), (14.14) und die Klassenzahlformeln für den Typus II in (14.15), (14.16) vollständig bewiesen.

§ 15. Die arithmetischen Klassenzahlformeln für Zahlkörper, deren galoisscher Körper über einem quadratischen Zahlkörper abelsch ist

Durch die expliziten Werte für $L(1|\psi)$ in (4.35); (6.18), (12.5) und für $L(1|\chi)$ in (5.41); (7.15), (8.35), (13.15) sind nun auch die durch den Ansatz in (14.1) und (14.2) erklärten Größen $A(\psi)$ und $A(\chi)$ explizit bekannt. Bildet man dann mit diesen letzten Werten die in (14.13), (14.14) und (14.15), (14.16) vorgeschriebenen Produkte, und kennzeichnet man dabei im Fall eines reell-quadratischen Grundkörpers Ω die jeweiligen Beiträge der verschiedenartigen $A(\psi)$ und $A(\chi)$ zu diesen Produkten, wie vorstehend in § 14, 3, 4 beschrieben, durch Heranziehung der Zerlegungsgruppen der unendlichen Primstellen $\mathfrak{p}_\infty$, $\mathfrak{p}_\infty^\tau$ von Ω, so erhält man die folgenden arithmetischen Klassenzahlformeln für die hinsichtlich ihrer Realität in §14,1 näher unterschiedenen fraglichen Körpertypen:

TYPUS I

K/Ω, K^*/Ω abelsch, K^*/P galoissch

Fall a: Ω imaginär-quadratisch

STUFE A

K^* imaginär

$$h_{K^*/K_0^*}\, R_{K^*/K_0^*} = \prod_{\psi \neq \psi_0} \Big(\sum_{\mathfrak{k}_\psi} -\bar{\psi}(\mathfrak{k}_\psi) \log D(\mathfrak{k}_\psi) \Big) . \qquad (15.1)$$

Dies ist die allgemeine, auf den maximalen absolut-abelschen Teilkörper K_0^* von K^* bezogene Klassenzahlformel für die Ringklassenkörper K^*/Ω der komplexen Multiplikation. Diese Formel gibt für das Produkt aus Relativklassenzahl $h_{K^*/K_0^*} = \frac{h_{K^*}}{h_{K_0^*}}$ und Relativregulator $R_{K^*/K_0^*} = \frac{R_{K^*}}{R_{K_0^*}}$ einen Ausdruck in den mittels der transzendenten Funktion $D(\mathfrak{w})$ aus (4.32) definierten Ringklasseninvarianten $D(\mathfrak{k}_\psi)$ in (4.34).

STUFE B

K imaginär

$$h_{K/K_0} R_{K/K_0} = h_{K^*/K_0^*}\, R_{K^*/K_0^*} \cdot \prod_{\substack{\chi \neq \chi_0 \\ \chi \neq \psi}} \Big(\sum_{\mathfrak{R}} \sum_{\mathfrak{k}_\chi \text{ zu } \mathfrak{R}} -\bar{\chi}\,(\mathfrak{k}_\chi) \log S(\mathfrak{k}_\chi) \Big) . \qquad (15.2)$$

Dies ist die allgemeine, auf den maximalen absolut-abelschen Teilkörper K_0 von K bezogene Klassenzahlformel für die (echten) Strahlklassenkörper K/Ω der komplexen Multiplikation. Diese Formel gibt für das Produkt aus Relativklassenzahl und Relativregulator, unter Abspaltung des entsprechenden, gemäß (15.1) zu bildenden Produktes für K^*/K_0^*, einen Ausdruck in den mittels der transzendenten Funktion $S(u|\mathfrak{w})$ aus (5.37) definierten Strahlklasseninvarianten $S(\mathfrak{k}_\chi)$ in (5.40).

Fall b: Ω reell-quadratisch

STUFE A

K^* reell

$$h_{K^*/K_0^*}\, R_{K^*/K_0^*} = \prod_{\psi \neq \psi_0} \Big(\sum_{\mathfrak{k}_\psi} -\bar{\psi}(\mathfrak{k}_\psi) \log D_1^{\varepsilon/\psi}(\mathfrak{k}_\psi) \Big) . \qquad (15.3)$$

Dies ist die allgemeine, auf den maximalen absolut-abelschen Teilkörper K_0^* von K^* bezogene Klassenzahlformel für die reellen Ringklassenkörper K^* über einem reell-quadratischen Grundkörper Ω. Diese Formel gibt für das Produkt aus Relativklassenzahl und Relativregulator einen Ausdruck in den mittels logarithmischer Integration aus der Funktion $D(\mathfrak{w})$ in (4.32) hergeleiteten Ringklasseninvarianten $D_1^{\varepsilon_f \psi}(\mathfrak{k}_\psi)$ in (6.16), (6.17). Die auf der rechten Seite der Formel auftretenden Ringklassencharaktere ψ sind sämtlich gerade Charaktere, d.h. es gilt durchweg $\psi(z)=1$. Denn K^* ist reell und somit $z=1$.

K^* imaginär

(15.4)

$$h_{K^*/K_0^*}\, R_{K^*/K_0^*} = \prod_{\substack{\psi \neq \psi_0 \\ \psi(z)=1}} \Big(\sum_{\mathfrak{k}_\psi} -\, \overline{\psi}(\mathfrak{k}_\psi) \log D_1^{\varepsilon_f \psi}(\mathfrak{k}_\psi)\Big) \cdot \prod_{\substack{\psi \neq \psi_0 \\ \psi(z)=-1}} \Big(\sum_{\mathfrak{k}_\psi} -\, \overline{\psi}(\mathfrak{k}_\psi)\, \Psi_1^{\varepsilon_f \psi}(\mathfrak{k}_\psi)\Big).$$

Dies ist die allgemeine, auf den maximalen absolut-abelschen Teilkörper K_0^* von K^* bezogene Klassenzahlformel für die imaginären Ringklassenkörper K^* über einem reell-quadratischen Grundkörper Ω. Diese Formel gibt für das Produkt aus Relativklassenzahl und Relativregulator einen Ausdruck, der aus zwei wesentlich verschieden gebauten Faktoren besteht. Beide Faktoren haben eine einfache inhaltliche Bedeutung. Der erste Faktor, in dem nur gerade Ringklassencharaktere ψ mit $\psi(z)=1$ auftreten, ist nach (15.3) das Produkt aus Relativklassenzahl $h_{\overline{K}^*/\overline{K}_0^*}$ und Relativregulator $R_{\overline{K}^*/\overline{K}_0^*}$ des auf seinen maximalen absolut-abelschen Teilkörper $\overline{K}_0^*$ bezogenen größten reellen Teilkörpers $\overline{K}^*$ von K^*. Der zweite Faktor, in dem nur total-ungerade Ringklassencharaktere ψ mit $\psi(z)=-1$ auftreten, ist dann gleich dem Quotienten $\dfrac{h_{K^*/K_0^*}\, R_{K^*/K_0^*}}{h_{\overline{K}^*/\overline{K}_0^*}\, R_{\overline{K}^*/\overline{K}_0^*}}$. Die hierin vorkommenden Ringklasseninvarianten $\Psi_1^{\varepsilon_f \psi}(\mathfrak{k}_\psi)$ sind durch die elementar-arithmetischen Bildungen in (11.57), (12.3), (12.4) definiert.

STUFE B

K total-reell

(15.5) $$h_{K/K_0} R_{K/K_0} = h_{K^*/K_0^*}\, R_{K^*/K_0^*} \cdot \prod_{\substack{\chi \neq \chi_0 \\ \chi \neq \psi}} \Big(\sum_{\mathfrak{K}} \sum_{\mathfrak{k}_\chi \text{ zu } \mathfrak{K}} -\, \overline{\chi}(\mathfrak{k}_\chi) \log S_1^{|\eta_{\mathfrak{f}_\chi}|}(\mathfrak{k}_\chi)\Big).$$

Dies ist die allgemeine, auf den maximalen absolut-abelschen Teilkörper K_0 von K bezogene Klassenzahlformel für die total-reellen (echten) Strahlklassenkörper K über einem reell-quadratischen Grundkörper Ω. Diese Formel gibt für das Produkt aus Relativklassenzahl und Relativregulator, unter Abspaltung des entsprechenden, gemäß (15.3) zu bildenden Produktes für K^*/K_0^*, einen Ausdruck in den mittels logarithmischer Integration aus der Funktion $S(u|\mathfrak{w})$ in (5.37) hergeleiteten Strahlklasseninvarianten $S_1^{|\eta_{\mathfrak{f}_\chi}|}(\mathfrak{k}_\chi)$ in (7.12), (7.14). Die auf der rechten Seite der Formel auftretenden Strahlklassencharaktere χ sind sämtlich gerade Charaktere, d.h. es gilt durchweg $\chi(z_1)=\chi(z_2)=1$. Denn K ist total-reell und somit $z_1=z_2=1$.

K halb-reell

$$(15.6)\quad h_{K/K_0} R_{K/K_0} = h_{K^*/K_0^*} R_{K^*/K_0^*} \cdot \prod_{\substack{\chi \neq \chi_0 \\ \chi \neq \psi \\ \chi(z_1)=1}} \Big(\sum_{\mathfrak{R}} \sum_{\mathfrak{k}_\chi \text{ zu } \mathfrak{R}} -\bar{\chi}(\mathfrak{k}_\chi) \log S_1^{|\eta_{\mathfrak{f}_\chi}|}(\mathfrak{k}_\chi) \Big) \times$$

$$\times \prod_{\chi(z_1)=-1} \Big(\sum_{\mathfrak{R}} \sum_{\mathfrak{k}_\chi \text{ zu } \mathfrak{R}} \bar{\chi}(\mathfrak{k}_\chi)\, \Phi_1^{\eta_{\mathfrak{f}_\chi}}(\mathfrak{k}_\chi) \Big).$$

Dies ist die allgemeine, auf den maximalen absolut-abelschen Teilkörper K_0 von K bezogene Klassenzahlformel für die halb-reellen (echten) Strahlklassenkörper K $\left(\text{vom Realitätscharakter } \frac{1}{2}\right)$ über einem reell-quadratischen Grundkörper Ω. Diese Formel gibt für das Produkt aus Relativklassenzahl und Relativregulator, unter Abspaltung des entsprechenden, gemäß (15.3) zu bildenden Produktes für K^*/K_0^*, einen Ausdruck, der aus zwei wesentlich verschieden gebauten Faktoren besteht. Da K halb-reell ist, kann zunächst etwa $z_1 \neq 1$ und dann $z_2 = 1$ mit $\chi(z_2) = 1$ für alle χ angenommen werden. Im ersten Faktor treten dann nur gerade Strahlklassencharaktere χ mit $\chi(z_1) = 1$ auf, und die hierin vorkommenden Strahlklasseninvarianten $S_1^{|\eta_{\mathfrak{f}_\chi}|}(\mathfrak{k}_\chi)$ in (7.12), (7.14) entstehen mittels logarithmischer Integration aus der Funktion $S(u|\mathfrak{w})$ in (5.37). Im zweiten Faktor dagegen treten nur halb-ungerade Strahlklassencharaktere χ mit $\chi(z_1) = -1$ auf, und die hierin vorkommenden Strahlklasseninvarianten $\Phi_1^{\eta_{\mathfrak{f}_\chi}}(\mathfrak{k}_\chi)$ in (8.23), (8.34) entstehen wesentlich mittels logarithmischer Integration aus der Funktion $\varphi(u|\mathfrak{w})$ in (8.24).

K total-imaginär

$$(15.7)\quad h_{K/K_0} R_{K/K_0} = h_{K^*/K_0^*} R_{K^*/K_0^*} \cdot \prod_{\substack{\chi \neq \chi_0 \\ \chi \neq \psi \\ \chi(z_1)=\chi(z_2)=1}} \Big(\sum_{\mathfrak{R}} \sum_{\mathfrak{k}_\chi \text{ zu } \mathfrak{R}} -\bar{\chi}(\mathfrak{k}_\chi) \log S_1^{|\eta_{\mathfrak{f}_\chi}|}(\mathfrak{k}_\chi) \Big) \times$$

$$\times \prod_{\substack{\chi \neq \chi_0 \\ \chi(z_1)=-1,\ \chi(z_2)=1}} \Big(\sum_{\mathfrak{R}} \sum_{\mathfrak{k}_\chi \text{ zu } \mathfrak{R}} \chi(\mathfrak{k}_\chi)\, \Phi_1^{\eta_{\mathfrak{f}_\chi}}(\mathfrak{k}_\chi) \Big)$$

$$\times \prod_{\substack{\chi^\tau \neq \chi_0 \\ \chi^\tau(z_1)=1,\ \chi^\tau(z_2)=-1}} \Big(\sum_{\mathfrak{R}^\tau} \sum_{\mathfrak{k}_{\chi^\tau} \text{ zu } \mathfrak{R}^\tau} \bar{\chi}^\tau(\mathfrak{k}_{\chi^\tau})\, \Phi_1^{\eta_{\mathfrak{f}_\chi}}(\mathfrak{k}_\chi) \Big)$$

$$\times \prod_{\substack{\chi \neq \chi_0 \\ \chi \neq \psi \\ \chi(z_1)=\chi(z_2)=-1}} \frac{2}{h_\Omega^+ : h_\Omega} \Big(\sum_{\mathfrak{R}^+} \sum_{\mathfrak{k}_\chi \text{ zu } \mathfrak{R}^+} \bar{\chi}(\mathfrak{k}_\chi)\, \Psi_1^{|\eta_{\mathfrak{f}_\chi}|}(\mathfrak{k}_\chi) \Big).$$

Dies ist die allgemeine, auf den maximalen absolut-abelschen Teilkörper K_0 von K bezogene Klassenzahlformel für die total-imaginären (echten) Strahlklassenkörper K über einem reell-quadratischen Grundkörper Ω. Diese Formel gibt für das Produkt aus Relativklassenzahl und Relativregulator, unter Abspaltung des entsprechenden, je nach Realität von K^* gemäß (15.3) oder (15.4) zu bildenden Produktes für K^*/K_0^*, einen Ausdruck, der aus vier Faktoren besteht. Hierin stimmen die beiden mittleren überein. Denn die hier paarweise auftretenden verschiedenen Charaktere χ, χ^τ liefern auf Grund der nach § 2, 2 bestehenden Identität $L(s|\chi) = L(s|\chi^\tau)$ jeweils denselben Beitrag zum Produkt. Somit hat man nur drei wesentlich verschieden gebaute Faktoren in dem Ausdruck auf der rechten Seite der Formel (15.7). Da K total-imaginär ist, ist $z_1 \neq 1$ und $z_2 \neq 1$. Der erste Faktor, in dem nur gerade Strahlklassencharaktere χ mit $\chi(z_1) = \chi(z_2) = 1$ auftreten, hat eine einfache inhaltliche Bedeutung. Nach (15.5) ist er gleich dem Produkt aus Relativklassenzahl $h_{\bar{K}/\bar{K}_0}$ und Relativregulator $R_{\bar{K}/\bar{K}_0}$ des auf seinen maximalen absolut-abelschen Teilkörper $\bar{K}_0$ bezogenen größten reellen Teilkörpers $\bar{K}$ von K. Im zweiten und dritten Faktor treten jeweils nur halb-ungerade Strahlklassencharaktere χ, χ^τ mit $\chi(z_1) = -1$ und dann $\chi(z_2) = 1$ bzw. $\chi^\tau(z_1) = 1$ und dann $\chi^\tau(z_2) = -1$ auf, und die hierin vorkommenden Strahlklasseninvarianten $\Phi_1^{\eta_{\mathfrak{f}_\chi}}(\mathfrak{f}_\chi)$ in (8.23), (8.34) entstehen wesentlich mittels logarithmischer Integration aus der Funktion $\varphi(u|\mathfrak{w})$ in (8.24). Im vierten Faktor schließlich treten nur total-ungerade Strahlklassencharaktere χ mit $\chi(z_1) = \chi(z_2) = -1$ auf, und die hierin vorkommenden Strahlklasseninvarianten $\Psi_1^{|\eta_{\mathfrak{f}_\chi}|}(\mathfrak{f}_\chi)$ sind durch die elementar-arithmetischen Bildungen in (11.59), (13.11), (13.14) definiert.

Die nunmehr für den Körpertypus II anzugebenden arithmetischen Klassenzahlformeln entsprechen denen des Typus I weitgehend. Daher kann hier aus Gründen der Analogie von einer begleitenden Erläuterung für diese Formeln abgesehen werden.

TYPUS II

K/P nicht-galoissch

Fall a: Ω imaginär-quadratisch

STUFE A

$$h_{K^*/K_0^*}\, R_{K^*/K_0^*} = \prod_{\psi \neq \psi_0}{}' \left(\sum_{\mathfrak{k}_\psi} - \bar{\psi}(\mathfrak{k}_\psi) \log D(\mathfrak{k}_\psi) \right). \tag{15.8}$$

STUFE B

$$h_{K/K_0}\, R_{K/K_0} = h_{K^*/K_0^*}\, R_{K^*/K_0^*} \cdot \prod_{\substack{\chi \neq \chi_0 \\ \chi \neq \psi}}{}' \left(\sum_{\mathfrak{K}} \sum_{\mathfrak{k}_\chi \text{ zu } \mathfrak{K}} - \bar{\chi}(\mathfrak{k}_\chi) \log S(\mathfrak{k}_\chi) \right), \tag{15.9}$$

wobei $h_{K^*/K_0^*}\, R_{K^*/K_0^*}$ durch (15.8) gegeben ist.

Fall b: Ω reell-quadratisch

STUFE A

K^* total-reell

$$h_{K^*/K_0^*}\, R_{K^*/K_0^*} = \prod_{\psi \neq \psi_0}{}' \Big(\sum_{\mathfrak{k}_\psi} -\, \overline{\psi}(\mathfrak{k}_\psi) \log D_1^{\varepsilon_{\mathfrak{f}_\psi}}(\mathfrak{k}_\psi) \Big) . \tag{15.10}$$

K^* total-imaginär

(15.11)

$$h_{K^*/K_0^*}\, R_{K^*/K_0^*} = \prod_{\substack{\psi \neq \psi_0 \\ \psi(z)=1}}{}' \Big(\sum_{\mathfrak{k}_\psi} -\, \overline{\psi}(\mathfrak{k}_\psi) \log D_1^{\varepsilon_{\mathfrak{f}_\psi}}(\mathfrak{k}_\psi) \Big) \cdot \prod_{\substack{\psi \neq \psi_0 \\ \psi(z)=-1}}{}' \Big(\sum_{\mathfrak{k}_\psi} -\, \overline{\psi}(\mathfrak{k}_\psi)\, \Psi_1^{\varepsilon_{\mathfrak{f}_\psi}}(\mathfrak{k}_\psi) \Big) .$$

STUFE B

K total-reell

$$h_{K/K_0} R_{K/K_0} = h_{K^*/K_0^*}\, R_{K^*/K_0^*} \cdot \prod_{\substack{\chi \neq \chi_0 \\ \chi \neq \psi}}{}' \Big(\sum_{\mathfrak{K}} \sum_{\mathfrak{k}_\chi \text{ zu } \mathfrak{K}} -\, \overline{\chi}(\mathfrak{k}_\chi) \log S_1^{|\eta_{\mathfrak{f}_\chi}|}(\mathfrak{k}_\chi) \Big) , \tag{15.12}$$

wobei $h_{K^*/K_0^*}\, R_{K^*/K_0^*}$ durch (15.10) gegeben ist.

K total-imaginär

$$\begin{aligned} h_{K/K_0} R_{K/K_0} = h_{K^*/K_0^*}\, R_{K^*/K_0^*} &\cdot \prod_{\substack{\chi \neq \chi_0 \\ \chi \neq \psi \\ \chi(z_1)=\chi(z_2)=1}}{}' \Big(\sum_{\mathfrak{K}} \sum_{\mathfrak{k}_\chi \text{ zu } \mathfrak{K}} -\, \overline{\chi}(\mathfrak{k}_\chi) \log S_1^{|\eta_{\mathfrak{f}_\chi}|}(\mathfrak{k}_\chi) \Big) \times \\ &\times \prod_{\substack{\chi \neq \chi_0 \\ \chi(z_1)=-1,\, \chi(z_2)=1}}{}' \Big(\sum_{\mathfrak{K}} \sum_{\mathfrak{k}_\chi \text{ zu } \mathfrak{K}} \overline{\chi}(\mathfrak{k}_\chi)\, \Phi_1^{\eta_{\mathfrak{f}_\chi}}(\mathfrak{k}_\chi) \Big) \\ &\times \prod_{\substack{\chi^\tau \neq \chi_0 \\ \chi^\tau(z_1)=1,\, \chi^\tau(z_2)=-1}}{}' \Big(\sum_{\mathfrak{K}^\tau} \sum_{\mathfrak{k}_{\chi^\tau} \text{ zu } \mathfrak{K}^\tau} \overline{\chi}^\tau(\mathfrak{k}_{\chi^\tau})\, \Phi_1^{\eta_{\mathfrak{f}_\chi}}(\mathfrak{k}_\chi) \Big) \\ &\times \prod_{\substack{\chi \neq \chi_0 \\ \chi \neq \psi \\ \chi(z_1)=\chi(z_2)=-1}}{}' \frac{2}{h_\Omega^+ : h_\Omega} \Big(\sum_{\mathfrak{K}^+} \sum_{\mathfrak{k}_\chi \text{ zu } \mathfrak{K}^+} \overline{\chi}(\mathfrak{k}_\chi)\, \Psi_1^{|\eta_{\mathfrak{f}_\chi}|}(\mathfrak{k}_\chi) \Big) , \end{aligned} \tag{15.13}$$

wobei $h_{K^*/K_0^*} R_{K^*/K_0^*}$ je nach Realität von K^* durch (15.10) oder (15.11) gegeben ist. Die hierin beim zweiten und dritten Faktor angeführte Bedingung $\chi \neq \chi_0$ bzw. $\chi^\tau \neq \chi_0$ kann übrigens wegbleiben, da sie gemäß § 2, 2 beim Körpertypus II von selbst erfüllt ist.

LITERATURVERZEICHNIS[1])

E. Artin, [1] Über eine neue Art von L-Reihen. Abhandl. Math. Sem. Hamburg **3** (1923). [Einleitung, **2**.]

E. Artin, [2] Zur Theorie der L-Reihen mit allgemeinen Gruppencharakteren. Abhandl. Math. Sem. Hamburg **8** (1931). [Einleitung, **2**, **14**.]

E. Artin, [3] Die gruppentheoretische Struktur der Diskriminanten algebraischer Zahlkörper. Journ. f. d. reine u. angew. Math. **146** (1931). [Einleitung.]

R. Dedekind, [1] Über die Anzahl der Idealklassen in reinen kubischen Zahlkörpern. Journ. f. d. reine u. angew. Math. **121** (1900) = Werke **2**, 148—233. [Einleitung, **1**, **4**.]

R. Dedekind, [2] Erläuterungen zu den vorstehenden Fragmenten (zu B. Riemann, Fragmente über die Grenzfälle der elliptischen Modulfunktionen). Riemann's Werke, 2. Aufl., 466—478 = Dedekind's Werke **1**, 159—172. [Einleitung, **11**.]

R. Fueter, [1] Die Klassenzahl der Körper der komplexen Multiplikation. Göttinger Nachr. 1907. [Einleitung, **4**.]

R. Fueter, [2] Die verallgemeinerte Kroneckersche Grenzformel und ihre Anwendung auf die Berechnung der Klassenzahl. Rend. Palermo **29** (1910). [Einleitung, **4**.]

H. Hasse, [1] Über die Klassenzahl abelscher Zahlkörper. Berlin 1952. [Einleitung, **1**.]

H. Hasse, [2] Invariante Kennzeichnung relativ-abelscher Zahlkörper mit vorgegebener Galoisgruppe über einem Teilkörper des Grundkörpers. Abh. Deutsche Akad. Wiss. 1947, Nr. 8, (1949). [Einleitung, **1**.]

H. Hasse, [3] Bericht über neuere Untersuchungen und Probleme aus der Theorie der algebraischen Zahlkörper.
Teil I, Klassenkörpertheorie. Jahresbericht D. M.-V. **35** (1926).
Teil Ia, Beweise zu Teil I. Ebendort **36** (1927).
Teil II, Reziprozitätsgesetz. Ebendort Erg.-Bd. **6** (1930).
[Einleitung, **1**, **2**, **14**.]

H. Hasse, [4] Bemerkungen zu den Ring- und Strahlklasseneinteilungen in quadratischen Zahlkörpern. Math. Nachr. **4** (1950/51). [Einleitung, **2**, **3**, **4**, **5**, **7**, **8**, **9**, **10**, **13**.]

H. Hasse, [5] Osservazioni riguardanti funzioni ellitiche e numeri algebrici. Annali di Matematica, Ser. IV, **29** (1949). [Einleitung, **4**, **5**, **6**, **7**.]

H. Hasse, [6] Allgemeine Theorie der Gaußschen Summen in algebraischen Zahlkörpern. Abh. Deutsche Akad. Wiss. 1951, Nr. 1 (1951). [Einleitung, **5**, **8**, **13**.]

H. Hasse, [7] Gaußsche Summen zu Normalkörpern über endlich-algebraischen Zahlkörpern. (Vorläufige Mitteilung.) Abh. Deutsche Akad. Wiss. 1952, Nr. 1 (1952). [Einleitung, **14**.]

H. Hasse, [8] Gaußsche Summen zu Normalkörpern über endlich-algebraischen Zahlkörpern. Acta Salmanticensia, Salamanca 1954. [Einleitung, **14**.]

H. Hasse, [9] Sopra la formula analitica per il numero delle classi su corpi quadratici immaginari e reali. Rend. di Matematica, Ser. V, **10** (1951). [Einleitung.]

[1]) Die in eckigen Klammern beigefügten fettgedruckten Zahlen bezeichnen die Paragraphen der vorliegenden Arbeit, in denen die einzelnen Arbeiten angeführt sind.

E. Hecke, [1] Über die L-Funktionen und den Dirichletschen Primzahlsatz für einen beliebigen Zahlkörper. Göttinger Nachr. 1917. [Einleitung, **5**, **6**, **14**.]

E. Hecke, [2] Über die Kroneckersche Grenzformel für reelle quadratische Körper und die Klassenzahl relativ-Abelscher Körper. Verh. d. Naturforsch. Ges. Basel, 28_2 (1917). [Einleitung, **6**.]

E. Hecke, [3] Bestimmung der Klassenzahl einer neuen Reihe von algebraischen Zahlkörpern. Göttinger Nachr. 1921. [Einleitung, **10**, **13**, **14**.]

E. Hecke, [4] Darstellung von Klassenzahlen als Perioden von Integralen 3. Gattung aus dem Gebiet der elliptischen Modulfunktionen. Abh. Math. Sem. Hamburg **4** (1926). [Einleitung, **3**, **13**.]

E. Hecke, [5] Über eine neue Anwendung der Zetafunktion auf die Arithmetik der Zahlkörper. Göttinger Nachr. 1917. [Einleitung, **14**.]

A. Hurwitz, [1] Einige Eigenschaften der Dirichlet'schen Funktionen $F(s) = \sum \left(\frac{D}{n}\right) \cdot \frac{1}{n^s}$, die bei der Bestimmung der Klassenanzahlen binärer quadratischer Formen auftreten. Zeitschr. f. Math. u. Physik **27** (1882) = Werke **1**, 72—88. [Einleitung, **11**.]

F. Klein — R. Fricke, [1] Vorlesungen über die Theorie der elliptischen Modulfunktionen, Bd. II. Leipzig (1892). [Einleitung, **5**, **11**.]

E. Landau, [1] Über Ideale und Primideale in Idealklassen. Math. Zeitschr. **2** (1918). [Einleitung, **3**.]

H.W. Leopoldt, [1] Über die Einheitengruppe und Klassenzahl reeller abelscher Zahlkörper. Abh. Deutsche Akad. Wiss. 1953, Nr. 2 (1954). [Einleitung.]

HJ. Mellin, [1] Bemerkungen im Anschluß an den Beweis eines Satzes von Hardy über die Zetafunktion. Annales Academiae Scientiarum Fennicae, Ser. A, **11**, Nr. 3 (1917). [Einleitung, **11**.]

C. Meyer, [1] Über einige Anwendungen Dedekindscher Summen. Erscheint in Journ. f. d. reine u. angew. Math. (1957). [Einleitung, **12**, **13**.]

L. J. Mordell, [1] Poisson's summation formula and the Riemann zeta function. Journ. London Math. Soc. **4** (1929). [Einleitung, **3**.]

L. J. Mordell, [2] Some applications of Fourier series in the analytic theory of numbers. Proc. Cambridge Phil. Soc. **34** (1928). [Einleitung, **3**.]

L. J. Mordell, [3] Kronecker's fundamental limit-formula in the theory of numbers and elliptic functions and similar theorems. Proc. Royal Soc. **125** (1929). [Einleitung, **4**.]

H. Rademacher, [1] Zur Theorie der Modulfunktionen. Journ. f. d. reine u. angew. Math. **167** (1932). [Einleitung, **11**.]

J. Tannery — J. Molk, [1] Éléments de la théorie des fonctions elliptiques, Bd. II. [Paris (1896). [Einleitung, **11**.]

G. N. Watson, [1] A Treatise on the Theory of Bessel Functions. Cambridge (1922). [**4**.]

E. T. Whittaker — G. N. Watson, [1] A Course of Modern Analysis. 4. Aufl., Cambridge (1935). [Einleitung, **11**.]

Bei Fragen zur Produktsicherheit wenden Sie sich bitte an:
If you have any questions regarding product safety,
please contact:

Walter de Gruyter GmbH
Genthiner Straße 13
10785 Berlin
productsafety@degruyterbrill.com